U0360940

云南洱海湖区资源保护与利用

——可持续发展能力评价及治理对策研究

赵光洲　杨逢乐　等　著

科学出版社

北　京

内 容 简 介

云南省高原湖泊以其数量众多及美丽的自然景观而闻名。洱海既是大理市主要饮用水源地，又是苍山洱海国家级自然保护区和风景名胜区的核心，具有调节气候、提供工农业生产用水等多种功能，是整个流域乃至大理白族自治州社会经济可持续发展的重要基础。本书认真分析了洱海湖区存在的环境问题，具体从政策保障、污染治理、生态保护、经济发展、社会支持和奖惩监督等几个方面研究制定了洱海湖区良性运转的对策，以期达到经济社会的发展和湖区生态承载力之间的动态平衡、生态资源的供给与需求的平衡、资源使用者的成本—收益平衡，以及地方政府、企业、居民等各方利益的平衡，进而实现高原湖区资源保护与利用的可持续发展。

本书适合作为高等院校生态学、资环环境等相关专业师生的参考用书，也可供相关领域的科研院所研究人员及管理者参考使用。

图书在版编目(CIP)数据

云南洱海湖区资源保护与利用：可持续发展能力评价及治理对策研究 / 赵光洲等著.—北京：科学出版社，2018.6

ISBN 978-7-03-057549-4

Ⅰ. ①云… Ⅱ. ①赵… Ⅲ. ①P942.743.78

中国版本图书馆CIP数据核字(2018)第111348号

责任编辑：李悦 刘晶 / 责任校对：郑金红
责任印制：张伟 / 封面设计：铭轩堂

科学出版社出版
北京东黄城根北街16号
邮政编码：100717
http://www.sciencep.com
北京东华虎彩印刷有限公司印刷
科学出版社发行 各地新华书店经销
*
2018年6月第 一 版 开本：720 × 1000 1/16
2018年6月第一次印刷 印张：12 1/4
字数：242 000

定价：108.00元

（如有印装质量问题，我社负责调换）

编委会名单

前　言

云南省高原湖泊数量居于国内首位，是云南省秀丽自然景观的重要组成部分，这些高原湖泊水深岸陡、入湖支流水系较多、湖泊换水周期长、流动性差、抗污染能力差，湖泊水位随降水量的变化而变化，冬季不结冰，流域内的经济发展对湖泊资源的依赖性较强，或多或少存在着湖泊用水的高强度、低补偿之间的矛盾，直接影响着流域经济的可持续发展，生态安全与经济发展的矛盾日益尖锐。

改革开放以来，国内学术界对湖泊-流域可持续发展的认识和研究逐步深化，并在以下方面形成了共识。

(1) 湖泊-流域是特殊类型的区域，其可持续发展问题不仅关系到流域内各个区域能否可持续发展，而且关系到流域所在的更大范围的区域乃至整个国民经济能否可持续发展。

(2) 流域以河流为载体，一般跨越多个行政区域，流域开发可以把不同行政区域连接起来，实现流域内各种资源的统筹开发和有效利用，促进流域内不同区域协调发展，并以此带动更大范围内区域的发展，因此，湖泊-流域的可持续发展以流域开发为前提。

(3) 湖泊-流域可持续发展过程中，水资源的保护与治理是核心或约束条件，应正确认识和处理经济社会发展与生态环境保护的关系，以及如何协调流域内各区域单元之间的利益关系等问题。

尽管国内学术界在流域可持续发展方面进行了积极的探讨，国内湖泊-流域可持续发展的研究也取得了不少有价值的成果，但总的来说，目前国内湖泊-流域可持续发展仍是一个十分薄弱的领域。①研究视角分散，没有形成逻辑严密的、统一的研究框架，而且现有研究工作多停留于概念探讨、理论分析，其中定性研究多、定量分析少，研究成果不深入且缺乏理论依据；②由于有关湖泊-流域可持续发展的理论研究不足，对如何实施湖泊流域的可持续发展尚处于探索时期，尽管可持续发展的对策研究已经开始，但缺乏针对性和说服力；③在实施可持续发展战略过程中，需要协调平衡经济子系统、社会子系统及生态子系统之间的发展，在实践中，如何合理、有效地界定各子系统的承载边界是我们在实施可持续发展过程中需首先确定的任务，而现有的研究对其问题尚无研究。这说明了在我国研究湖泊流域可持续发展界定条件的迫切性，在理论界，急需为湖泊-流域的可持续发展提供界定条件和界定标准。

流域可持续发展涉及三个方面：社会发展、经济发展和生态发展。流域系统良性运作，公平、效率、和谐三者动态平衡，应该成为区域可持续发展的重要原则，而经济效益、社会效益和生态效益的统一，应是流域可持续发展的结果和目标。由于高原湖泊流域可持续发展系统是一个具有层次性的系统，各系统如经济子系统、社会子系统、生态子系统之间的关系并不是平行的，而是以生态子系统为基础的层级系统，因此，经济、社会和生态的平衡与统一应建立在流域水资源可持续承载基础之上，只有在水资源承载限度内的发展，才是可持续和可协调的。

洱海地处云南省大理白族自治州境内，主要来水为降水和融雪，是云南省第二大高原淡水湖泊，风光明媚，素有“高原明珠”之称。洱海流域气候属典型的低纬度高原季风气候，干湿季分明，每年 11 月至翌年 4 月、5 月为干季，5 月下旬至 10 月为雨季。年平均气温 15℃左右，最冷月(1 月)平均气温 5℃左右，最热月(7 月)平均气温 25℃左右。洱海既是大理市主要饮用水源地，又是苍山洱海国家级自然保护区和风景名胜区的核心，具有调节气候、提供工农业生产用水等多种功能，是整个流域乃至大理白族自治州经济社会可持续发展的重要基础，堪称大理人民的“母亲湖”。近十年来，洱海流域三大产业发展速度迅猛，尤其是第二、第三产业，其总产值分别年均增长 10.5%、14.5%。流域第一产业总产值年均增长 6.1%。从 2004 年开始，随着对洱海水环境保护的认识不断深入，各级政府对洱海保护和治理的思路发生了“三个转变”，即从内源污染向面源污染治理转变，从单向零星工程治理向系统的工程治理与生物治理相结合转变，从部门孤军奋战向条块结合分级负责整体联动转变，确立起科学的、系统的综合治理思路。

经过课题组调研，总结洱海存在的主要问题如下。①洱海水质呈缓慢下降趋势，逐步向富营养化方向转变。②水生生态系统结构发生变化，蓝藻水华暴发风险大大提高。③农业面源污染已成为导致洱海水环境恶化的最重要因素。④旅游业、房地产业导致的盲目开发，破坏自然环境，影响生态平衡。⑤流域农业各产业仍处于粗放经营阶段，并且排污量较大，大约占入湖污染量的 70%以上。农产品结构比较单一，容易受到市场的冲击。流域内农业人口多，人均收入低，农民过于追求经济效益，由于市场上独蒜和奶产品价格高，大量种植独蒜和饲养奶牛，而这两种农产品在生产过程中产生的 TN、TP 量最大。因此，流域农业急需建立低污染、低市场风险的产业链，推进生态的、可循环的绿色农业发展进程，走可持续发展的道路。⑥流域工业各产业排污问题分析。第一，流域工业各产业中，食品制造、饮料制造、医药制造、农副食品等行业污染排放量大，对洱海水质的影响较大，要加以治理；第二，流域整体工业技术还有待进一步提高，缺少高新技术企业，企业的节能减排能力及循环经济模式仍有待完善。⑦流域旅游各产业排污问题分析。第一，餐饮业排污量是流域旅游业污染的主要原因，在 TN 和 TP 发生量中，餐饮业均占旅游业产生总量的 50%以上，而餐饮业在旅游总收入中只占 8.6%；第二，流域范围内的“农家乐”是目前需要治理的重要对象，“农家乐”数量众多，散布在临海的乡村，缺乏统一管理，产生的污水通常未被处理就直接排入洱海中，已经成为旅游业污染的重要源头。洱海流域环境与社会经济发展具有深刻的矛盾性。

洱海水质的恶化，主要受制于以下因素：①入湖水质和水量的影响；②内源污染，特别是洱海底泥的污染；③沿湖植被的破坏。

洱海流域的可持续发展，除了受湖泊自身特点的影响外，还受到了流域社会经济因素的影响，如流域人口数量、产业结构、当地居民的生产生活方式及管理体制等。主要影响因素包括：①社会经济发展滞后；②流域管理乏力；③湖泊的流动性及抗污染能力弱；④公众参与能力不足。

洱海流域可持续发展条件的分析，离不开洱海流域可持续发展理论的支撑，为保持湖泊流域生态平衡和经济社会的发展，结合可持续发展理论及湖泊(区)特点，需要处理好以下几个平衡关系：①保持湖区经济社会的发展和生态承载力之间的动态平衡；②正确处理好发展与保护的关系；③协调和平衡各利益主体之间利益与责任的关系，包括中央政府与地方政府、政府与资源使用者、资源使用者与居民之间的利益和责任。

如前所述，洱海流域的可持续发展，是在流域生态子系统、经济子系统、社会子系统各自内部要素保持平衡基础上的流域经济-社会-生态系统的平衡，是人与自然相互影响、相互作用达到彼此容纳的一种状态。因此，寻求洱海流域可持续发展的条件，也应该从流域各子系统视角，以及流域整体视角入手进行分析：①生态安全——洱海流域可持续发展的生态界限(在承载限量内发展)；②成本平衡——可持续发展的经济条件；③以人为本、全面发展——可持续发展的社会条件；④全方位、多手段管理——流域可持续发展的管理条件；⑤各种条件的关系。

通过思考，本书分别对国家与政府政策法规不完善和不健全、洱海流域湖泊管理和治理资金不足、高原湖区可持续发展共识不足、湖区资源管理水平不能满足需求、湖区居民参与生态保护行动不够、湖区水资源供需不平衡这六个方面的根部的问题进行目标转化，并从根基开始进行目标转化，找到基础性问题的目标。当然，这是从下往上看的结果，在问题目标转换上还要采取从上往下寻找的形式，分析服务游客和老百姓的功能下降、湖区经济发展滞后和经济效益下降、湖区生态环境受到严重损害和破坏、城市发展和社会事业发展滞后、城市形象破坏和知名度下降这几个结果的具体内容。在对问题树的核心问题充分把握的基础上，结合从上到下和从下往上两个方面，实现问题和目标的转换。

认真分析洱海湖区存在的环境问题，充分认识到其中存在的矛盾，加大对现有污染的治理和生态系统恢复与环境保护力度，把湖区资源保护与可持续发展作为湖区治理的限制性因素考虑，严格控制新污染的产生，严防对生态系统产生新的破坏，促使湖泊流域生态系统走上良性发展和循环的道路。具体从政策保障、污染治理、生态保护、经济发展、社会支持和奖惩监督等几个方面研究制定洱海湖区良性运转的对策，进而实现几个平衡条件，包括：经济社会的发展和湖区生态承载力之间的动态平衡，生态资源的供给与需求的平衡，资源使用者的成本-收益平衡，地方政府、企业、居民等各方利益的平衡，进而实现湖区资源保护与利用的可持续发展。

(1) 政策保障对策：①因地制宜制订适合自身发展的制度措施；②加强组织建设，规范行政规划区域体制。

(2) 污染治理对策：①检查清理流域内的工业发展现状，杜绝开发污染水质的项目；②截污治污，加大有机污水处理工程等项目的建设力度；③减少生活污染和城市面源污染，最大限度地削减化学排放和入湖污染物；④加强水资源管理。

(3) 生态保护对策：①改善湖泊保护模式；②加强湖区流域保护；③制订全流域的土地利用规划。

(4) 经济发展对策：①拓宽投融资渠道；②调整经济发展方式，实现生态安全。

(5) 社会支持对策：①加强组织建设和科学研究，建立健全知识库体系；②缓解人口压力，多措施提高人口素质。

(6) 奖惩监督对策：①督查督办治理和防治污染，加大执法力度；②建立目标责任制；③完善监督管理权。

本书具体分工如下：前言，陈志芳；第一章，李杰；第二章，陈志芳；第三章，胡元林；第四章，胡元林；第五章，杨光明、陈志芳；第六章，唐泳；第七章，宋振华。全书结构由赵光洲、杨逢乐、陈志芳总体设计。

鉴于高原湖区资源保护与利用可持续发展能力评价及治理对策是一个难度较大的课题，涉及多个领域的知识，我们采取了边研究、边实践、边探索、边深化的方法。对于书中存在的不足之处，敬请读者指教。

赵光洲　杨逢乐　陈志芳

2017 年 5 月

目　录

第一章 洱海流域环境变迁研究

第一节 流域概况

洱海地处云南省大理白族自治州境内，是云南省第二大高原淡水湖泊，风光明媚，素有“高原明珠”之称。洱海既是大理市主要饮用水源地，又是苍山洱海国家级自然保护区和风景名胜区的核心，具有调节气候、提供工农业生产用水等多种功能，是整个流域乃至大理白族自治州经济社会可持续发展的重要基础，堪称大理人民的“母亲湖”。

一、湖体水质变化状况

(一)地理位置

洱海流域位于云南省大理白族自治州境内，地理坐标为北纬25°36′～25°58′、东经100°05′～100°17′。洱海流域位于澜沧江、金沙江和元江三大水系分水岭地带，属澜沧江—湄公河水系。湖面高程1966.00m(85高程)，湖面面积249.4km^2，蓄水量达28.8亿m^3；湖泊南北长度为42.5km，东西最宽处约8.4km，平均宽度为6.3km；洱海最大水深为20.9m，平均水深10.5m。湖盆形态特征为0.10，湖泊岸线发展系数为2.068，湖岸线长127.85km，湖泊补给系数为10.6，湖水停留时间2.75年。

(二)气候特征

洱海流域气候属典型的低纬度高原季风气候，干湿季分明，每年11月至翌年4月、5月为干季，5月下旬至10月为雨季。年平均气温15℃左右，最冷月(1月)平均气温5℃左右，最热月(7月)平均气温25℃左右。湖面蒸发量多年平均1208.6mm，最大蒸发量1520mm(1968年)，最小蒸发量932mm(1952年)。年平均日照时数2250～2480h，年平均相对湿度66%，主导风向为西南风，平均风速2.3m/s。洱海流域多年平均降水量1000～1200mm，降水主要集中在6～10月，占全年降水量85%以上。

(三)水系特征

洱海属澜沧江—湄公河水系，境内有弥苴河、永安江、波罗江、罗时江、西洱河、凤羽河及苍山十八溪等大小河溪共117条，流域内有洱海、茈碧湖、海西海、西湖等湖泊水库。

洱海主要补给水为大气降水和入湖河流，北有茈碧湖、西湖和海西海，分别经弥苴河、罗时江、永安江等穿越洱源盆地、邓川盆地进入洱海。其中，弥苴河为最大入湖河流，汇水面积1389km^2，多年平均年来水量为5.1×10^8m^3，占洱海入湖总径流量的51%左右。洱海唯一的天然出湖河流为西洱河，该河全长23km，至漾濞平坡入黑惠江流向澜沧江。20世纪90年代初，在南岸打通引洱(洱海)入宾(宾川)隧洞，主体工程8263m，洞身长7745m，设计过水流量10m^3/s，年引洱海水量为0.5×10^8m^3。

1. 弥苴河水系

弥苴河是洱海最大的入湖河流，水系径流面积1026.43km^2(包括剑川上关甸的22.55km^2)，全长76.08km，沿途汇集海西海、三营河、黑石涧、白沙河、南河涧、青石江、白石江、铁甲河等入河支流40条及山溪111条，全河纵贯邓川坝中心。弥苴河流域区间水系由“一主二支两湖”组成，即主干道弥苴河、弥茨河与凤羽河两条支流、海西海与茈碧湖两个湖泊。

2. 罗时江水系

罗时江发源于洱源县右所镇绿玉池，上游属洱源县，下游属大理市，径流面积为122.75km^2，全长18.29km(其中西湖湖长3.3km)，是洱源县及大理市上关镇农田灌溉、排洪除涝的多功能河道。

罗时江流域涉及洱源县的右所镇和邓川镇、大理市的上关镇，共3镇16个村委会，全流域耕地面积约为2.85万亩*。罗时江河道团结村公所段为人工修砌的农灌渠，堤岸上有少数灌木生长；邓川镇段为硬质堤岸，堤岸上植物物种主要以少量的苦楝、红柳、滇杨为主；其余河段河道均为土质堤岸，堤岸上树种丰富，植被生态较好。

3. 永安江水系

永安江北起下山口，自北向南贯通东湖区后至江尾镇白马登村入洱海。永安江河道全长18.35km，径流面积110.25km^2，是洱海重要的补给水源之一。

永安江河道下山口至中所段为人工修砌的农灌渠，宽1～3m，水深0.5～1.5m。青索村公所至入湖口段为硬质堤岸，河道宽为6～8m，水深约2m，堤岸上仅有少量灌木生长。其余河段均为土质堤岸，堤岸上植物以蓝桉、红桉、柳树和灌木为主，植被覆盖率不高。

* 1亩≈666.67m^2

4. 苍山十八溪水系

苍山十九峰，每两峰之间都有一条溪水，下泻东流，这就是著名的苍山十八溪，由北向南溪序为：霞移、万花、阳溪、茫涌、锦溪、灵泉、白石、双鸳、隐仙、梅溪、桃溪、中溪、白鹤、龙溪、清碧、莫残、葶溟、阳南。苍山十八溪是洱海主要的水源之一，流经大理坝子，灌溉着肥沃的土地，最后注入洱海。苍山十八溪流域总面积 357.12km^2，其水质对洱海水域的生态环境有重要影响。

5. 入湖河流径流量

弥苴河是洱海最大的入湖河流，年径流量 1.67 亿 m^3，占洱海流域年均径流量的 33.3%；罗时江年径流量为 0.40 亿 m^3，占洱海流域年均径流量的 8.0%；永安江年平均径流量为 0.38 亿 m^3，占洱海流域年均径流量的 7.6%；波罗江年均径流量为 0.37 亿 m^3，占洱海入湖径流量的 7.4%；苍山十八溪年地表径流量 1.54 亿 m^3，占洱海流域年均径流量的 30.7%(表 1-1)。

表 1-1　洱海主要入湖河流特征表

河流名称	发源地	长度/km	径流面积/km^2	占洱海年均径流量的比例/%
弥苴河	牛街乡	76.08	1026.43	33.3
罗时江	绿玉池	18.29	122.75	8.0
永安江	下山口	18.35	110.25	7.6
苍山十八溪	苍山	45	357.12	30.7
其他山菁及漫流入洱海水量				12.9

(四)地形地貌

洱海地处我国康藏“歹”字形构造褶皱“歹”的东部边沿上，处于地壳西升东降的巨型深大洱海断裂上，地层在强烈的抬升过程中错断陷落，隆起地块形成苍山断块山地，陷落地块成为断陷盆地并积水成为洱海，是一个典型的内陆断陷盆地，主构造线为北北西至南南东走向，南北长、东西窄。

本区域地处横断山脉南部的西南峡谷区，整个地势西北高、东南低，具有高原湖盆和横断山脉纵谷两大地貌。在地形上分为山地、盆地与河谷三种。洱海水下地貌按其成因与形态可划分为湖心区、湖湾与河口带。湖心区从北到南分布有浅湖盆地、深湖盆地和湖心平台三种类型，即两头浅、中间深，以斜坡相连。洱海东岸有构造湖湾 5 处、构造浅水湖湾 1 处，北部和西部有堆积浅水湖湾 3 处。深水湖湾的岸边大多有陡坡，水深、湖滩狭窄，湖岸多为砾岸、螺壳岸、砂岸和岩岸。浅水湖湾内均由明显堆积作用。河口带分为水下三角洲和水下冲击扇。洱海水下存在着地貌学中尚属特殊的海边地堑形态——狭长的深槽，西岸、东岸和南岸都有分布。

(五)土壤与植被

流域内的地带性土壤为红壤，随着海拔的变化，由低到高依次为红壤、黄红壤、黄棕壤、暗棕壤、亚高山草甸土及高山草甸土，另外还镶嵌分布有紫色土、漂灰土、石灰土和沼泽土。垂直分布的大致情况为：海拔2600m以下为红壤、紫色土和部分冲积土；海拔2600～2800m为红棕壤；海拔2800～3300m为棕壤和暗棕壤；海拔3300～3900m为亚高山草甸土；海拔3900m以上为高山草甸土。

由于复杂多样的地形和典型的山地立体气候，流域内植物垂直分布带谱十分明显，形成了区域内丰富多样的生态系统类型，包括森林生态系统、草甸生态系统、湿地生态系统和高原湖泊生态系统。

二、区域社会经济概况

(一)行政区域

洱海流域地跨大理市和洱源县两个州(县)，共有16个乡(镇)，167个村委会和33个社区。其中大理市10个乡(镇)，包括下关镇、大理镇、凤仪镇、喜洲镇、海东镇、挖色镇、湾桥镇、银桥镇、双廊镇、上关镇；洱源县辖6个乡镇，包括茈碧湖镇、邓川镇、右所镇、三营镇、凤羽镇和牛街乡。

(二)人口分布

2016年，洱海流域总人口为84.47万人，流域人口密度330人/km^2，有白族、汉族、彝族、回族等25个民族。其中农村人口584 746人，占总人口的70%。大理市下关镇是大理州、市政府所在地，人口数量占流域总人口1/3以上。

(三)经济状况

近十年来，洱海流域三次产业发展速度迅猛，尤其是第二、第三产业，其总产值分别年均增长10.5%、14.5%。流域第一产业尽管其总产值年均增长6.1%，但其占国民经济总产值的比重由1999年的18.15%下降为2016年的8.9%。

2016年，洱海流域完成地区生产总值366.74亿元，占全州地区生产总值832.18亿元的44.1%。三次产业比例结构为11∶48∶41。

2016年洱源县地区生产总值实现439 923万元，比上年增长14.2%。分产业看，第一产业增加值154 638万元，增长7.1%；第二产业增加值155 878万元，增长21.4%；第三产业增加值129 407万元，增长13.0%。三次产业的结构为35.2∶35.4∶29.4。大理市地区生产总值实现2 873 024万元。分产业看，第一产业增加值196 890万元，第二产业增加值1 440 634万元，第三产业增加值1 235 500万元。

流域主要工业行业有烟草、交运设备、电力生产、非金属矿物(主要是水泥)、饮料制造等，其中烟草行业和交运设备行业近年来成为流域工业领域的两大龙头产业。

洱海流域有着丰富的旅游资源和极高的旅游知名度。近年来，旅游业收入在洱海流域第三产业中所占比重逐渐超过 50%，在洱海流域国内生产总值中，旅游业也占到近 25%的比重。在大理，旅游业逐渐成为农业以外的重要产业，2016 年大理旅游总收入为 381.44 亿元，在云南省内仅次于丽江，甚至排名在西双版纳前，以双廊为代表的洱海环湖旅游“井喷式”发展。近几年随着保护洱海、保护海西的需求不断上升，海东新城成为了“守住红线、统筹城乡、城镇上山、农民进城”的代表，“大理海东新区市政广场海绵工程示范工程”的建成，预示着洱海流域发展进程的逐步改变。

1. 农林牧渔业总体情况及其发展趋势

农业是洱海流域的基础产业，担负着为流域居民提供绝大部分基本生活资料及为流域加工业提供基本原材料的重任。流域种植业和畜牧养殖业是农业经济的主导产业，其产值比重占到了整个农业经济产值的 94%，而林业和渔业产值比重仅占 6%。

2. 工业结构总体情况及其发展趋势

近十年来，第二产业总产值年均增长达 9.6%。随着流域产业结构的调整，第二产业虽然发展较快，但在地区国民经济总值的占比由 2000 年的 48.91%下降为 2016 年的 46%。

工业是第二产业的主体，流域第二产业中工业占比超过了 90%。分行业看，流域主要工业行业有烟草、交运设备、电力生产、非金属矿物(主要是水泥)、饮料制造等。其中，烟草行业一枝独秀，其工业增加值在工业总增加值中的占比接近 50%；交运设备行业(主要是汽车和拖拉机制造)的销售收入，最近几年大幅增长，成为流域工业领域的两大龙头产业。

3. 旅游产业结构总体情况及其发展趋势

洱海流域有着丰富的旅游资源和极高的旅游知名度。改革开放以来，尤其是 21 世纪以来，洱海流域的旅游业有了长足的进步。旅游业收入在洱海流域第三产业中所占比重一直在 50%左右。在洱海流域国内生产总值中，旅游业也逐渐占到 25%的比重。

2016 年，流域游客数量达到 2928.51 万人，同比增长 10.59%；旅游业总收入 388.4 亿元，同比增长 20.25%。流域旅游各行业中，交通业收入占流域旅游业总收入的约 13%，住宿业收入占 13%，餐饮业占 8.6%，景区游览业占 28.4%，购物业占 34.8%，其他旅游行业部门占 2.2%。可见，购物和游览是流域旅游业收入的重头。

(四) 区域交通

流域所在地区——大理开发历史悠久，交通条件相对优越。大理机场有飞机可直达昆明、西双版纳、北京、天津、上海等城市，有高速公路和国道可通云南省所有城市，以及贵州、西藏等地，有铁路可直达昆明，交通便利。2017年以来，大理市瞄准“强化枢纽、外通内畅”目标，积极构建铁路、公路、航空、水运为一体的综合交通网络，夯实全市经济社会加速发展的基础。一是构建“三主二联多支一枢纽”的铁路网布局：加快实施广大(楚大城际铁路)、大瑞铁路建设，加快大临铁路，启动大攀铁路，打造铁路枢纽，满足长距离、大运量、高速化客货运输需要，打造滇西铁路枢纽和云南铁路次中心。二是畅通大动脉，打造“一纵二横多连接”的高速公路网：推进大永高速公路建设，加快楚大高速公路提升改造，启动主线建设，完成大南高速建设，启动下关支线建设，完成大漾云高速大理市境内段建设。三是构建面向南亚东南亚、辐射全国主要大中城市的滇西重要航空港，改扩建大理机场，发展通用航空产业。

(五)土地利用状况

根据1974年、1995年、2013年2月10日过境的TM影像(图1-1)，利用目视解译的方法获取洱海流域土地利用分布情况。通过现场调查与分析，把2013年景观格局数据调整成2016年景观格局分布情况。

根据统计分析，结果表明(表1-2)，1974年和1995年洱海流域的优势景面类型为林地和草地，2016年优势景观类型为林地和农地。2016年，林地景观斑块数为1742个，面积为1284.35km^2，占总面积的49.35%，主要分布在流域分水岭及面山区域；农地景观斑块数为820个，面积为518.59km^2，占总面积的19.92%，主要分布在洱海湖滨带及坝区；草地景观斑块数为3130个，面积为415.10km^2，占总面积的15.95%，主要分布在流域的西部；水域景观斑块数为73个，面积为259.28km^2，占总面积的9.96%，主要为洱海湖及水库坑塘。1995年及1974年的景观类型分布与2016年基本一致，只是斑块数与斑块面积数值上有变化。

表1-2 洱海流域景观类型结构及面积统计表

景观类型	1974年			1995年			2013年		
	斑块面积/km^2	斑块数目	面积占百分比/%	斑块面积/km^2	斑块数目	面积占百分比/%	斑块面积/km^2	斑块数目	面积占百分比/%
农地景观	598.57	869	23.00	578.25	924	22.22	518.59	820	19.92
林地景观	995.88	348	38.26	927.50	443	35.63	1284.35	1742	49.35
建筑用地景观	35.79	473	1.38	65.43	861	2.51	125.46	1090	4.82
水域景观	268.40	116	10.31	262.69	125	10.09	259.28	73	9.96
草地景观	704.15	1829	27.05	768.92	2536	29.54	415.10	3130	15.95
合计	2602.78	3635	100.00	2602.78	4889	100.00	2602.78	6855	100.00

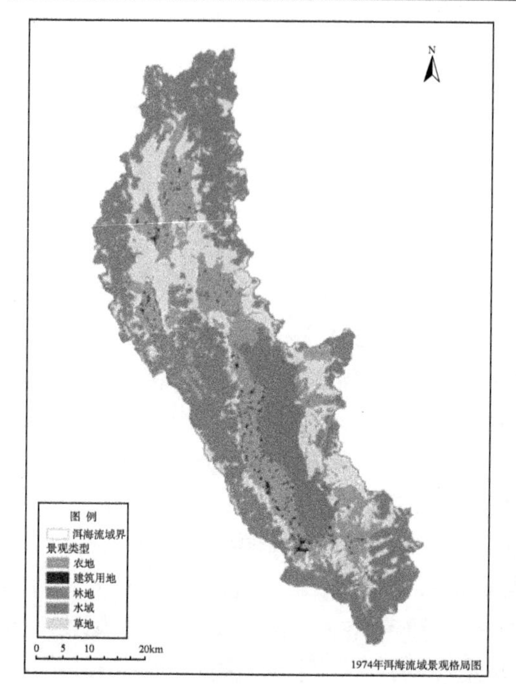

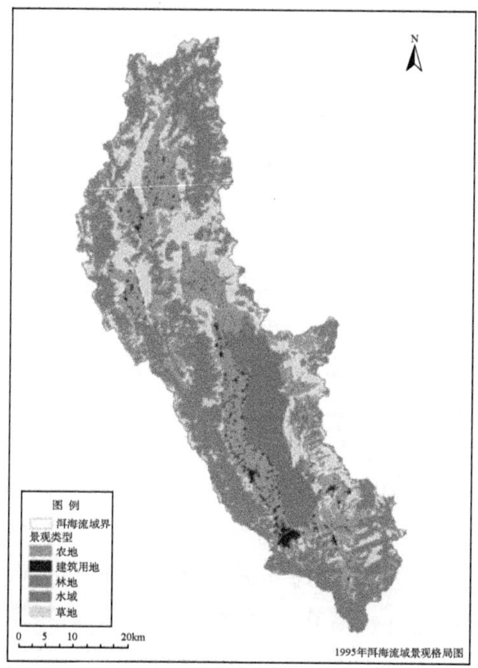

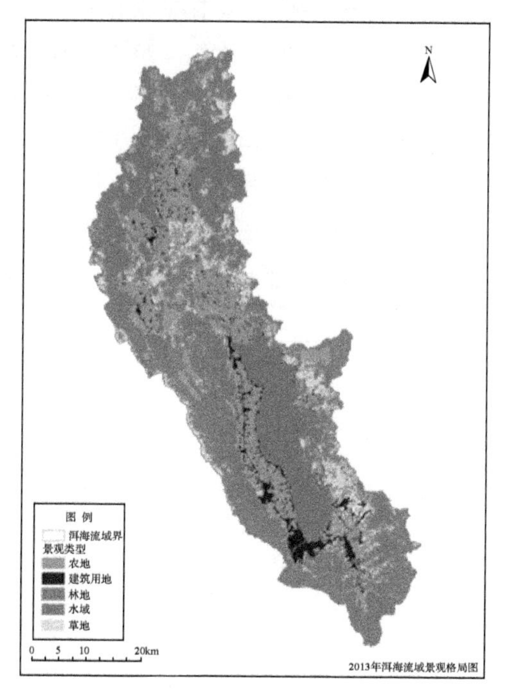

图 1-1　洱海流域 1974 年、1995 年、2013 年景观格局图(彩图详见封底二维码)

第二节 水环境变化历程

一、湖体水质变化状况

(一)水质现状

2016 年洱海水质总体处于III类。依据《云南省大理白族自治州洱海管理条例(2004 年修订)》和《云南省水污染防治目标责任书(2016)》，洱海及入湖河流的水质保护按国家地表水环境质量II类标准执行。洱海水体水质功能不达标。

2016 年洱海水体中总氮年平均浓度为 0.51mg/L，符合地表水III类水质标准；1 月、2 月、3 月、11 月、12 月较低，平均 0.48mg/L；4 月开始升高，7 月、8 月升至最高，达 0.56mg/L。总磷年平均浓度为 0.021mg/L，符合地表水II类水质标准； 3 月最低，为 0.015mg/L；4 月开始升高，7 月升至最高，达 0.029mg/L。氨氮年平均浓度为 0.099mg/L，符合地表水 I 类水质标准；6 月最低，为 0.02mg/L；1 月最高，达 0.204mg/L。高锰酸盐指数年平均浓度为 3.08mg/L，符合地表水II类水质标准；4 月最低，为 2.9mg/L；5 月开始升高，9 月升至最高，达 3.45mg/L。溶解氧年平均浓度为 6.87mg/L，符合地表水II类水质标准；7 月最低，为 5.8mg/L；2 月最高，达 7.75mg/L。透明度年平均深度为 189.91mm；7 月最低，为 129mm；2 月最高，达 257mm。叶绿素 a 年平均浓度为 0.0095mg/L；3 月最低，为 0.0028mg/L；4 月开始升高，11 月升至最高，达 0.0215mg/L(表 1-3、图 1-2)。

2016 年洱海富营养指数为 39.08，属中营养程度；3 月富营养指数最低，为 33.6；4 月开始升高，11 月升至最高，达 43.2。

表 1-3 2016 年洱海水质监测

2016 年	水质综合类别	水质状况	超标项目
1 月	II	优	—
2 月	II	优	—
3 月	II	优	—
4 月	II	优	—
5 月	III	良	总磷、总氮
6 月	III	良	总磷、总氮、化学需氧量
7 月	III	良	总磷、总氮、化学需氧量
8 月	III	良	总磷、总氮
9 月	III	良	总磷、总氮、溶解氧
10 月	III	良	总磷、总氮
11 月	III	良	总磷、总氮
12 月	II	优	—
全年	III	良	总磷、总氮

执行标准：GB3838—2002《地表水环境质量标准》中的II类标准限值(湖库标准)。

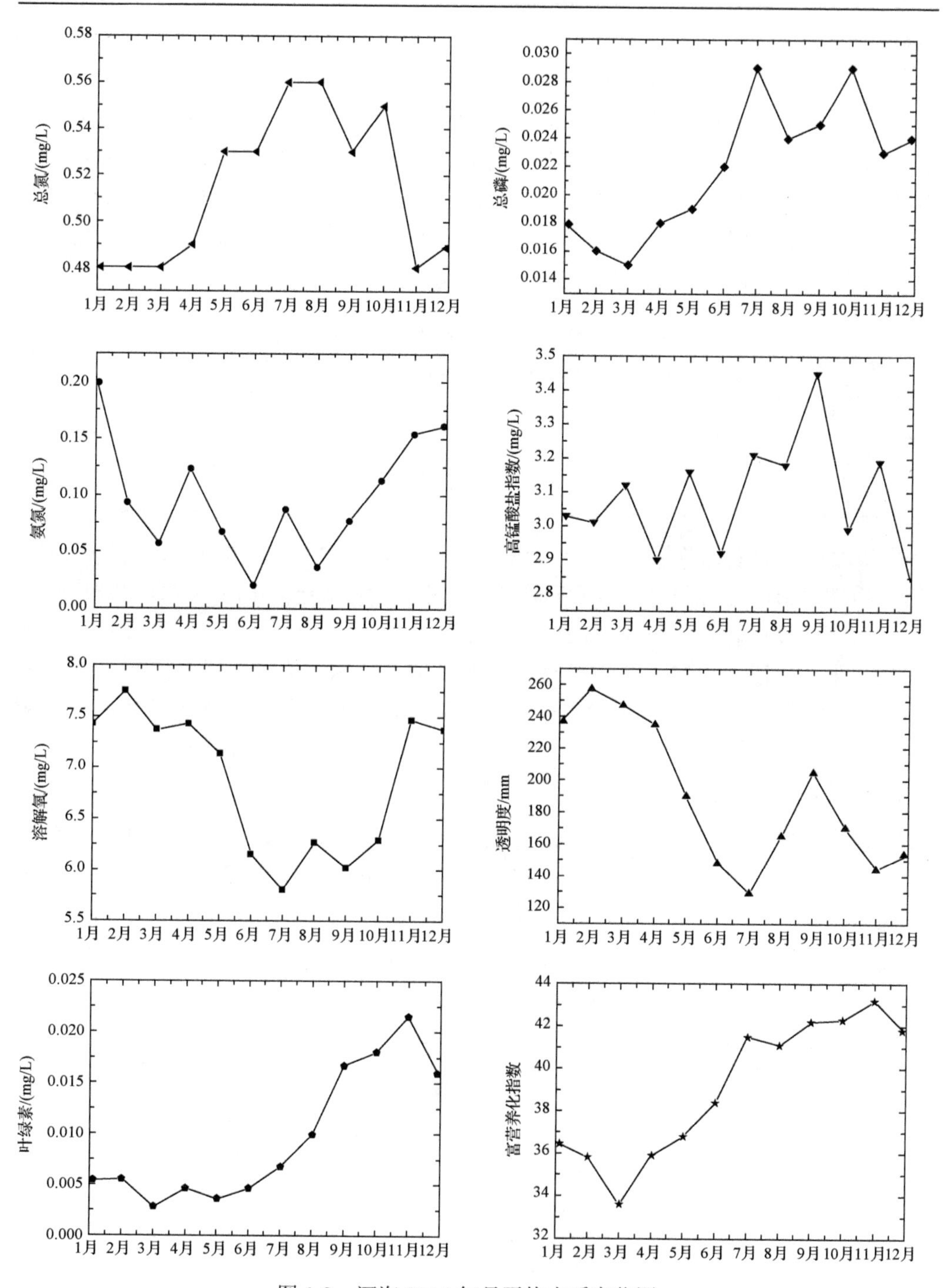

图 1-2　洱海 2016 年月平均水质变化图

(二)洱海水质历史变化分析

水质年度变化数据采用大理市环境保护局公布的监测数据。1992～1998 年，洱海水体水质总体处于Ⅱ类；1999 年之后，由于 TN 或 TP 超标，洱海水体水质下降为Ⅲ类；之后不同年份之间水质在Ⅱ类与Ⅲ类之间波动性变化，如 2008 年水质好转为Ⅱ类，但 2009 年又下降为Ⅲ类，直至 2016 年。洱海湖体水质功能达标率虽起伏较大，但总体呈好转趋势(表 1-4)。

表 1-4　1992～2012 年间洱海水质状况表

年份	1992	1993	1994~1998	1999	2000	2001	2002~2007	2008
水质类别	Ⅱ	Ⅰ	Ⅱ	Ⅲ	Ⅲ	Ⅱ	Ⅲ	Ⅱ
年份	2009	2010	2011	2012	2013	2014	2015	2016
水质类别	Ⅲ	Ⅱ	Ⅲ	Ⅲ	Ⅲ	Ⅲ	Ⅲ	Ⅲ

洱海水质的变化总体分为三个阶段：第一阶段(1992～2001 年)，水质缓慢下降；第二阶段(2001～2003 年)，水质剧烈下降；第三阶段(2004 年后)，水质相对稳定。

第一阶段，总氮、总磷、高锰酸盐指数等指标值缓慢上升，总磷类别降低至Ⅲ类；第二阶段，总氮、总磷指标值升高较快，总氮也类别降低至Ⅲ类，透明度由 4m 剧烈下降至不足 2m；第三阶段，总氮波动性较大，总体处于Ⅲ类，总磷从 2003 年后缓慢下降，2008 年后又缓慢上升，在Ⅱ类至Ⅲ类间波动。

1. TN 指标变化趋势

1992～2013 年的 21 年间，洱海水体总氮呈较快增加趋势。总的变化可分为两个阶段：第一阶段是 20 世纪 90 年代初期至 2002 年，TN 缓慢上升但总体处于Ⅱ类水质；第二阶段是 2003～2013 年，2003 年 TN 值明显上升，超过Ⅱ类，2003 年之后不同年份 TN 值虽有上下波动变化，但总体均处于Ⅲ类水质水平(图 1-3)。

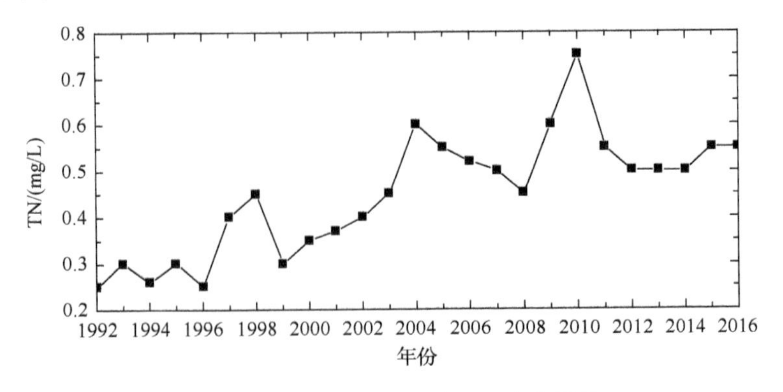

图 1-3　1992~2016 年洱海 TN 变化趋势

2. TP 指标变化趋势

1992～2013 年的 21 年间，洱海水体总磷含量呈持续增加趋势。TP 的变化总体分为三个阶段。第一阶段是 20 世纪 90 年代初期至 1998 年，TP 值上升较快但总体处于Ⅱ类水平；第二阶段是 1999～2003 年，TP 值升高使总体处于Ⅲ类水质水平；第三阶段是 2004 年至今，TP 值呈波动性变化(图 1-4)。

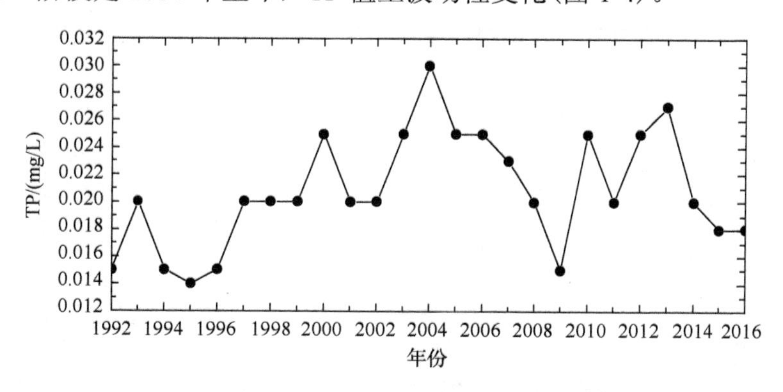

图 1-4 1992~2016 年洱海 TP 变化趋势

3. 高锰酸盐指数变化趋势

1992～2013 年的 21 年间，洱海水体高锰酸盐指数也呈现持续增加趋势。1992～1997 年间，高锰酸盐指数处于Ⅰ类水质水平；1998 年高锰酸盐指数升高超过Ⅰ类水质水平，之后不同年份虽有波动变化，但 1998 年至今高锰酸盐指数总体处于Ⅱ类水质水平，其中 2003～2005 年高锰酸盐指数处于历史高值(3.46mg/L)(图 1-5)。

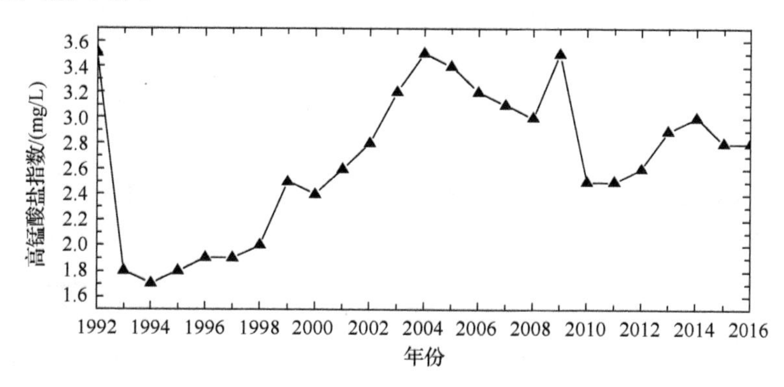

图 1-5 1992～2016 年洱海高锰酸盐指数变化趋势

4. 洱海富营养化趋势分析

1992~2014 年，洱海水体富营养化综合指数 TLIc 呈波动性增加趋势。洱海水体富营养化的发展分为两个阶段，第一阶段是 1992～2002 年，洱海 TLIc 值基本处于 30～40 之间，处于中营养水平；2002～2003 年由于水质污染，洱海 TLIc 值急剧增加，于 2003 年达到 49.7，几乎处于富营养化状态；由于及时采取了治理措施，2004 年之后洱海水体有所好转，但基本处于 42～46 之间，接近富营养化水平。目前洱海水体处于富营养化初期水平，在局部湖湾(尤其北部湖湾)、下风带岸边每年可见藻类水华发生(图 1-6)。

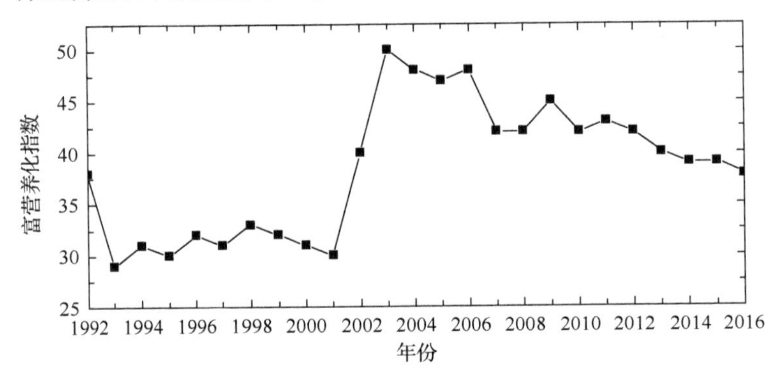

图 1-6　1992～2016 年洱海富营养化指数变化趋势

因此，洱海水体逐步向富营养化方向转变。值得注意的是，总氮含量以每年 0.04mg/L 的速度迅速增长，未来十年总氮指标可能会恶化至Ⅳ类水质标准。总磷含量虽然变化不大，平均含量约为 0.03mg/L，仍为富营养化的限制指标。但是如果总磷含量开始增加，在总氮含量高值背景下，富营养化将迅速随总磷含量的增大迅速上升。当水体处于中、重度富营养化程度时，氮磷等含量就不再是藻类生长的限制因子。当具备适宜的气象条件(气温、降水、光照)时，藻类疯长，极易形成可见水华。至此，水质恶化不可挽回。因此，减缓总氮的输入是洱海水环境保护的关键。

(三)空间变化

水质空间变化研究采用云南省环境科学研究院 2016 年调查的水质数据，水质分析由云南省环境科学研究院分析中心完成。

水体总氮含量最低为 0.5mg/L，最高为 0.9mg/L，平均约为 0.7mg/L，均符合III类水质标准；全湖分布北部略高、南部略低，总体变化较小。

总磷含量最低为 0.012mg/L，最高为 0.04mg/L，平均约为 0.026mg/L，水质标准为Ⅰ类或Ⅱ类水质标准，湖体总磷指标总体较优；全湖分布北部略低、南部略高，总体变化差异不大。

化学需氧量最低为 3.2mg/L，最高为 5.6mg/L，平均约为 4.4mg/L，远远优于Ⅰ类水质标准；全湖分布北部略低、南部略高，区域分布差异较小。

叶绿素 a 含量化学需氧量最低为 2mg/L，最高为 8mg/L，平均约为 5mg/L。

空间分布没有明显高低特征，除南部靠近下关处湖体略微有点偏高，为7.5～8mg/L外，全湖叶绿素a含量均为超过5mg/L。

因此，水质空间分布上，除总氮分布是北部略高、南部略低外，总磷、化学需氧量、叶绿素a均呈北部略低、南部略高的趋势。总体来说，水质指标全湖空间变化差异较小，未呈明显的空间差异，全湖基本呈平均分布的态势。重点湖湾、湖心未有明显区域差异，已有的轻微差异也有可能多由自然因素造成，如风向、湖流、水下地形、岸线走向等。因此，洱海水体的区域差异较小，全湖基本呈均匀分布的态势(图1-7)。

二、湖体水生态变化状况

(一)水生态历史状况(1950～1999年)

1. 水生植物

20世纪下半叶，洱海水生高等植物的变动可以分为两个时期，即60年代初期至80年代初期的扩张期，以及80年代初期到90年代中期的由稳定走向衰退期。

20世纪60～80年代洱海水生高等植物的变化主要表现在如下几个方面。

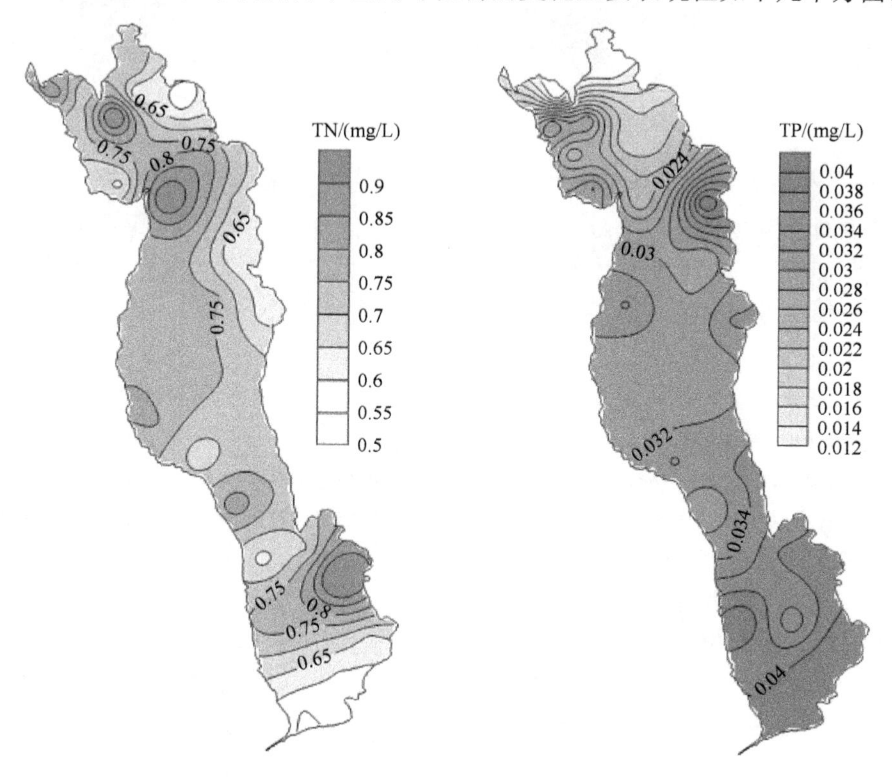

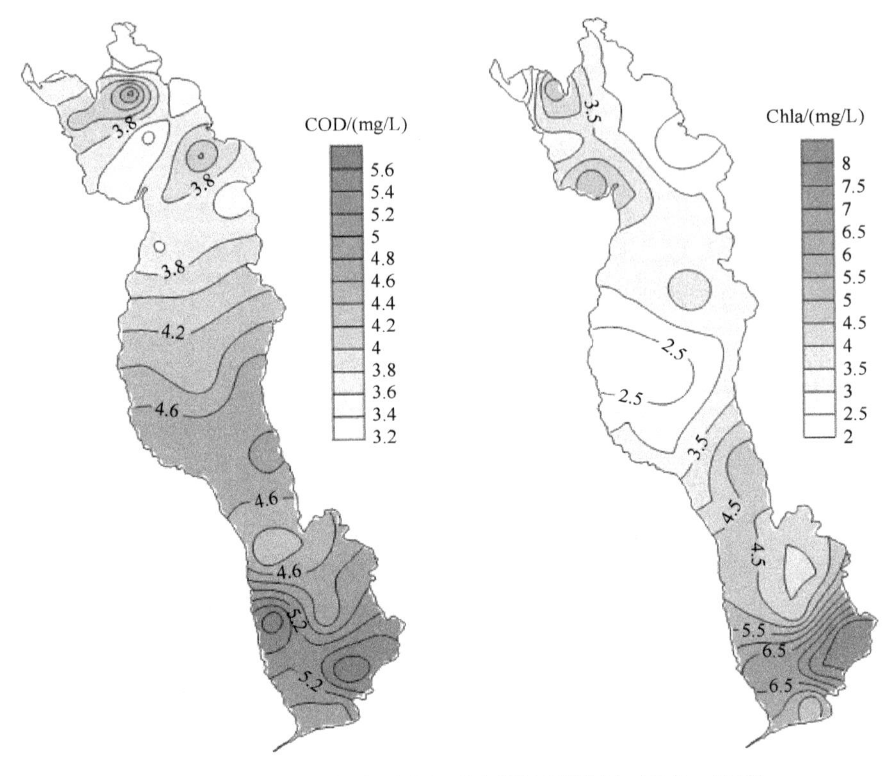

图 1-7　洱海 2016 年水质空间特征图(彩图请扫封底二维码)

(1)分布面积扩大。分布深度增加，生物量上升。根据黎尚豪等在 20 世纪 60 年代的调查，洱海水生植物分布在水深小于 3m 的湖区。到 1977 年，水生高等植物的分布面积已逐渐扩大，不断向深水处推进，苦草在水深 6～7m 的地方也有分布，水生植物分布下限水深达 10m。80 年代初水生植物分布面积达 $7727hm^2$，生物现存量为 79.9×10^4t。

(2)种类组成发生较大变化。篦齿眼子菜(*Potamogeton pectinatus*)、大茨藻(*Najas marina*)的分布面积和生物量明显减少；苦草(*Vallisneriag gantea*)、微齿眼子菜(*Potamogetoni maackianus*)、轮叶黑藻(*Hydrilla verticillata*)和金鱼藻(*Ceratophyllum amphibium*)则大量繁殖，成为优势种。海菜花(*Ottelia demersum* var. Quadrlspinum)不耐污染，1957 年以单优群落存在；1982 年海菜花已不成为完整的群落，只有零零星星的分布。

20 世纪 90 年代的洱海水生植被又发生了较大的变化，主要有以下几点。

(1)种类组成减少，生物多样性受到破坏。在 20 世纪 80 年代初期洱海有水生植物 61 种，目前已减少为 45 种，其中湿生物种由 20 种减少到 11 种，挺水植物由 10 种减少为 9 种。沉水植物由 19 种减少到 13 种，漂浮植物由 6 种减少至 5 种，只有浮叶植物由 6 种增加到 7 种，海菜花群落已不复存在。

(2) 群落类型减少。与 1985 年相比，蓖齿眼子菜群落、鸭子草群落、六蕊稻草群落和芦苇群落已不成连片的群落，只有稀疏分布。并有逐步减少乃至消失的可能。

(3) 分布面积减少，生物量有下降的趋势。1997 年洱海水生植物分布面积为 6533hm^2。比 1981 年少了 1194hm^2。1997 年的生物现存量为 76.5×10^{4}t，比 1981 年减少了 3.4×10^{4}t，显现出下降的趋势，特别是在北部湖区，由于对水草的破坏性捞取，水草资源出现衰退现象。

(4) 优势种群变化。苦草取代轮叶黑藻成为第一优势种，微齿眼子菜虽仍是第三优势种，但它在湖心平台的分布密度增加、生物量增多，而轮叶黑藻由于过度捞取，则由第一优势种变为亚优势种。

1994 年，洱海维管束植物区系组成以沉水植物为主，共计 19 种，为湖泊固有的水生植物群落，其中眼子菜科 9 种，是洱海多数群落类型的优势种，地位突出；禾本科虽然有 9 种，但除菰形成较大群落外，大都是云贵高原田沟、湿地广布的湿生或挺水杂草；水鳖科有 5 种，苦草和黑藻既是清洁淡水湖的主要成员，又是草食性鱼类的重要饵料资源，两者在洱海中群集茂盛。海菜花是云南高原湖泊植物区系的特征成分，20 世纪 80 年代初以前曾在洱海植被中占有显要地位，但现在洱海中只有在下河湾、波罗江口、沙坪有零星分布，不成群落。金鱼藻科、小二仙草科、睡菜科在洱海各有一种，都是淡水水体中的广布植物。菱科中的红菱、雨久花科的凤眼莲、鸭舌草、苋科的喜旱莲子草，泽泻科的野慈菇为洱海湖泊区系的外来成分。

2. 藻类

近 40 年来，洱海藻类群落结构发生了很大变化，总的趋势是种类减少而密度和生物量增加，尤以 20 世纪 90 年代末变化强烈。1957 年，藻类密度仅 6.49×10^4 cells/L，生物量 0.547mg/L；1980 年密度和生物量分别已达 123.6×10^{4}cells/L 和 1.005mg/L；1997 年则上升到 563.2×10^{4}cells/L 和 4.6582mg/L。20 世纪 50～90 年代，藻类密度和生物量分别上升了 9 倍和 4.5 倍。其中 90 年代变化显著，分别上升了 411%和 487%。1996 年 9 月洱海藻类水华暴发时，局部水域藻类密度达 1147×10^{4}cells/L，生物量超过 10mg/L (表 1-5)。

表 1-5　1957～1997 年洱海藻类密度、生物量比较

项目 \ 年份	1957 年	1980 年	1987 年	1992 年	1997 年
密度/(×10^{4}cells/L)	6.49	123.6	132.9	115.6	563.2
生物量/(mg/L)	0.547	1.005	1.086	1.1337	4.6582

与此相反，洱海藻类的种类数则由 20 世纪 90 年代以前的增加转而逐渐减少。例

如，1980 年发现 51 属，1987 年发现 89 属，1992 年有 102 属，而 1996~1997 年只见到 48 属。这种藻类密度和种类数的变动，反映了洱海污染和营养水平正在提高。

洱海藻类各类群的组成变化不大。1957 年洱海藻类中以绿藻为主，硅藻次之；1980～1992 年仍以绿藻和硅藻为主，但蓝藻所占比例明显增加，达 18%～28.7%；而 1996～1997 年，绿藻和硅藻所占比例相差已很小，分别为 39.6%和 31.2%。总的变化趋势是硅藻、蓝藻的数量和生物量所占比例不断扩大，而绿藻则逐渐减少。

洱海藻类的优势种常见属种变化较大。1957 年洱海藻类优势种有单角盘星藻(*Pediastrum simplex*)、水华束丝藻(*Aphanizomenon flos-aquae*)和小环藻属(*Cyclotella*)，常见的还有云南飞燕角甲藻(*Ceratium handellii*)、暗丝藻(*Psehonem aenigmatifm*)、湖生鞘丝藻(*Lmgbya limnetica*)和球空星藻(*Coelastr cambricum*)等。到了 20 世纪 80 年代中期，喜清洁水的云南飞燕角甲藻、暗丝藻已不复存在，而蓝隐藻(*Chroomo* sp.)和直链硅藻(*Melosira granulata*)则成为常见种，小环藻、水华束丝藻在这 30 年里一直是优势种属，该变化显示洱海水质有一定程度下降。到了 90 年代中期，洱海常见有蓝藻门的色球藻(*Chroococcus* sp.)、微囊藻(*Microcystis* sp.)和水华束丝藻，隐藻门的隐藻(Cryptophyta sp.)和蓝豫藻，硅藻门的小环藻、直链硅藻、脆杆藻(*Fragllaria* sp.)和星杆藻(*Asterionegla* sp.)、微囊藻、水华束丝藻和螺旋鱼腥藻(*Abaen spiroides*)等高温季节在局部湖区的密度达 450×10^4cells/L 成为优势种，并形成“水华”。

3. *浮游动物*

1957～1997 年，洱海浮游动物群落有两个显著变化阶段。1957～1980 年，浮游动物总密度下降，但生物量增加，主要表现在原生动物密度显著减少。而轮虫、枝角类、桡足类的密度则有不同程度增加，此时期优势种为西南荡镖水蚤(*Neutrodiaptomus mariadvigae*)、长刺蚤(*Daphinia tongispina*)、针簇多肢轮虫(*Polyarthra triga*)、螺形龟甲轮虫(*Keratella cochlearis*)；1980～1997 年，浮游动物密度和生物量急剧下降。分别由 1992 年的 890.5×10^4 个/L 和 1.598mg/L 减至 171.2×10^4 个/L 和 0.5412mg/L。其中轮虫、枝角类和桡足类等大中型浮游动物的减少幅度最大，没有明显优势种类(表 1-6)。

表 1-6　1957～1997 年洱海浮游动物密度和生物量

年份	原生动物		轮虫		枝角类		桡足类		合计	
	×10^4/L	mg/L	×10^4/L	mg/L	×10^4/L	mg/L	×10^4/L	mg/L	×10^4/L	mg/L
1957	1200		54		10		120		1384	
1980	585		80		80		155		900	
1992	328.2	0.007	483	0.2548	17	0.53	62.3	0.8065	890.5	1.598
1997	105	0.0054	52.5	0.0173	5.37	0.3142	8.715	0.2093	171.2	0.5412

4. 底栖动物

洱海 1997 年有底栖动物 30 种，隶属 8 科 16 属。常见种有河蚬(*Coribcula fluminea*)、螺蛳(*Margarya melanoides*)、尖口圆扁螺(*Segmentina nitidella*)、斯氏萝卜螺(*Radix swinhoei*)、苏氏尾鳃蚓(*Branchiura sowerbyi*)、异腹鳃摇蚊(*Einfeldia insolita*)等，优势种是螺蛳、河蚬、苏氏尾鳃蚓，平均密度 1219.4 个/m^2，平均生物量 827.22g/m^2。与 1981 年调查结果相比可知，底栖动物密度和生物显著增加。例如，1981 年洱海寡毛类平均密度和生物量分别为 44.42 个/m^2 和 0.7357g/m^2，远低于 1997 年的 370.6 个/m^2 和 37.17g/m^2。1981 年洱海摇蚊幼虫的密度和生物量为 25.09 个/m^2 和 0.2510g/m^2，低于 1997 年的 202.25 个/m^2 和 15.41g/m^2。1997 年软体动物的密度是 646.55 个/m^2，远多于 1981 年的 52.2g/m^2。

5. 鱼类

1957～1997 年洱海鱼类群落结构经历了 4 次较大的变动。

20 世纪 50 年代，洱海保持着以土著鱼类为主的结构特点，敞水区以大理裂腹鱼、大理鲤、杞麓鲤、春鲤、大眼鲤为主。沿岸带以洱海四须鲃、油四须鲃等为主，优势种是大理裂腹鱼等土著鱼类。渔业生产水平较低，年均鱼产 450.3t。而此时的洱海水资源丰富，有较大空闲生态位。

20 世纪 60 年代开始移植“四大家鱼”，渔获量迅速增长，年平均鱼产达 1239.45t。引种时带入的波氏栉鰕虎鱼等野杂鱼因缺乏天敌，在湖中大量繁殖，种群迅速扩大，并占据沿岸浅水区鱼类产卵场，吞食鱼卵，对砾石产卵的土著鱼类如大理裂腹鱼等的资源再生产生重大破坏。波氏栉鰕虎鱼等野杂鱼产量在 60 年代末至 70 年代初一度占总鱼产的 80%左右，成为优势种。

20 世纪 70 年代中后期，过量利用水资源特别是西洱河水电站的修建导致洱海水位急剧下降，大片砾石浅滩露出水面，抑制波氏栉鰕虎鱼的生长繁殖，更促使多濒危土著鱼类如大眼鲤、大理裂腹鱼、洱海四须鲃和油四须鲃等趋于消亡。而水位下降和营养盐增加促进水草的生长，利于草上产卵鱼类如各种鲤鱼、鲫鱼的繁殖，70 年代中后期，鲤、鲫鱼占总鱼产的 65%～80%，该时期因渔政管理困难，捕捞过度，天然捕捞量下降到每年 574.2t。

20 世纪 80 年代中期洱海开始移植银鱼，并开展草鱼、鲤鱼等的网箱养殖。由于破坏性扒捞水草，在一定程度上破坏了鲤、鲫鱼的产卵环境，影响其自然增殖，产量在 1996 年仅占总产的 20.9%。银鱼则占据裂腹鱼的生态位而逐渐成为优势种群，年产量稳定在 500～750t，占总产的 25%～35%，成为洱海最重要的经济鱼类。这一时期天然捕捞量持续增长，平均年产量达 3880.4t。

总的看来，洱海土著鱼类不断减少乃至消亡。外来物种成为渔业主体，天然鱼产稳中有升。由此可见，鱼类引种、过度捕捞和水位急剧变化等是洱海鱼类群落和渔业资源变动的主要原因。

(二) 近年水生态现状（2000～2010 年）

2000～2010 年洱海水生态数据由大理市环境保护局提供。

1. 水生植物

2002 年，洱海水生植物全湖优势种为微齿眼子菜、金鱼藻、细角野菱、黑藻。微齿眼子菜、金鱼藻是全湖分布最广种类。其他常见种有竹叶眼子菜、穗花狐尾、篦齿眼子菜、苦草、水花生、茭草等。结合洱海数字化水下地形图，按不同区域水生植被分布下限来测算，洱海全湖水生植物分布面积为 42km^2，平均生物量为 26.42 万 t，其中：北部分布面积 16km^2，生物量 13.28 万 t，中部分布面积 12km^2，生物量 5.26 万 t，南部分布面积 14km^2，生物量 7.88 万 t。

2005 年，洱海沉水植物优势种主要是微齿眼子菜、苦草、角果藻、黑藻和金鱼藻，在全湖分布较广，其生物量占全湖总生物量的 94.81%。其中，微齿眼子菜和苦草组成洱海最大的 2 个种群，广泛分布于各个群落之中，其生物量占全湖总生物量的 77.56%。篦齿眼子菜、狐尾藻、亮叶眼子菜和菹草主要分布于部分湖区，其生物量占总生物量的 5.14%。洱海沉水植被的资源储量为春季，约为 39.57 万 t。沉水植被的分布面积达 9602.5hm^2，占全湖总面积的 40.39%。

2010 年，洱海采集或观察到的水生高等植物共计 41 种，多分布于离岸距离 10m 以内、水深不超过 2m 的近岸地带。沉水植物主要种属为狐尾藻、金鱼藻、眼子菜、黑藻、红线草。漂浮植物主要为睡莲、荇菜。挺水植物主要为芦苇。

2. 藻类

洱海水质 2010 年叶绿素 a 含量最高为 8.33mg/L，最低为 2.13mg/L。2005 年叶绿素 a 含量最高为 5.17mg/L，最低为 1.25mg/L。2010 年叶绿素 a 含量迅速增高，较 2005 年增加幅度约为 38%。

洱海 2010 年藻类细胞浓度最高为 831×10^4 cells/L，最低为 346×10^4 cells/L。2005 年藻类细胞浓度最高为 1182×10^4 cells/L，最低为 364×10^4 cells/L。藻类细胞浓度含量高值多出现在 7～10 月。2010 年藻类细胞含量较 2005 年有所降低。

洱海水体藻类优势种为铜绿微囊藻。水体出现较多的藻类种属为：铜绿微囊藻、水华束丝藻、脆杆藻、美丽星杆藻、湖泊鞘丝藻、直链藻、水华鱼腥藻、小颤藻。

11 月至次年 1 月，硅藻门含量较高，种属为脆杆藻、直链藻、小环藻、桥弯藻等。2 月～10 月，蓝藻门、绿藻门含量迅速升高，种属多为铜绿微囊藻、水华束丝藻、颤藻等。7～10 月为藻类细胞浓度高值期，铜绿微囊藻占绝对优势，约为藻类细胞数的 97%以上，有形成水华的趋势。

3. 浮游动物

洱海水体2010年浮游动物数量最高为2006个/L，出现在7月；最低为1260个/L，出现在12月。2005年浮游动物数量最高为2915个/L，出现在6月；最低为646个/L，出现在11月。2010年浮游动物数量与2005年差距不大，数量年度变化保持稳定。

洱海水生生态系统特征表明生态系统结构呈单一化趋势。藻类总的变化趋势是：蓝藻的数量和生物量所占比例不断扩大，而硅藻、绿藻种类及生物量则逐渐减少。浮游动物数量种类及数量均有减少趋势，枝角类、桡足类和轮虫的数量呈下降趋势，总生物量也锐减。由于有机污染的增加，底栖动物的密度及生物量显著增多。水生植物群落面积不断缩小，种类趋向单一化，部分种类(如海菜花)已完全消失，生物量也不断减小。土著鱼类数量下降迅速，大部分被“四大家鱼”取代。总之，洱海生态系统由稳定趋向衰退，物种多样性降低，各级生物群落类型减少，生态系统结构呈单一化趋势。

(三)2016年洱海水生态状况

1. 水生植物

根据2016年洱海湖滨带水生植物调查结果，洱海水生植物沿湖岸带呈环状分布，面积约为1241.86hm^2，占湖泊总面积的5.17%。从三大类植物群落类型来看，沉水植物分布面积占98.04%，浮叶和漂浮植物分布面积占1.96%，挺水植物只在湖滨带零星分布，面积较小，可忽略不计。

洱海目前优势物种为微齿眼子菜，其群落是在湖中普遍分布，几乎在所有的调查断面均有微齿眼子菜的分布，其生物量为1.0～5016.0g/m^{2}FW，为全湖第一优势群落；金鱼藻和苦草由于适应现状生境，生物量增大，且两种植物为分布最深的物种，分别成为第二、第三优势种，且两种植物常常形成单独或共优群落，通常情况下，金鱼藻分布于其他水生植物的最外界。近来，海菜花只零星生长分布，但为人工种植群落，系洱海管理局于1997年7月和1998年3月2次从剑川县剑川湖移植于洱海而形成的，主要分布于桃源码头附近，面积约为3000m^2。

2. 藻类

2016年洱海浮游植物年均生物量为3426×10^4 cells/L。2015年9月洱海的浮游植物平均生物量最高，达到6646×10^4 cells/L；2015年11月浮游植物生物量下降较多，为3942×10^4 cells/L；2016年1月浮游植物生物量持续下降，是2646×10^4 cells/L；2016年5月浮游植物生物量最低，仅为471×10^4 cells/L。全湖水体中的浮游植物分布中，全湖差异较小，北部湖域浮游植物生物量略高，南部湖域浮游植物生物量略低，全湖呈均匀变化的态势。

根据云南省监测站水质月报，2016 年洱海水质总体保持在III类，其中有 5 个月达到II类。但是由于洱海流域气温高、蒸发量大，入湖水质尚未根本好转，洱海水体长时间未得到有效循环转换，加之环洱海餐饮住宿产生的污水、垃圾剧增等原因，在个别极端天气下，洱海容易暴发蓝藻水华。

3. 浮游动物

2016 年洱海浮游动物的平均生物量较高，可达 3715 Ind./L；夏末可达 4072 Ind./L，秋季降至 2664 Ind./L，冬季最低 2640 Ind./L，夏初增至 5483 Ind./L。浮游动物生物量季节性变化显著。洱海浮游动物组成中，原生动物生物量最高，达 390 Ind./L，占洱海浮游动物总数的 87.9%；轮虫生物次高，为 390 Ind./L，占浮游动物总数的 10.5%；枝角类浮游动物生物量最低，为 23.38 Ind./L，占浮游动物总数的 0.63%；桡足类生物量也较低，为 35.4 Ind./L，占浮游动物总数的 0.95%。因此，洱海水域浮游动物中原生动物占优势。

洱海浮游动物的优势种为原生动物中的旋回侠盗虫，普通表壳虫和冠砂壳虫是次优势种。其中，原生动物优势种为旋回侠盗虫，次优势种是普通表壳虫和冠砂壳虫；轮虫优势种是暗小异尾轮虫，次优势种是针簇多肢轮虫、圆筒异尾轮虫和短棘螺形龟甲轮虫；枝角类动物优势种是长额象鼻溞，次优势种是方形网纹溞和盔形溞；桡足类动物优势种是剑水蚤，次优势种是哲水蚤。

从浮游动物的组成看，洱海水体浮游动物大都是生态幅较大的种类，以广温性种类为主；浮游型种类较多，底栖-周丛型也有一定数量。

4. 鱼类

2016 年对洱海鱼类种群调查显示，共记录到洱海鱼类 23 种，其中小型鱼类比例占 65.28%。除大理裂腹鱼、黄鳝、泥鳅、鲫、中华青鳉为土著种外，其余 18 种均为外来种，替换率达 70.57%。留存的 5 种鱼中，黄鳝、鲫、泥鳅、中华青鳉属广布种，大理裂腹鱼是洱海流域的珍稀濒危鱼类，为国家二级保护动物，仅在茈碧湖中捕获一尾，根据当地渔民访谈结果，大理裂腹鱼现在洱海湖体已极少捕获。与 20 世纪末相比，有两种原有种——侧纹云南鳅和拟鳗副鳅未采集到，但同时新记录到了鰲条、高体鳑鲏、乌鳢、长身鱊、食蚊鱼等 5 种外来鱼类，外来种比例已从 20 世纪 60 年代的 39.3%上升到了目前的 78.3%，且持续上升趋势明显。

各种鱼类的数量百分比为：兴凯鱊（*Acheilognathus chankaensis*）19.1%、鰲（*Hemiculter leucisculus*）18.2%、鲫（*Carassius auratus*）11.7%、子陵吻鰕虎鱼（*Rhinogobius giurinus*）11.5%、鲢（*Hypophthalmichthys molitrix*）10.2%、小黄鱼幼鱼（*Hypseleotris swinhonis*）7.1%、鲤（*Cyprinus carpio*）5.3%、麦穗鱼（*Pseudorasbora parva*）4.6%、高体鳑鲏（*Rhodeus sinensis*）3.5%、泥鳅（*Misgurus anguillicaudatus*）2.8%、翘嘴鲌（*Erythroculter ilishaeformis*）2.7%、鳙（*Aristichthys nobilis*）2.1%、棒花鱼（*Abbottiba rivularis*) 1.1%、草鱼(*Ctenopharngodon idellus*) 0.1%。

三、主要入湖河流水质变化

大理州各级环境监测站分别对主要入湖河流弥苴河、罗时江、永安江、万花溪、白石溪、波罗江、白鹤溪的水质进行了环境质量监测，监测结果与国家《地表水环境质量标准》(GB3838—2002)对照。根据《云南省地表水水环境功能区划(复审)》和《云南省大理白族自治州洱海管理条例(修订)》的规定，洱海的入湖河流执行《地表水环境质量标准》(GB3838—2002)的Ⅱ类水质环境功能和保护目标。

2005～2016年洱海主要入湖河流弥苴河、永安江、罗时江、白鹤溪的水质监测结果表明，主要污染指标是高锰酸盐指数、氨氮、总磷。污染物年内浓度受旱季和雨季的影响明显，各月的浓度波动幅度较大，当出现峰值浓度时则产生高浓度污染。

近几年洱海主要入湖河流的水质达标情况表明，河流的水域环境功能均不能满足Ⅱ类水质的要求(表1-7)。洱海北部的弥苴河、罗时江、永安江均处于Ⅴ类水质状态，主要污染指标为高锰酸盐指数、氨氮、总磷，罗时江、永安江的高锰酸盐指数也达到了Ⅳ类水质标准；洱海南部波罗江的总磷处于Ⅴ类水质状态，高锰酸盐指数也达到了Ⅳ类水质；洱海西部的白鹤溪处于Ⅲ～Ⅴ类水质状态，主要污染指标为高锰酸盐指数、总磷。

表1-7　主要入湖河流水质情况

年份	弥苴河	罗时江	永安江	白鹤溪
2005	Ⅲ	劣Ⅴ	劣Ⅴ	劣Ⅴ
2006	Ⅳ	劣Ⅴ	劣Ⅴ	劣Ⅴ
2007	Ⅳ	劣Ⅴ	劣Ⅴ	劣Ⅴ
2008	Ⅲ	劣Ⅴ	Ⅴ	劣Ⅴ
2009	Ⅳ	Ⅳ	Ⅴ	Ⅴ
2010	Ⅴ	Ⅴ	Ⅴ	劣Ⅴ
2011	Ⅴ	Ⅴ	Ⅳ	Ⅴ
2012	Ⅴ	Ⅴ	Ⅴ	劣Ⅴ
2013	Ⅴ	Ⅴ	Ⅴ	劣Ⅴ
2014	Ⅳ	Ⅴ	Ⅴ	Ⅴ
2015	Ⅳ	Ⅴ	Ⅴ	Ⅴ
2016	Ⅳ	Ⅴ	Ⅳ	Ⅴ

其中，弥苴河中总磷和高锰酸盐指数较大，可能与其流域人口密度较大有关，较多的居民生活污水的排放造成磷及有机物大量排入河中。永安江的氨氮含量较高，可能与流域居民生产方式有关。永安江附近为重点奶牛养殖区，牲畜粪便排

入河中，造成氮含量的超标。波罗江的氨氮、高锰酸盐指数较高，与其流域居民生活污水、工业污水的大量排入有关。波罗江流经大理下关市，其为重要的经济发达区，其生活污水及工业废水均可造成波罗江中的氮和有机物含量超标。白鹤溪、白石溪、万花溪位置相近，同属于苍山十八溪，其流域为重要的农业种植区，农业面源污染严重，其氨氮和总磷含量较高，相对的高锰酸盐指数含量较低。

根据大理州环境监测中心站的水质监测数据，分析评价 2011～2016 年的水质发展趋势。

1. 弥苴河

2011～2016年弥苴河污染物呈上升趋势。氨氮在Ⅱ～Ⅲ水质标准间变化，2013 年以前处于Ⅱ类水质标准；2014 年突升至Ⅲ水质标准；2016 年降回Ⅱ类水质标准，年平均浓度为 0.44mg/L（图 1-8）。总磷在Ⅱ～Ⅲ水质标准间变化，2013 年以前处于Ⅱ类水质标准，2014 年突升至Ⅲ水质标准，2016 年降回Ⅱ类水质标准，年平均浓度为 0.1mg/L（图 1-9）。高锰酸盐指数近年来水质标准较好，均为Ⅱ类水质标准；2014 年降至 2.88mg/L，2015 年增至 3.52mg/L，2016 年降至 3.4mg/L（图 1-10）。

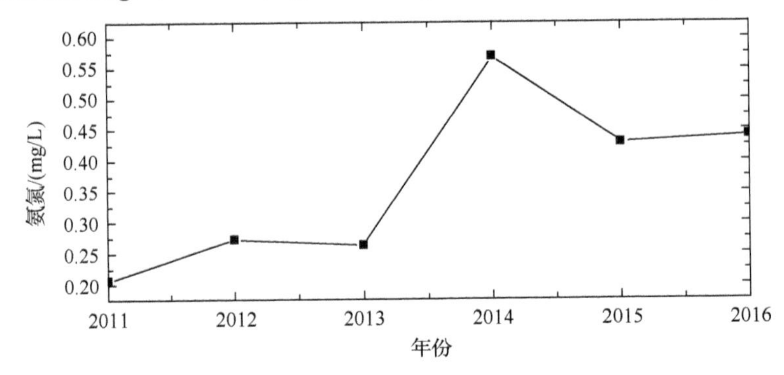

图 1-8　弥苴河 2011～2016 年氨氮浓度变化图

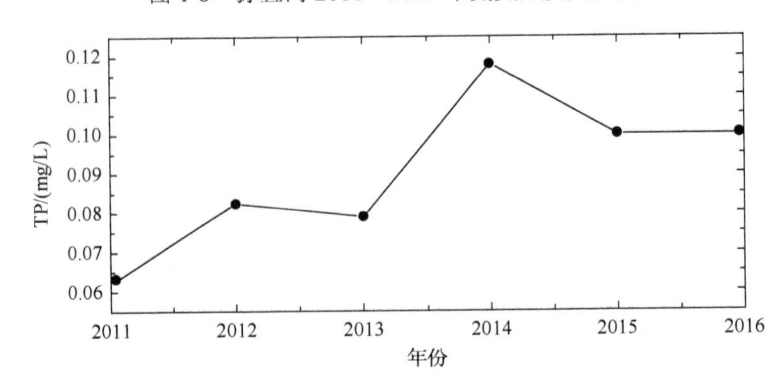

图 1-9　弥苴河 2011～2016 年总磷浓度变化图

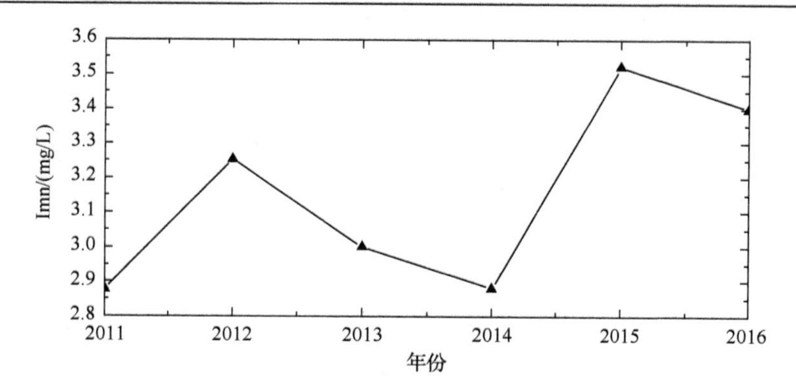

图 1-10 弥苴河 2011～2016 年高锰酸盐指数浓度变化图

2. 罗时江

2011～2016 年罗时江污染物呈上升趋势。氨氮在Ⅱ类水质标准间变化，呈逐年上升趋势；2015 年升至最高，为Ⅱ类水质标准，年平均浓度为 0.32mg/L（图 1-11）。总磷在Ⅱ～Ⅲ类水质标准间变化，2013 年以前处于Ⅱ类水质标准，2014 年突升至Ⅲ

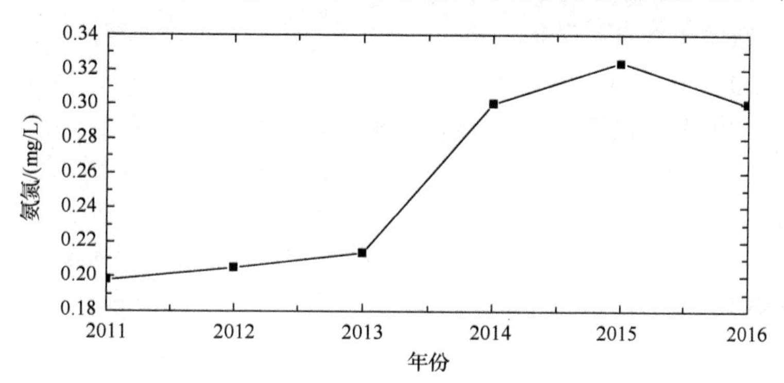

图 1-11 罗时江 2011～2016 年氨氮浓度变化图

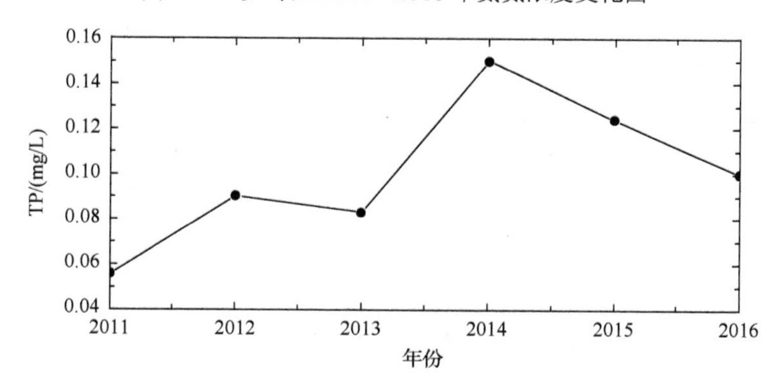

图 1-12 罗时江 2011～2016 年总磷浓度变化图

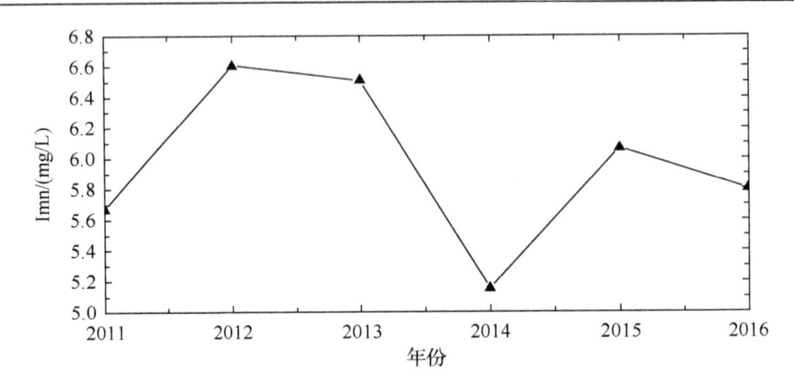

图 1-13　罗时江 2011～2016 年高锰酸盐指数浓度变化图

类水质标准，2016 年略有下降，仍处于Ⅲ类水质标准，年平均浓度为 0.1mg/L（图 1-12）。高锰酸盐指数近年来水质标准较差，在Ⅲ～Ⅳ类水质标准间变化，但 2014 年和 2015 年呈逐渐下降趋势；2016 年年平均浓度 5.8mg/L，属Ⅳ类水质标准（图 1-13）。

3. 永安江年平均水质变化

2011～2016 年永安江污染物上升趋势得到有效控制。氨氮在Ⅱ类水质标准间变化，呈逐年上升趋势；2015 年升至最高，为Ⅱ类水质标准，年平均浓度为 0.276mg/L（图 1-14）。总磷在Ⅱ～Ⅲ类水质标准间变化，2012 年突升至Ⅲ类水质标准，其余年份处于Ⅱ类水质标准；2016 年处于Ⅱ类水质标准，年平均浓度为 0.04mg/L（图 1-15）。高锰酸盐指数逐年降低，在Ⅱ～Ⅲ类水质标准间变化，2014 年和 2015 年呈逐渐下降趋势；2016 年年平均浓度 2.5mg/L，属Ⅱ类水质标准（图 1-16）。

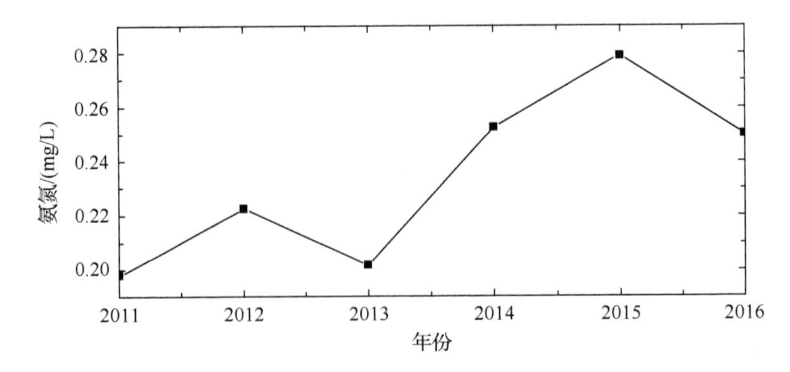

图 1-14　永安江 2011～2016 年氨氮浓度变化图

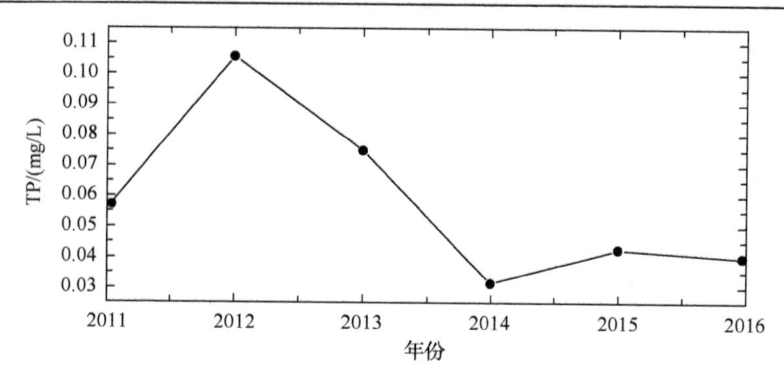

图 1-15　永安江 2011～2016 年总磷浓度变化图

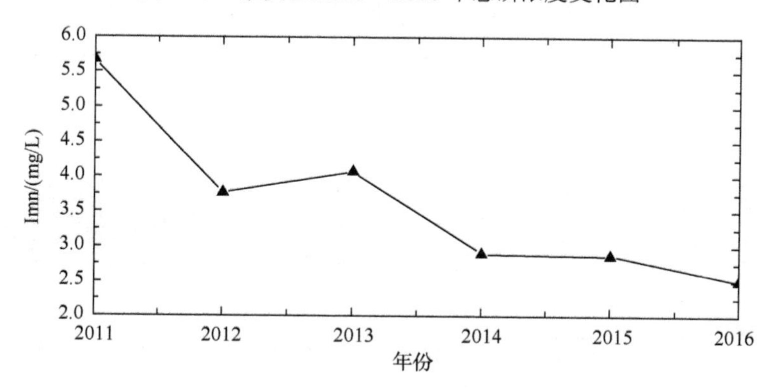

图 1-16　永安江 2011～2016 年高锰酸盐指数浓度变化图

4. 白鹤溪

2011～2016 年白鹤溪污染物呈下降趋势。氨氮在Ⅱ～Ⅳ类水质标准间变化；2016 年为Ⅱ类水质标准，年平均浓度为 0.25mg/L(图 1-17)。总磷在Ⅲ～Ⅳ类水质标准间变化；2016 年处于Ⅱ类水质标准，年平均浓度为 0.07mg/L(图 1-18)。高锰酸盐指数逐年降低，在Ⅱ～Ⅲ类水质标准间变化；2016 年年平均浓度 3.1mg/L，属Ⅲ类水质标准(图 1-19)。

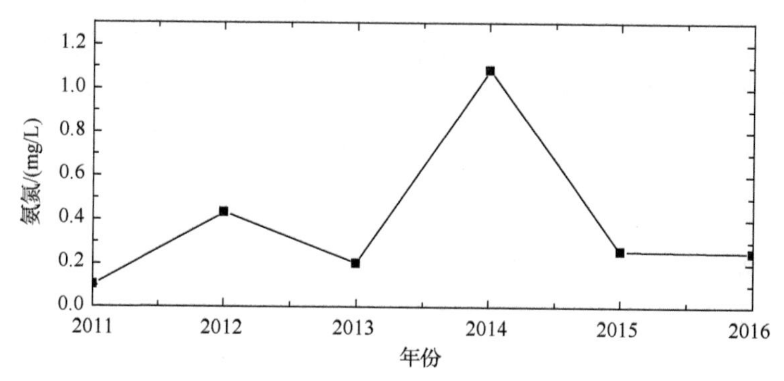

图 1-17　白鹤溪 2011～2016 年氨氮浓度变化图

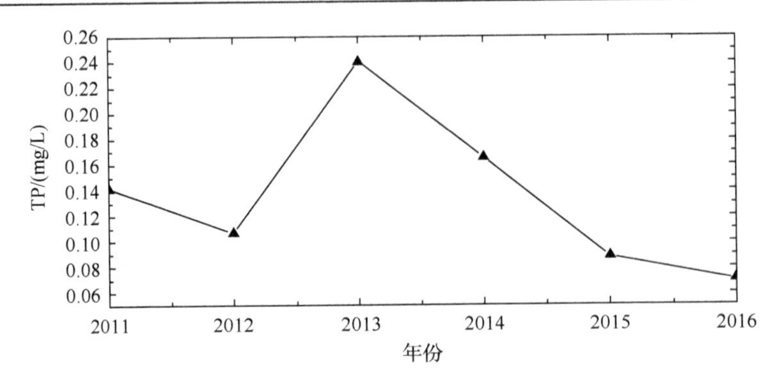

图 1-18 白鹤溪 2011～2016 年总磷浓度变化图

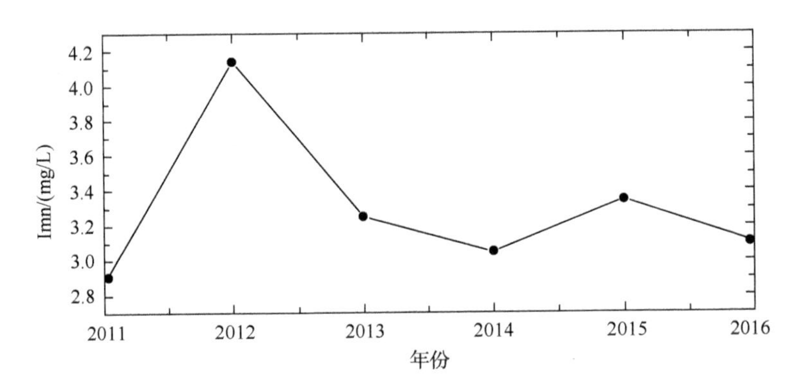

图 1-19 白鹤溪 2011～2016 年高锰酸盐指数浓度变化图

第三节 洱海污染治理现状

20 世纪 70 年代以前，洱海水质良好，至 70 年代以后，随着对水资源的过度开发和沿湖水污染状况的加重，洱海水质开始恶化。洱海污染最初以工业和生活污水排放的 COD 为主，90 年代开始实施截污干管建设后，工业废水大部分被截流，COD 的影响降低，总磷、总氮成为洱海的主要水质污染因子和富营养化影响因子。1996 年后，洱海多次暴发全湖性的“蓝藻水华”危机，对洱海的水环境状况敲响了警钟。经过大理州、市等各级政府的努力，洱海水质逐步取得了好转。2001 年洱海为Ⅱ类水质，2004～2007 年几年间，洱海全湖的水质从 2003 年的局部Ⅲ类下降到《地表水环境质量标准》（GB3838—2002）的Ⅳ类标准，2009 年后恢复到总体水平达到和保持Ⅲ类水质标准。这是严格执行科学、综合的水环境保护政策所取得的成就。

（一）《洱海管理条例》的颁布

1984年2月大理白族自治州人民政府制定了《洱海管理暂行规定》，作为行政法规予以公布实施，实行洱海水费征收、入湖捕捞资源增殖费的征收、每年定期封湖禁渔等政策措施，并成立了专门机构“洱海管理局”。1988年大理白族自治州人大通过了《大理白族自治州洱海管理条例》（以下简称《洱海管理条例》），取代了《洱海管理暂行规定》，洱海的水环境政策进入了法制化的轨道，对洱海的保护起到了积极的作用。条例对水资源的开发和利用、洱海湖滨带的管理、工业和生活污染防治、生态环境保护等方面作了规定。但1988年的总体思想仍然是以开发利用为主，没有很好地体现环境保护的理念。1998年3月19日大理白族自治州人大常委会通过了修订后的《洱海管理条例》，将自1996年来的制定的一系列洱海水环境保护政策进行了法律规范。然而，1998年修订的《洱海管理条例》对洱海的环境保护和资源开发做了许多有针对性的规定，但是许多规定仍然是局部性的，并未体现系统和综合治理的理念。2004年修订的条例较好地体现了保护和治理优先、合理开发的原则，加强了洱海管理局的地位和作用，并将其下放至大理市管理，强化了洱海流域的各级政府的职责。

（二）“三退三还”政策

大理州各级政府从1999年开始实施退耕还林/湖、退塘还湖、退房还湿地的“三退三还”政策。历年来，洱海湖滨带被侵占滩地面积为12 334.98亩，约占滩地总面积21 000亩的58.7%。2001年大理白族自治州政府加大了实施“三退三还”政策的力度。到2002年9月，共实现“退塘还湖”4444.5亩，“退耕还林”7274.52亩，“退房还湿地”616.8亩。还实现植树造林5000亩，种植柳树48万株。其中退耕还林还扩大到洱海流域，共退耕还林1612万亩。“三退三还”政策将被水淹没的鱼塘、房屋和树林实施补偿，实现水位提高的目标，更好地实现其恢复洱海生态环境的目标。

（三）“双取消”和“两禁止”政策

大理州各级政府于1996年底开始实施“双取消”政策，即取消洱海湖区所有的机动捕鱼船和网箱养鱼，并禁止随意打捞水草。到1997年共取消了洱海中的养鱼网箱11 187个，机动渔船2579艘，较好地防止了水面养殖污染和机动船污染的危害。1997年11月实施“禁磷”政策，在洱海汇入区内禁止生产、销售和使用含磷洗涤用品，削减了总磷的流入量。2006年9月实施“禁白”政策，在整个大理市辖区内禁止生产、销售、使用一次性发泡塑料餐具和有毒有害不易降解塑料制品工作，经过一年多的努力，对防止洱海流域的“白色污染”取得了明显成效。

(四)洱海保护治理“六大工程”

从2004年开始，随着对洱海水环境保护的认识不断深入，各级政府对洱海保护和治理的思路发生了“三个转变”，即从内源污染向面源污染治理转变、从单向零星工程治理向系统的工程治理与生物治理相结合转变、从部门孤军奋战向条块结合分级负责整体联动转变，确立起科学的、系统的综合治理思路；开始实施包括城市污水处理及环湖截污治理工程、洱海湖滨带生态恢复建设、主要入湖河道环境综合整治工程、农业和农村面源污染治理、流域水土保持、洱海流域环境管理工程等6大工程。这些工程的实施和相继建成投入使用，有效地减少了入湖污染负荷，改善了洱海水质，对洱海水环境的持续好转和生态保护起到了极为重要的作用。

1. 城市污水处理及环湖截污治理工程

在已建成环湖截污干渠(干管)的基础上，逐步实施环洱海截污管网工程，累计投资21亿元，建设大理214线干管管网、洱河南路截污干渠、环洱海截污干渠、大理至下关截污干管等综合截污管网，实施大理古城、下关新老城区、凤仪、喜洲、双廊、周城等重点集镇污水管网建设，完成大渔田污水处理厂，新建5座集镇污水处理厂，完成24家宾馆、山庄、饭店简易污水处理系统建设，目前共建成或在建环洱海综合截污干渠101.28km、城市排污管网482.6km，可实现日处理污水16万m^3，城市污水处理系统建设初具规模，从根本上解决了片区污水集中收集、排放的问题。

2. 洱海湖滨带生态恢复建设

洱海湖滨带生态恢复建设以洱海高水位运行为依据，科学调度洱海水资源，将洱海最低运行水位从1971m(海防高程)提高到1972.61m(海防高程)，将洱海最高运行水位从1974.00m(海防高程)提高到1974.31m(海防高程)，把洱海从云南省电网枯季调峰地位改变为以生态保护为主，切实做到人工调度运行与改善洱海水环境质量的有机统一，增强洱海生态自净功能，有力地促进了洱海水质的改善，实现了洱海水位调度与环境保护、经济效益和社会效益的协调发展。

以提升洱海水质、提高区域内人民群众生产生活水平和质量为目标，实施以罗时江、弥苴河入湖河口湿地工程为重点，规划建设生态湿地3400亩，减轻入湖河流污染。

重建环洱海湖滨带，建成39个村落污水处理系统。

实施“三退三还”工程，对洱海1974m以下、总面积12 334.98亩的洱海滩地实施退田还林、退塘还湖、退房还湿地，共退塘还湖4324.84亩，退耕还林7274.52亩，退房还湿地616.8亩。

完成西区 58km 湖滨带生态修复工程，在洱海滩地上种植 68 个品种、170 多万株植物，恢复湿地面积 1040 万 m^2。建设洱海湖滨带(东区)一期生态修复工程，清退土地 1008 亩、拆除房屋 449 户，将初步建成完整的、相对封闭的环洱海湖滨带，隔离人对湖泊的直接破坏。

综合整治洱海水生植物，清除死亡水草、水葫芦和水面漂浮物，开展渔业增殖放流工作，用生物治理的方法逐步恢复洱海的水环境和原生态系统。

建设 18km^2 的洱海水生野生动物自然保护区，在水生野生动物自然保护区内建立 5000 亩洱海水生生物物种种质库(核心区)，实施洱海土著贝类恢复试验和沉水植物恢复示范工程，探索洱海生态系统恢复和重建的有效办法，保护洱海自然资源和生物多样性。

3. 主要入湖河道环境综合整治工程

综合整治主要入湖河流水环境，完成永安江、罗时江生态河道综合整治约 20km。治理苍山十八溪，完成了白鹤溪治理、中和溪、黑龙溪、阳南河、灵泉溪、莫残溪等 5 条溪的综合治理，治理河道 10.079km。

完成 50 条洱海主要入湖河口清淤整治，共清挖淤泥 18 930m^3，砂石 1002m^3，清除腐质杂草 2250t、垃圾 35t。

目前正抓紧实施茫涌溪、葶溟溪、万花溪、双鸳溪 4 条溪综合整治工程，进一步优化入湖河流水质。

4. 农业、农村面源污染治理

按照“治湖先治污、治污先治源”的思路，实施了以村镇为主体的面源污染治理。

对洱海流域核心区的种养殖业，坚决实施“下移外扩”，控制发展。2012 年将环湖 2km 范围内养殖业逐步转移、搬迁到对洱海水体无影响的出水口下游地区和流域以外的县，逐步控制环洱海 400m 内的直接农耕活动和有关的建设行为。调整优化农业经济结构，在科学规划的基础上，突出抓好畜牧、蔬菜、花卉、林果业等重点产业的规模化生产和产业化经营。流域内要逐步压缩水稻种植面积，增加旱作面积，主要发展以生态高效农业和节水农业为主。对于洱海流域的农业生产，在化肥、农药使用上要有更加严格的要求，通过制定相应的生产标准和管理办法，完善监管体系，加强检测手段，切实减少化肥和农药施用量。迄今为止，共建成沼气池 1.9 万口，建设 10 万亩无公害农产品基地，大力推广测土配方、控氮减磷、优化平衡施肥技术 63.8 万亩，降低氮、磷化肥亩用量 10%～20%；开展“一取消三提倡”工作(取消使用化学除草剂，提倡人工薅锄，提倡使用有机肥，提倡稻田养鱼)。

建设畜禽规模养殖园区，实施规模奶牛养殖场粪污治理，完成 1800m^3 堆粪发酵池、1450m^{3}沉淀发酵池。建成堆粪发酵池 3642 个、18 548m^3。推广生物发酵自然养猪法示范，实施畜禽粪便集约化处理及生产加工有机肥设施扩建，扩建生产车间 3137.48m^2。

大力推广“农村定时定点收集清运垃圾”模式，兴建农村卫生公厕 115 座、农村生态卫生旱厕 1000 座，新建 9 座乡镇垃圾中转站、1 个大型垃圾处理场和医疗废弃物集中处理厂，配备垃圾清运车 39 辆，建成 1450 个垃圾池，配备 650 辆三轮清运车，基本实现了村组垃圾收集，进垃圾中转站后统一运送垃圾处理场的垃圾收集、运输、处理网络。建设 50 个小型垃圾无公害处理设施和以上关、喜洲为重点的 8257 户农户污水收集处理系统，由面到户，切源治根。对入湖河流流域村庄垃圾进行清理收集，从源头上控制流域面源污染。

5. 流域水土保持

实施水源林建设、天保工程和退耕还林，建成公益林 3.5 万亩，退耕还林 5.2 万亩，配备管护人员 609 名，对 97.1 万亩森林进行管护，全面取缔苍山面山、大理坝区及洱海东面山范围内零散的采砂、洗沙、取石，实施完成 15km^2 水土流失治理任务。

6. 洱海流域环境管理工程

在洱海流域实施实行“河(段)长制”和“河管员制”，印发《大理市洱海主要入湖河道综合环境控制目标及河(段)长责任制管理办法》，大理市市委、市政府领导担任河(段)长，每人挂钩负责一条主要入湖河流，明确年度河道截污治污措施、河道水质监控、河道(岸)保洁、景观改善等主要入湖河道综合环境控制目标，实行河(段)长风险抵押金制度和一年一考核制度，定期在媒体上公布接受全社会的监督。

健全完善沿湖环保监管网络，在沿湖 2 区、9 镇成立了编制为 3~5 人的洱海环境管理所，聘请了 160 名滩地协管员和 155 名河道管理员，在 464 个自然村配置 634 名垃圾收集员，负责乡村、洱海滩地和入湖河道的常年管护和日常保洁，初步建成了以滩地协管员、河道管理员、各镇洱海环境管理所、洱海保护管理局为主体的多层级流域管理体系，形成了专业管理与属地管理相映的全流域管理网络。

(五)“2333”三年行动计划和全流域的网格化管理责任制度

在洱海保护治理“六大工程”的基础上，洱海治理推行“2333”三年行动计划，即：围绕实现洱海Ⅱ类水质目标，用 3 年时间，投入 30 亿元，着力实施好“两百个村两污治理、三万亩湿地建设、亿万亩清水入湖”三类重点项目，到 2015 年末，在气候正常年景条件下，使洱海有 8 个月以上达到Ⅱ类水质标准。

2015 年，大理白族自治州全面推行覆盖洱海全流域的网格化管理责任制度，建立五级网格化管理责任体。网格化管理体制紧紧围绕入湖河道治理，以“清洁水源”为切入点，进一步深化和拓展洱海“河段长”责任制及“三清洁”活动，真正落实流域各级组织的责任，切实解决边界不清、责任不明、趋利避责、相互推诿等问题，建立起边界清晰、责任明确、任务到村、落实到人，实现洱海流域16个乡镇的精准化管理。

（六）开启洱海保护治理抢救模式实施“七大行动”

2016年12月，为落实习近平总书记到大理考察时作出的“一定要把洱海保护好”的重要指示，云南省委、省政府开启洱海保护治理抢救模式部署，云南省环保厅成立了省环保厅洱海抢救性行动工作组，进驻大理白族自治州帮助指导洱海抢救性保护治理工作。大理白族自治州迅速制定了《洱海抢救性保护行动方案》，实施洱海保护“七大行动”，全面加强洱海保护治理。“七大行动”包括：全面抓实流域“两违”整治、村镇“两污”整治、面源污染减量、节水治水生态修复、截污治污工程提速、流域执法监管、全民保护洱海。

第四节　洱海存在的主要问题

（一）洱海水质呈缓慢下降趋势，湖泊逐步向富营养化方向转变

2000年前洱海水体处于Ⅱ类水质，但是主要水质指标氮、磷的含量呈缓慢上长趋势。2002年后洱海水质急剧下降，水质在Ⅱ～Ⅲ类波动，2003～2006年处于Ⅲ类。2008年洱海水质好转为Ⅱ类，2009年水质处于Ⅲ类，2010年后水质有所好转。2012年部分月份（1～3月）水质为Ⅱ类，部分月份（4～11月）水质为Ⅲ类，全年水质属Ⅲ类标准。可见，处于富营养化进程关键转型时期的洱海水质呈波动性变化。在较大治理力度下水质趋于好转，但在超负荷入湖污染物量情况下，水质仍由Ⅱ类向Ⅲ类转变。

2003年洱海富营养化综合指数TLIc达到49.7，表明洱海几乎进入富营养化阶段。2004～2010年，经过治理后洱海水质有所好转，富营养化综合指数TLIc在42～46之间波动，但年内部分月份全湖已经处于富营养水平，2010年后洱海富营养化水平有所下降，富营养化综合指数降至40以下。富营养化指数的变化表明洱海正由贫营养湖泊逐渐过渡到初级富营养湖泊。

若无有力措施控制营养物质的输入，洱海将在未来5～10年内转变为富营养湖泊。当水体处于中、重度富营养化程度时，氮磷等含量就不再是藻类生长的限制因子。当具备适宜的气象条件（气温、降水、光照）时，藻类疯长，极易形成可见水华。至此，水质恶化不可挽回。因此，减缓总氮的输入，控制总磷含量变化，是洱海水环境保护的关键。

(二)水生生态系统结构发生变化，局部湖湾与沿岸藻类水华频繁出现，蓝藻水华暴发风险大大提高

从20世纪70年代至今，洱海的水生生态环境已经发生了很大的变化。主要表现在：原有的生物群落结构遭受破坏；大型水生植物生物量减少，面积萎缩，群落结构简单化，种类单一化；浮游动物密度和生物量急剧下降，轮虫、枝角类和桡足类等大中型浮游动物减少幅度最大；土著鱼类濒危或消失，外来鱼类种类数量继续增加，鱼产量由过去以土著鱼类为主转变为外来引入鱼类(银鱼)和人工投放鱼类(四大家鱼等)为主的渔业格局。目前洱海水生态系统的结构不合理，生态系统稳定性减弱。

与水生生态系统的脆弱性相对应，洱海藻类水华的发生现象不断加重。1996年秋洱海出现了全湖性的蓝藻暴发；1998年发生了以卷曲鱼腥藻为主的水华，持续50余天；2003年，出现了伴随着螺旋鱼腥藻的水华灾变；2009年8月在洱海北部湖湾开始出现明显的水华现象。可见，随着洱海水体TN、TP的增加，藻类水华存在扩散的趋势；在合适的条件下，则会暴发全湖水华。2013年，洱海南部水域暴发大面积蓝藻水华。局部湖湾与沿岸藻类水华的频繁出现，说明洱海水华暴发趋势已经十分严峻，需认真进行科学研究，采取有针对性的有效措施，否则随着洱海水污染的进一步发展，水华暴发状态将更加恶化。

蓝藻水华的暴发不仅受氮、磷等营养物质增长的上行效应影响，还受浮游动物、鱼类等捕食者等下行效应的控制。在氮、磷含量迅速增加的背景下，大型水生植物等竞争者及生物浮游动物、鱼类等捕食者数量的减少，一定会加速蓝藻的生长，将蓝藻水华暴发风险大大提高。

(三)农业面源污染已成为导致洱海水环境恶化的最重要因素

大理州各级政府采取“双禁止”、“截污治污工程”等有效措施，将有污染的工业企业全部退出洱海流域，基本杜绝了工业污染源，实现了整个流域的工业企业污染零排放。但是工业污染源虽然得到有效控制，农业面源污染却凸显出来，成为洱海水环境恶化的最重要污染源。

流域内的畜禽养殖是洱海流域最重要的农业面源污染。畜禽养殖主要以牛、猪、鸡为主，养殖方式以圈养为主，乳畜(乳牛养殖)业是当地的特色产业。至2008年，流域奶牛存栏数占云南省奶牛存栏数的47%，牛奶产量、加工生产能力均占据了云南省50%左右。至2010年底，洱海流域内养殖奶牛达到96 211头。乳牛养殖主要集中在洱海流域北部片区，洱源县、上关镇及喜洲镇共养殖奶牛量占整个流域的85%，是洱海流域奶牛养殖量最大的区域。由于洱源县位于洱海的源头，上关镇、喜洲镇紧邻洱海，污染物入湖率高，加之奶牛养殖量大，是导致北部流

域入湖河流水质较差，洱海北部湖湾水质下降的原因之一。

种植业是洱海流域农业的传统方式。据统计，2010年化肥施用量比2002年增加了近40%，从作物品种来看，近些年来，高施肥量作物(大蒜和蔬菜)种植面积呈不同程度的增长趋势。与此同时，化肥利用率普遍偏低，氮肥利用率为22.02%，磷肥利用率仅10.2%。据环保部门监测，洱海流域区内农田每年流失的氮肥约0.5万t，磷肥约0.4万t，其中弥苴河流域的东北湖滨区化肥流失量约2600t/a，凤仪、海东、挖色三镇的东南湖滨区化肥流失量约506t/a。化肥、农药的不科学施用造成大量流失，通过农田径流进入河流、地下水中，最终汇入洱海，形成污染。

农村生产、生活垃圾是洱海流域农业污染源的重要组成部分。流域内村落及人口主要分布在流域北部"牛街—三营"、"右所—邓川—上关"和"西部沿湖"三个小区域，三个片区集中了整个洱海流域64%的村委会、72%的自然村及65%的人口，是农村生活污染的重点产生区域。据保守估计，洱海流域年产农村生产、生活垃圾在10万t以上，仅沿湖11个镇，70个村庄的垃圾年产出量就达4.95万t；在入湖的27条河流流经的114个村庄，垃圾排放量达7899t。

(四)旅游业、房地产业导致的盲目开发，破坏了洱海流域的自然环境，影响到洱海整体的生态平衡

洱海的中游地区(西岸的大理、喜洲，东岸的海东、挖色等地）是湖泊的主体，也是目前旅游、房地产开发的重点区域，人为干扰对湖泊环境的影响较大。大理至喜洲地段是目前旅游业开发的热点，据估计在这些地区每年要接待游客几十万人次。苍山脚地区近年来修建了大量的休闲场所，增加了人类对苍山自然环境的影响。海东、挖色等地人口总数相对较少，但相对集中，自然条件不优越，地处湖泊东部，山地居多。2010年出台的《滇西中心城市建设行动计划纲要》，全力推进以"保护洱海、保护海西"和"开发海东、开发凤仪"为指导的"两保护两开发"工作。旅游业产生的生活污水已成为洱海的周期性污染源。此外，一些开发商在修建旅游场所或房地产项目时，缺乏科学规划和论证，大兴土木，开山采石，伐木筑路，乱砍滥伐，导致山体破坏，水土流失加剧，植被破坏，生物多样性受损，破坏了洱海流域的自然环境。

第二章 洱海流域资源的保护与利用研究

第一节 洱海湖泊利用现状及原因探讨

一、洱海湖泊利用的正外部性

1. 洱海水资源丰富，供水量巨大

古代文献中洱海曾被称为叶榆泽、昆弥川、西洱河、西二河等，位于云南大理郊区，为云南省第二大淡水湖。洱海北起洱源，形似人耳，南北长、东西窄；当洱海水位为1966m时(85高程)，南北长42.5km，东西宽最大8.4km、最小3.05km，最大水深20.9m，平均水深10.5m，湖面面积249.4km^2，蓄水量28.8亿m^3；底质为粉沙和黏土；在入湖河口附近滨岸水域内主要是泥沙和大部淤积，深水区淤积的沉积物多为砂壤和带腐殖质的褐色黏土；入湖河溪大小共117条，北面主要为弥苜河、罗时江、永安江，西部汇有苍山十八溪水，南纳波罗江，东有海潮河、凤尾箐、玉龙河等小溪水汇入；出湖河流仅有西洱河。

洱海海岸线长30km，曾是北通东西两湖、南达大理和下关的船运码头，沿湖居民多以渔、航为生。历史上最高水位1976.098m(海防高程)，最枯水位1973.28m。1969年起，随着西洱河水电的开发，规划最低水位1969m，实际降至1970.66m，降低 3.34m。随之出现了一系列生态失调问题：岸边再造、已建泵站悬空失效，鱼类资源骤减，井水干涸。

洱海地区气候温和，年平均气温 15℃左右，最高气温为 34℃，最低气温为–2.3℃，湖水不结冰。年平均降水量1000～1200mm。

湖面除接受大气降水外，主要靠河流补给，从北面入湖的河流有弥苴河、罗时河、永安河；从南面入湖的有波罗江；西面有苍山十八溪入湖。湖水平均深度15m，最深约21m。湖水在下关经西洱河向西南流入漾濞江，再转南注入澜沧江。由此可见，湖泊对大理市经济发展有着巨大的保障作用。

2. 湿地生态公园——大理市为保护洱海而投资建设的湿地生态公园

湿地生态公园是大理市为保护洱海而投资建设的湿地生态公园，风景优美，南接奥林匹克体育中心，是市民或旅游者欣赏洱海风光和休闲的好去处。这个湿地一方面保护了湖泊免受污染破坏，另一方面也改善了居民的生活，外部经济作用明显。

二、洱海湖泊利用的负外部性

(1)大理市重工业较发达，排污量大的企业较多，城区湖泊污染严重。湖泊污染导致了洱海水体正在由贫中营养状态向富营养化过渡，主要污染物有总悬浮物、耗氧物质、氮、磷、挥发性酸、硫化物等。

(2)大理市湖泊水资源利用量大，但存在利用方式粗放、严重浪费现象。大理市每年浪费的水资源很多，数量惊人。一些企业设备陈旧，技术落后，耗水量大，市政管道建设改造迟缓，漏水量大。

(3)洱海湖泊的生态作用遭到破坏。洱海湖泊具有涵养水源、调蓄水流、美化环境等多种生态功能，然而随着大理城市化进程的加快，湖泊周边已被商业化开发，湖泊湿地面积不断被蚕食，围垦开塘现象严重，水域面积逐渐缩小，水质逐渐变差，自然功能也已部分丧失。

三、原因探讨

湖泊作为一种公共产品，在开发及利用的过程中存在着很明显的负外部性，当地政府及开发商过度利用，忽视了当地的社会资源及环境，即经济主体的私人开发成本小于社会成本，因而该经济主体的生产量或消费量就超过了社会所能接受的最佳数量，严重影响到了社会资源的合理配置。

1. 历史原因

大理市水务局的统计数据表明，从20世纪50年代至今，洱海湖泊的面积已有一些缩减。众所周知，20世纪五六十年代是大理市经济迅速发展、人口急剧增加、城镇化进程不断深入的时期。在此期间，填湖造地和围湖造地现象严重，虽然当时促进了经济发展，但却给之后的社会发展带来了许多弊端，负外部性一直困扰着大理的发展。

2. 城市化快速发展的原因

当前我国正处于城市化高速发展的阶段，大理的城市发展也很迅速。随着发展，一方面，城市面积扩大，需要更多的城市建筑用地，于是一些城市湖泊水域经政府审批同意转化为城市建设用地，其中主要包括城市道路、市政设施和公园配套设施等；另一方面，因为商业的不断发展，土地逐渐成为昂贵的商品，于是一些地方政府和企业开始大规模填湖造陆，并从中获得丰厚的利润。

3. 管理不力

一方面是资金投入不足。中华人民共和国成立之初，几乎没有对湖泊保护和污染治理进行投入。到了20世纪80年代开始采取一些措施，但投入资金的数量和速度远远赶不上实际的需要和污染的速度，由此问题日甚一日；另一方面，相关法律法规不健全，对填湖行为的处罚过低，不论面积大小，最高罚款限额均为5万元，而填一亩湖的土地可卖到几十万元，巨大的利益驱动和低廉的填湖代价，让填湖行为屡禁不止。同时，对于湖泊的治理没有明确管理机构，发现问题后出现无人管理或者相互推诿的现象。

四、国外湖泊外部性治理经验

日内瓦湖(Lake Geneva)跨瑞士与法国，是阿尔卑斯湖群中最大的一个。日内瓦城依托日内瓦湖，经济发展迅速，湖泊正外部性作用巨大。由于傍湖优势，该城大力发展银行业、会议和展览业、旅游业等第三产业。日内瓦湖旅游吸引物包括冬季滑雪项目、美食与葡萄酒、文化与遗产、国际大型会展、休闲体育运动。城市旅游吸引物包括自然类(城市风光)和人文类(国际组织机构、教堂、博物馆、国际会展)等。由于日内瓦城的第三产业较为发达，整个旅游业发展的氛围较好，正外部性作用凸显，政府也注重对日内瓦湖的治理保护，尽量减小负外部效应的发生。同时，作为众多国际组织所在地及公约签署地，日内瓦城人文环境氛围浓郁，且坐落在阿尔卑斯山麓，自然环境优美，这些减小了湖泊污染或富营养化情况的发生，促进了城市旅游的发展，也促进了湖泊经济的兴起。总之，城市的发展带动了旅游的发展，同时，旅游的繁荣也使得第三产业的结构更加均衡。就发展模式而言，形成了“以城扬湖，以湖优城，城湖交融，城湖并进”的良性发展模式。

第二节　洱海流域水资源状况

洱海早在汉代就已名载史册。公元前122年，张骞出使西域回到长安，在向汉武帝汇报西域情况时，他说在大夏国(今阿富汗)曾看到蜀布，经了解是从身毒(印度)贩运去的，他极力进言从蜀郡通身毒，道路近便，有利无害。根据张骞的建议，汉武帝派使者到西南夷寻求通身毒之路，然而道路都为洱海附近的昆明族所阻，最终未能通身毒。公元前120年，汉武帝因使者阻于昆明族之事，征调人力在首都长安开挖了一个人工湖，名之为“昆明湖”，训练水军，准备征讨洱海地区的昆明族。当然，汉武帝征服云南高原，其在长安“昆明湖”训练的水军不可能派上用场。但是，这段“汉习楼船”的典故却永留在司马迁的《史记》中。后来，清朝乾隆皇帝因景仰汉武帝开疆拓土的功业，把北京颐和园的西湖也改名为“昆明湖”。

历史上就有“享渔沟之饶，据淤田之利”的记载，三角洲东西两侧有水草丛生的浅湖湾，为鱼类繁衍生息的良好场所，历来水产丰富，当地称为“鱼土锅”。

据《西洱海志》记载，洱海“鱼族颇多，视他水所出较美，冬卿甲于诸郡”。《魏武四时食制》曰：“滇池纫鱼，冬至极美”。

一、洱海基本状况

洱海是云南省第二大淡水湖，仅次于滇池，位于大理白族自治州境内大理市城郊，属澜沧江—湄公河水系。洱海北起洱源，南北长约42.5km，东西最大宽度约为8.4km，南北较狭长，海拔高度为1966m。整个湖面面积约249.4km^2，湖容量为28.8亿m^3，平均湖深10.5m，最大湖深达到了20.9m。洱海唯一的出水口位于下关镇附近，经西洱河流出，多年平均出湖水量约为8.63亿m^3。洱海的主要入湖河流有23条，承纳了整个流域内的所有来水，全年的平均入湖水量约为8.25亿m^3。自1992年，政府在西洱河完成“引洱济宾”工程后，洱海每年调蓄放水约为0.5亿m^3。

二、洱海水质状况

根据《云南省环境状况公报》前面章节的相关数据，对洱海水质状况进行统计分析。最近若干年，洱海水质主要为Ⅱ、Ⅲ类。洱海主要污染源为TP、TN、CODMn，其中，TN超出类Ⅱ水质标准值。另外，综合污染指数为3.26，营养状态指数为41.1，可以看出，湖泊处于中营养状态。按照洱海水污染防治实施办法的规定，要确保洱海主要入湖河流的水质达到Ⅱ类标准。从最近5年的观测结果来看，洱海的水质状况长期处于Ⅱ、Ⅲ类，说明洱海的治理工作仍需加强实施力度。

第三节　洱海流域社会经济发展状况

一、洱海流域三次产业结构总体情况及其发展趋势

20世纪90年代以来，洱海流域经济迅速发展，地区生产总值急剧增加，人们的生活水平有了质的飞跃。近二十年来，洱海流域各产业快速发展。流域以前的产业格局比较落后，农业发展突出，是主导产业，工业和第三产业的发展远远落后于农业的发展。第二、第三产业经过二十年的飞跃，已使流域的产业格局发生扭转。

流域经济近年来正在稳定增长中，发展趋势良好，地区生产总值逐年上升。第三产业稳步发展；第二产业在流域经济中占据重要地位，其产值接近地区生产总值的50%。流域GDP增长速度经历了从高到低又从低到高两个阶段，与全州经济发展趋势保持一致。流域经济增速在2003年达到低点，其原因在于，洱海2003年第二次大规模暴发蓝藻，湖泊透明度骤降至0.5m，水质也下降到Ⅳ类。洱海水质的急剧恶化对流域农业、旅游业造成了极大损害，也威胁到了流域居民的日常生活。这一次的洱海水环境危机引起了各级政府的高度关注，洱海保护项目也被纳入了国家2006～2020年16个重大科技专项的“水体控制与治理科技重大专项”。

洱海水环境的保护和治理将是一场长期的战役。

根据美国经济学家霍利斯·钱拉里的工业化理论，一个国家或地区的经济发展可以划分为不同的工业化阶段。不同的工业化进程对于当地的环境影响程度是不一样的。目前，洱海流域正处于工业化进程中初级阶段向中级阶段发展的过渡阶段。在此阶段，产业结构已由以农业为主的传统结构向以现代化工业为主的结构转变，工业内部结构正由轻工业逐步向重工业转变，由劳动密集型产业向资本密集型产业转变。在经济迅猛发展的同时，人们容易忽略对流域环境的保护，以环境破坏为代价换取物质财富的积累。至于洱海流域的经济发展和洱海环境的相关性是否符合这一理论，还需要在下文的研究中进一步分析。

流域经济中各产业的发展状况是不一样的，对洱海环境的影响程度也有所区别。通过实地考察和调研发现，流域三次产业的支柱产业分别是农业、工业和旅游业，并收集分析了其中各产业发展和排污状况的相关数据，有助于在洱海治理过程中产业结构的调整和优化。

1. 流域农林牧渔业发展状况分析

流域种植业和畜牧养殖业是农业经济的主导产业。这两种产业的总产值占流域农业总产值的比重高达 94%，而流域林业和渔业的产值比重仅为 6%。流域种植业主要种植水稻、小麦、玉米、豆类等粮食作物，以及油料、烤烟、蔬菜等经济作物。经济作物的种植面积在逐年增加，其中，独蒜是一个新兴品种，其种植规模正在迅速扩大。流域畜牧业的主要生产品种有牛、马、驴、骡等大牲畜，以及生猪、羊等。由于奶产品价格不断提高，奶牛的饲养数量逐年攀升。流域林业生产总值主要来自核桃的种植；而由于洱海开始实施禁渔措施，流域渔业的发展受到阻碍。

总体来看，农业是洱海流域的基础产业，担负着为流域居民提供绝大部分基本生活资料及为流域加工业提供基本原材料的重任。尽管在工业化进程中，其在三次产业中的比重还会继续下降，但随着绿色流域建设的推进，林果业等绿色产业将会成为流域主导产业之一，其产值还有较大增长空间。

2. 流域工业发展状况分析

流域工业是第二产业的主体，其比重高达第二产业总产值的 90%。流域工业产业中重工业比重持续上升，说明随着流域各类资源的有效利用和基础设施的完善，流域工业化和城镇化进程加快，对重工业产品的需求迅速提高，流域工业发展有向“重化工业”时代过渡的趋势。

流域工业的主要行业有烟草业、交运设备制造业、电力生产业、非金属矿物制造业及饮料制造业等。其中，烟草行业规模较大，它的增加值约为全部工业增加值的 50%，在工业各行业的利润总额中所占比重达到了 63%。交运设备制造业的销售收入近年来也迅速增加。烟草行业和交运设备制造业已成为流域工业的支柱产业。

总之，随着绿色流域工业化进程的加快，流域工业的中坚推动作用逐步显现。

在流域经济发展过程中，第二产业将占据越来越重要的地位。值得注意的是，流域耗水量大、排污多的工业企业须加以限制，而流域绿色农副产品加工业、特色民族产品加工业，以及新兴电子、信息、生物等高新技术或高智力型工业和清洁工业生产，应是流域内工业内涵强质、外延增效的发展方向。

3. 流域旅游发展状况分析

随着流域基础设施的不断完善及旅游景点的持续开发，流域旅游业发展迅猛，游客数量急剧增加，旅游业总收入持续上升。根据调研结果，流域旅游业总产值结构如图 2-1 所示：交通业产值比重约为 13%，住宿业比重为 14%，餐饮业比重为 9%，景区游览业比重为 28%，购物业比重为 34%，其他旅游产业仅占 2%。可见，购物和游览是流域旅游业收入的主要组成部分。

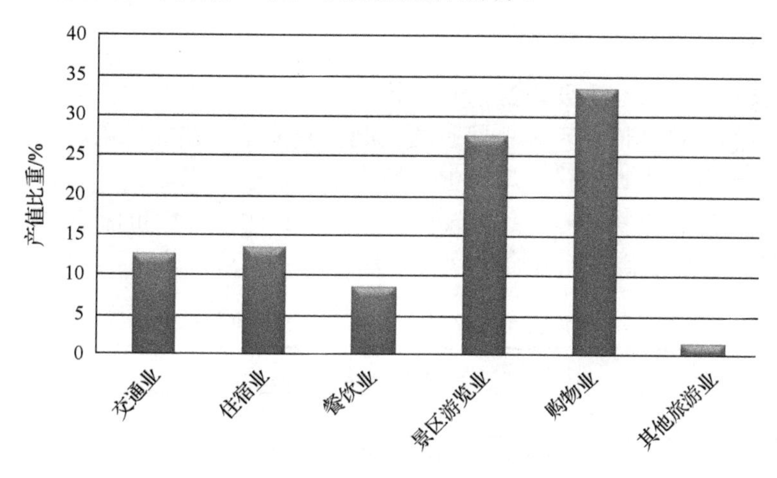

图 2-1　洱海流域旅游业各产业产值比重

从区域构成来看，流域内大理市的游客数量是洱源县的 12.1 倍，但其收入只有洱源县的 9.86 倍。可见，洱源县的旅游业效益要强于大理市，洱源县也是流域旅游业发展的新增长点。从景点结构来看，流域传统景点的游客数量增加不多，甚至还有少许下降，但经营效益处于改善之中，收入有了较大的提高；流域新景点不仅游客数量急剧上升，收入也大幅度提高，形成了行业的新增长点，但新景点收入增长不如游客数量增长快。目前流域旅游业的发展仍然是在低端徘徊，效益不高，没有充分发掘其丰富旅游文化资源，没有明确大生态旅游的概念。总之，在洱海绿色流域工业化进程中，第三产业的后续拉动作用没有充分显现出来。

二、洱海流域三次产业排污情况分析

近二十多年来，随着洱海流域人口的增加和经济的快速发展，人类对自然资源的开发不断加剧，流域生态环境逐渐恶化，洱海水质日益下降，逐步由贫营养化过渡到中营养化，目前正处于中营养向富营养湖泊的过渡阶段，水质已由20世纪90年代的II类至III类发展到现在的III类水临界状态，这说明近几年来洱海流域经济发展、人口增加给洱海水质带来的威胁有增无减。作为整个大理白族自治州及其下游地区的主要生产、生活水源，洱海是整个大理白族自治州社会经济可持续发展的根本，是当地各族人民赖以生存的基础。洱海水质的恶化所引起的水质性缺水，已经对大理白族自治州社会经济的可持续发展产生了重大影响，因此，对洱海流域污染物排放量进行研究，制订切实有效的控污方案，已经刻不容缓。

在实地考察的过程中，采取多种方法，包括发放调查问卷、翻阅大量数据及文献资料、定期定点抽样检测，对流域各产业的排污情况有了一定了解，总结为以下几个方面。

(一)流域农业各产业排污情况

流域农业的污染物主要来源于农作物种植过程中使用的大量化肥和牲畜饲养过程中产生的大量粪便。土地里残留的化肥及粪便中存在的过量氮和磷，未经处理被雨水和灌溉用水直接排入洱海中，损害了湖泊水环境。

流域主要粮食作物TN、TP排放总量见表2-1。由于水稻的种植面积最大，其TN、TP排放总量也最多，其余依次为玉米、大麦、马铃薯等。

表2-1　洱海流域主要粮食作物TN、TP排放总量　(单位：t)

	水稻		小麦		大麦		玉米		马铃薯		蚕豆	
	TN	TP	TN	TP	TN	TP	TN	TP	TN	TP	TN	TP
大理市	13.362	0.166	0.509	0.085	1.508	0.176	10.144	0.583	2.675	0.589	1.175	1.1
洱源县	13.45	0.168	0.275	0.046	3.235	0.377	9.178	0.529	1.683	0.371	1.027	0.96
合计	26.812	0.334	0.784	0.13	4.743	0.553	19.292	1.111	4.359	0.96	2.201	2.06

流域主要经济作物TN、TP排放总量见表2-2。大蒜和蔬菜的TN、TP排放量最多，油料和烤烟相对较少。

表2-2　洱海流域主要经济作物TN、TP排放总量　(单位：t)

	油料		烤烟		蔬菜		大蒜	
	TN	TP	TN	TP	TN	TP	TN	TP
大理市	0.709	0.092	0.814	0.173	41.542	4.909	21.208	1.238
洱源县	1.517	0.198	1.324	0.282	6.95	0.821	30.145	1.76
合计	2.225	0.29	2.138	0.456	48.492	5.73	51.353	2.998

流域主要养殖品种TN、TP排放总量见表2-3。奶牛TN、TP排放总量最大，其余依次为猪、黄牛、蛋禽、羊、家禽。

表2-3　洱海流域主要养殖品种TN、TP排放总量　(单位：t)

	黄牛		奶牛		猪		羊		肉禽		禽蛋	
	TN	TP	TN	TP	TN	TP	TN	TP	TN	TP	TN	TP
大理市	18.602	5.473	33.651	9.502	39.499	18.817	1.123	0.279	1.978	1.042	1.894	0.999
洱源县	4.475	1.317	65.775	18.573	15.253	7.266	2.681	0.667	0.311	0.164	0.325	0.171
合计	23.077	6.79	99.426	28.075	54.752	26.083	3.803	0.947	2.29	1.207	2.219	1.17

(二)流域工业各产业排污情况

洱海流域内共有工业企业606家，位于洱源县境内的工业企业95家，大理市境内工业企业511家。工业重点污染源有41家企业(表2-4)，分布在10个行业和11个乡(镇)。

表2-4　洱海流域重点工业企业排污量统计　(单位：t)

行业	企业户数	污水排放量	COD排放量	TN	TP
印刷业	1	40 000	7.2	0.49	0.07
非金属矿物制造业	8	43 700	2.12	0	0
交通设备制造业	4	106 950	5.29	0	0
纺织业	2	127 300	9.45	2.32	1.37
烟草制品业	1	140 000	15.82	1.72	0.25
医药制造业	3	193 166	50.86	2.41	0.19
农副食品制造业	6	240 746	119.43	17.79	0.82
造纸业	1	332 150	152.28	0.81	0.01
食品制造业	10	1 070 652	517.47	33.84	4.16
饮料制造业	5	1 362 953	380.13	62.08	7.49
合计	41	3 657 617	1260.05	121.46	14.36

从流域工业各产业排污水平来看，交运设备制造业、非金属矿物制造业的污染排放总量较少，而流域内污染排放较多的行业有饮料制造业、食品制造业、农副食品制造业、医药制造业。从各产业单位销售收入的污染排放量来看，食品制造、饮料制造和农副食品制造三个行业是流域污染排放强度最大的行业，交运设备制造、非金属矿物制造和烟草制品三个行业是污染较轻的行业。

(三)流域旅游业各产业排污情况

流域旅游业产污主要来自住宿业和餐饮业，污染物排放量情况如表2-5所示。

表 2-5　洱海流域旅游业主要行业污染物年排放量

污染物类型	流域总量/t	按游客均量/(t/万人)	按旅游业收入均量/(kg/万元)
住宿业 TN	47.31	0.08	0.12
住宿业 TP	2.86	0.005	0.01
餐营业 TN	69.23	0.12	0.17
餐营业 TP	7.26	0.01	0.02

第四节　洱海流域环境与社会经济发展深刻的矛盾性

(一)流域农业各产业排污情况问题分析

综上所述，流域农业各产业仍处于粗放经营阶段，并且排污量较大，大约占入湖污染量的 70%以上。农产品结构比较单一，容易受到市场的冲击。流域内农业人口多，人均收入低，农民过于追求经济效益。目前市场上独蒜和奶产品价格高，于是农民大量种植独蒜和饲养奶牛，而这两种农产品在生产过程中产生的 TN、TP 量最大。因此，流域农业急需建立低污染、低市场风险的产业链，推进生态的、可循环的绿色农业发展进程，走可持续发展的道路。

(二)流域工业各产业排污情况问题分析

第一，流域工业各产业中，食品制造、饮料制造、医药制造、农副食品制造等行业污染排放量大，对洱海水质的影响较大，要加以治理。

第二，流域工业各产业中，企业的规模小，缺乏龙头企业的带头作用及品牌效应，竞争力不强。

第三，流域整体工业技术还有待进一步提高，缺少高新技术企业；企业的节能减排能力及循环经济模式仍有待完善。

(三)流域旅游业各产业排污问题分析

第一，餐饮业排污量是流域旅游业污染的主要原因。在 TN 和 TP 发生量中，餐饮业均占旅游业产生总量的 50%以上，而餐饮业在旅游总收入中只占 8.6%。

第二，流域范围内的“农家乐”是目前需要治理的重要对象。“农家乐”数量众多，散布在临海的乡村，缺乏统一管理，产生的污水通常未被处理就直接排入洱海中，已经成为旅游业污染的重要源头。

第五节　洱海流域发展与环境保护的相互关系

不同污染物对水体不同功能的影响是不一样的，并且相同的污染水平对水体不同功能造成的损失也是不一样的。因此，有必要对洱海的使用功能进行研究来分析洱海流域经济发展与环境保护的相互关系。

(1) 渔业。作为云南省第二大淡水湖，洱海的鱼类资源十分丰富，种类繁多，种群数量也很大。洱海水质状况，会影响到鱼群的生长情况。洱海污染严重，将会造成鱼类的大量死亡，对渔民的收入产生不利影响。

(2) 饮用水源。洱海是整个洱海流域(大理市和洱源县)的主要饮用水源。若洱海污染严重，将会对流域居民的生活带来不利影响。

(3) 旅游业。洱海是云南省的著名旅游景点，每年接待海内外游客人次达上百万人次。如果洱海水质恶化、洱海水的透明度变低，甚至发出异味，游客人数将急剧减少，当地旅游业将会遭受巨大损失。

(4) 灌溉用水。农业是洱海流域重点发展产业之一。流域农田的灌溉用水主要来自洱海，但当洱海水污染严重，污水中所含重金属或 COD 浓度过高时，作物将会遭到不同程度的减产及品质损失，从而影响当地农民的收入。

(5) 水力发电。洱海的发电功能主要体现在西洱海电站的水力发电用水上。西洱河电站每年发电用水约为 7 亿 m^3，每立方米能发电 1.3 度。但洱海水污染对于发电站的影响极小，不影响其正常发电，因此，在估算价值损失时，忽略此项功能。

(6) 航运。为保护洱海的生态环境、治理污染，大理白族自治州政府在 1996 年和 2003 年两次作出取缔建立河海水上机动运输船只的决定。至 2003 年年底，洱海湖上的机动船只仅剩 75 艘，其中游船 56 艘，渡船 19 艘。2007 年，大理市政府对洱海渡口船进行规范、整合，原则上保留海东镇海岛村委会的 2 艘渡船，其余 17 艘渡船全部一次性取缔。可以说，至今，洱海湖泊的航运功能已基本丧失，现存的机动船只基本为游船，主要供游客使用。

(7) 调节气候。洱海的调节气候功能难以估算其经济价值，故在估算洱海经济价值损失时，也忽略此项功能。

总之，人口和社会经济的快速发展是影响流域污染的主要因素。在城乡结构调整方面，城镇人口对各类污染物排放量的影响高于农村人口对污染物排放量的影响，但是城镇人口居住比较集中，污染物便于二级处理，因此在一定条件下，可稳步使农村人口向城镇转移。

在社会经济发展速度的调整方面，经济的快速发展与污染物的排放量呈正相关，因此，要使污染物的排放量在洱海水环境的承载力之内，首先是人口的增长不能过快，其次是产值的增长速度也要受到环境的约束。

第三章　湖泊流域可持续发展理论研究

第一节　湖泊流域可持续发展的相关理论综述

一、国外湖泊流域可持续发展研究综述

实现流域可持续发展目标，是当前流域管理研究与实践面临的最大挑战。目前在流域可持续发展研究中，研究的重点主要包括以下几个方面。

(1)流域工业化与城市化过程及其生态效应；

(2)流域土地利用与土地覆盖的变化及其环境响应；

(3)流域生态功能区划理论与方法研究；

(4)产业结构调整对水资源、水环境容量的影响；

(5)流域上、中、下游之间的协调与补偿理论；

(6)流域河网水系与湖泊相互作用及其整治；

(7)大气、固体废弃物等污染物质与流域水体污染富营养化的相互关系及其效应，以及湖滨湿地环境效应研究；

(8)流域可持续发展优化管理模式等方面；

(9)流域健康评价及指标体系的研究。参照国际上现有的研究成果，对不同流域进行健康评价，建立评价标准及评价指标体系。

在流域可持续发展实践方面，澳大利亚、美国、德国等发达国家非常注重可持续发展，注重人口、资源、环境的相互协调，强调治理的长期性和流域的整体性，兼顾资源和工程措施的综合利用；在认识水的价值作用基础上，将社会、生态、环境诸因素体现在规划中，以流域水系为单位(即不以行政区划为单位)进行管理。此外，对每项工程任务进行可持续发展评价(前期、中期、后期)；在水事管理上各方公平参与，听取多方意见，综合决策。水工程建设规划包含环境原则，注意社会影响评价；提倡社会各方面对水的多目标利用；高度重视对环境的保护，切实处理好经济发展与环境保护的关系。

把水资源综合开发利用放在突出位置，不断提高水资源利用效率，最低限度地使用自然水，提倡水的重复利用、更新利用；采用最新的水循环利用方式(工艺)，运用市场机制使水的利用尽量靠近水源地；对工矿企业和农业布局进行结构调整，恢复水土生态状况；采用新技术提高农业灌溉效益，限额控制城市用水，综合考虑水的供求关系，明确产权，建立水市场，通过水分配和交易实现水资源的优化配置；同时加强监督，实行水价审计，促进水市场的健康发展。

流域可持续发展理论的推行，促进了一些流域生态系统得到改善，如亚马孙河流域、密西西比河流域、田纳西河流域和莱茵河流域的开发与治理实践，都为我国流域可持续发展提供了借鉴。

二、国内湖泊流域可持续发展研究综述

可持续发展概念在1992年世界首脑会议后，已被全世界普遍接受。1996年，可持续发展战略正式纳入我国国民经济和社会发展“九五”计划及2010年远景目标，将可持续发展研究进一步推向高潮。近年来，国内学者对可持续发展的研究大多从以下四个方面来开展：一是纯理论的角度，二是地域的角度，三是产业的角度，四是地域与产业相结合的角度。虽然不少学者从地域的角度，或者地域与产业相结合的角度来探讨可持续发展，但大多数只是从行政地域的角度来研究，而把湖泊流域作为一个完整的地域来进行可持续发展研究的相对不多。从现有可检索到的文献来看，把水资源、湖泊流域管理与可持续发展之间联系起来进行研究，主要是从两条主线进行分析的：一条是从流域可持续发展角度，研究湖泊流域的可持续发展问题，把水资源作为一个发展的约束条件进行考虑；另一条是从水资源可持续利用角度出发进行研究，把水资源作为核心因素分析。目前这两个方面的研究正趋向融合和渗透。

(一)从流域可持续发展角度

流域是自然(水为核心)、社会(人为中心)、经济(企业为核心)的复合巨系统。孟庆民(1999)以可持续发展理论为指导，分析了我国水资源自然格局及利用格局的现状与问题，提出建立流域经济系统格局是水资源可持续利用的根本途径。流域格局可为社会可持续发展奠定牢固的水资源基础，并实现流域基础上的区域竞争与协作一体化，从而达到流域整体生态、社会、经济效益的统一，奠定流域长期持续协调发展的自然、生态、经济基础。

针对大河流域本来是一个整体系统，具有很强的关联性，上、中、下游之间在经济上存在强烈的互补性，陈南岳(2000)提出应遵循自然、经济规律，把大河流域作为一个完整的地域来进行可持续发展研究，可以克服从行政地域上研究的缺陷，在经济上不会出现流域内部产业结构趋同、生产布局重复及过度竞争，导致流域内部缺乏合理分工从而影响流域整体可持续发展的现象。另外，大河流域面临的生态环境问题显然不是一个省(自治区、直辖市)所能解决的，往往需要全流域相互协调、共同合作来加以解决。

Charles等(2005)提出，大江大河流域的土壤资源，以及地质、生物、休闲娱乐、文化及基础设施等方面的资源，都可以以小流域为单元进行管理，以一种动态平衡的管理方式管理上述这些资源，将会促进流域的长期可持续发展并获得长

期的收益。大处着眼，小处着手，一个大系统的变化一定是通过其中小系统的活动造成的。

自从小流域综合治理的概念提出以来，经过不断的补充和完善，其内涵日趋丰富，已由最初的小流域综合治理，逐步演变为小流域经营管理和山区流域管理或集水区经营。张洪军等(2005)认为：以小流域为单元分块治理，适合我国地貌特点，其方便灵活、普适高效等优点将在水土保持领域长期占有优势地位。2005年11月，中华人民共和国水利部、中国科学院、世界银行联合在北京召开了中国水土保持小流域可持续发展研讨会，来自国内外的150余名政府和有关组织的专家、代表，围绕“小流域可持续发展”这一主题展开了深入讨论。

徐辉和张大伟(2007)则认为，随着流域生态学的发展和流域管理实践经验的丰富，流域管理也更侧重于生态系统的管理。流域生态系统管理是基于流域综合管理模式，应用生态系统方法，通过具体的行动、过程和实践，促进和实现流域的可持续发展。刘永和郭怀诚(2008)也提出了类似的观点。

(二)从水资源可持续利用角度

水资源可持续利用管理是一个新的概念，尚无一致公认的定义。1996年，联合国教科文组织(UNESCO)国际水文计划工作组将水资源可持续利用管理定义为“支撑从现在到未来社会及其福利而不破坏它们赖以生存的水文循环或生态系统完整性的水的管理和使用”，其包含着三个目标，即环境的完整性、经济效率与平衡。

潘海英和马福恒(2003)认为水资源可持续利用的出发点与根本目的就是要保证水资源的永续、合理和健康的使用。水资源可持续利用是一种自然—经济—社会复合系统的持续性，水资源开发利用应在水资源承载能力容许范围内进行，在保护好生态环境前提下，保证社会经济持续发展。水资源可持续利用是促进可持续发展的基本资源保证，当代水资源的开发利用应以不破坏未来水资源开发利用的基础为前提，通过现实和潜在的水资源开发、利用、节约、保护，维护水资源系统在社会进步、经济发展和环境建设中的保障作用而得以实现的。应特别注重自然—经济—社会的全面协调发展，在充分认识水资源稀缺性的前提下，强调水资源的合理开发和有效利用。水资源可持续利用具有时间和空间上的继承性，应给未来人类的生存与发展留下机会。刘宪春等(2003)认为，流域水资源的可持续开发利用是一项复杂的系统工程，开发过程中必须协调好流域内人口、资源、环境和经济的关系。

李雪松和伍新木(2007)认为，水资源可持续利用是基于水资源的经济特征，采取合理的经济手段，通过适当的制度安排，推进有利于水资源优化配置和高效利用的体制创新、科技进步及管理创新，实现以水资源的可持续利用支撑经济社会可持续发展的目标。有效应对水问题的根本出路在于科学的水资源制度安排与制度创新。实现水资源可持续利用的科学制度安排包括有效的水资源产权制度、开放的水市场、合理的水价形成机制和完善的水资源统一管理体制。

三、湖泊流域可持续发展研究评析

从上述对国内主要研究成果的回顾可以看出，改革开放以来，国内学术界对湖泊流域可持续发展的认识和研究逐步深化，并在以下方面形成了共识(李敏纳，2008)。

第一，湖泊流域是特殊类型的区域，其可持续发展问题不仅关系到流域内各个区域能否可持续发展，而且关系到流域所在的更大范围的区域乃至整个国民经济能否可持续发展。

第二，流域以河流为载体，一般跨越多个行政区域，流域开发可以把不同行政区域连接起来，实现流域内各种资源的统筹开发和有效利用，促进流域内不同区域协调发展，并以此带动更大范围内区域的发展，因此，湖泊流域的可持续发展以流域开发为前提。

第三，湖泊流域可持续发展过程中，水资源的保护与治理是核心或约束条件，应正确认识和处理经济社会发展与生态环境保护的关系，以及如何协调流域内各区域单元之间的利益关系等问题。

尽管国内学术界在流域可持续发展方面进行了积极的探讨，国内湖泊流域可持续发展的研究也取得了不少有价值的成果，但总的来说，目前国内湖泊流域可持续发展仍是一个十分薄弱的领域。

(1)研究视角分散，没有形成逻辑严密的统一研究框架，而且现有研究工作多停留于概念探讨、理论分析，其中定性研究多、定量分析少，成果不深入且缺乏理论依据。

(2)由于有关湖泊流域可持续发展的理论研究不足，对如何实施湖泊流域的可持续发展尚处于探索时期，尽管可持续发展的对策研究已经开始，但缺乏针对性和说服力。

(3)在实施可持续发展战略过程中，需要协调平衡经济子系统、社会子系统及生态子系统之间的发展，而在实践中，如何合理有效地界定各子系统的承载边界是我们在实施可持续发展过程中需首先确定的任务，现有的研究对该问题尚无涉及。这说明了在我国研究湖泊流域可持续发展界定条件的迫切性，在理论界，急需为湖泊流域的可持续发展提供界定条件和界定标准。

第二节　高原湖泊流域的特征及其可持续发展的内涵

一、高原湖泊流域的特征

高原湖泊流域作为某一特定范围内的地域综合体，有其特定的生态、社会、经济等要素特征，以及固有的形成、发展过程与演化机制。它们既有一般湖泊流域的特征，又具有自身的特色，表现出以下特点。

(1) 高原湖泊流域是一个以水为载体的系统。水是流域的灵魂，是连接整个流域的纽带。水资源的流动性不仅使流域内的自然因素之间的联系极为密切，而且使不同地区间的社会、经济相互制约，相互影响，从而把范围广泛、因素众多的流域连接成为一个整体，使得湖泊流域呈现整体性、动态性、非线性及多维度等特性。而高原淡水湖泊在地质特征上明显不同于东部淡水湖泊。东部平原地区的淡水湖泊，如鄱阳湖、太湖、洪泽湖等，流动性强，换水周期短，一旦水体受到了污染，可借助汛期和外来河道的分流来减轻污染程度。而高原湖泊一般属于构造湖，表现为断陷封闭或半封闭湖泊，湖泊水深岸陡，入湖支流水系较多，出流水系普遍较少，湖泊换水周期长，水体容量大，流动性差，抗污染能力差，具有高度的生态脆弱性；加上湖泊海拔较高，一旦湖泊水体受到污染，很难借助外流河道的水体输入和输出来解决。由于降水量小、蒸发量大，使得湖泊流域内水资源贫乏且时空分布不均。

(2) 高原湖泊流域是一个“有人参与”的系统。“有人参与”标志着高原湖泊流域是在与人类的长期互动过程中发展演变而来的，其发展状况受到了生态系统和社会经济系统的双重干扰。经过人类长期的干扰，任何湖泊、河流及其流域都已经背离了其原生的发展状态，深深刻上了人类的烙印。可以说，社会越发达，湖泊流域的人工特性就越明显。高原淡水湖泊流域人口相对集中，经济发展相对落后，且对资源合理开发和流域生态环境保护有强烈依赖性。例如，城市的发展大多因湖而兴，如滇池流域的昆明市、洱海流域的大理市、抚仙湖流域的澄江坝子和江川坝子等是当地社会经济发展的重要资源支撑，具有旅游景观、饮用水源、水利灌溉、调节气候、生态、渔业等多种功能，被誉为高原上的“明珠”。在长期粗放型发展过程中，湖泊流域面临着季节性缺水和水安全问题，水质性缺水突出。这些水危机，从表面上看是各种水问题相互影响的结果，但从本质上看，是社会过程、经济过程与自然过程交织作用的集中体现。人的广泛参与及其有限理性造就了湖泊流域系统的高度复杂性和脆弱性。

(3) 高原湖泊流域是一个有层次的系统。水既是一种自然资源，又是物资生产资源，同时还是一种生活资源。水的多重属性，导致了水资源在某一特定时空内的利用会产生冲突，形成各子系统及各利益主体之间的矛盾。一般认为，流域内生态子系统、经济子系统及社会子系统是处于同一水平线上的三个子系统，三者之间是并列关系。其实不然，它们是处于不同水平线上的三个子系统，它们之间是层次关系。其中，生态可持续发展是基础，起承载作用；经济可持续发展是动力层，起驱动作用；社会可持续发展是目标层，起指向作用。因此，高原湖泊流域系统是一个层次分明的金字塔式的结构。没有生态的可持续发展，就不可能有经济和社会的可持续发展；没有经济的可持续发展，就不可能有社会的可持续发展。而高原湖泊流域由于其自身特有的构造结构和地理位置，具有内在不稳定性，在外界胁迫因素干扰下极易遭受损害并难以复原，并且在现有的经济和技术条件下，逆向演化趋势很难得到有效控制。如何在生态脆弱约束条件下有效保护和合理开发高原湖泊丰富的资源，促进其可持续发展，建设和谐社会，是我们需解决的现实问题。

(4)高原湖泊流域是一个具有区域特性的系统。高原湖泊流域不仅与东部淡水湖泊流域存在着不同，各高原湖泊流域之间也存在着差异。纬度地带性和垂直地带性规律的共同作用，加剧了高原湖泊及其流域自然环境的地域分异，如抚仙湖水量是滇池水量的13倍，但流域面积仅为滇池流域面积的23%，在云南九湖流域中是水资源最为缺乏的流域。尽管年降水量平均为872mm，但由于流域面积小，多年平均入湖径流量十分有限，湖水交换一次需要167年时间。抚仙湖流域植被以草丛、灌丛、针叶林等次生植被为主，森林覆盖率仅为27.2%(不含灌木林地)，流域内现有水土流失面积占总面积的30.94%。严重的水资源缺乏及流域森林覆盖率低，使得抚仙湖成为云南省九湖中生态最为敏感脆弱的湖泊。而泸沽湖由于人口稀少，开发强度低，流域的原生生态系统保存较为完好，森林覆盖率为45%，生物多样性特征十分鲜明，为旅游业的发展提供了得天独厚的基础。如何结合高原湖泊流域的实际，探讨其可持续发展道路，有其重要的理论意义。

二、高原湖泊流域可持续发展的本质内涵

高原湖泊流域可持续发展的界定，受可持续发展理论及高原湖泊流域特色的双重制约。高原湖泊流域的可持续发展，是以水为主体，以湖泊流域为研究空间，以湖泊流域中人和自然构成的复合系统为研究对象，把人和自然纳入湖泊流域这一载体中，在湖泊流域复合系统中研究人与自然的关系及协调发展，同时还应充分考虑人与人之间的公平准则，从更高层次上考虑人类的生存和发展，达到可持续发展的目标。与其他区域相比，高原湖泊流域可持续发展有自己特殊的内涵，表现为以下几个方面。

(1)水资源可持续利用是前提。可持续性是所有社会和经济发展的基本原则，也是代际公平和代际和谐的内在要求。从资源利用的角度分析，可持续性就是保障资源的可持续生产、可持续供给和可持续利用。通过可持续性，可判断流域在发展上的长期合理性，它要求水资源能够在充分长的时间维度上支撑社会经济的发展，能让各代人平等地享受到水资源。水资源的不合理利用与水环境的污染是造成水资源缺乏的主要原因之一，如云南九大高原湖泊中就有五大湖泊水质处于Ⅴ类或劣Ⅴ类状态。保护水环境、可持续利用水资源已成为流域人民普遍关注的热点问题之一。高原湖泊流域水资源的可持续利用是指根据水资源的时空差异性、

流动性等特点，在水环境容量允许的范围之内，通过合理的开发利用方式，持续有效地提高水生态对人类各种生产活动的支持程度。

(2) 突出协调发展。由于高原湖泊流域间生态及社会经济条件相差较大，且流域内水资源的管理也往往牵涉到多个部门和地区，它们之间的协调给流域可持续发展带来一定的难度。因此，流域可持续发展在强调发展的同时，更要突出协调。只有协调好各部门、各地区间的关系，合理调整流域内生活、生产结构，才能实施可持续发展。同时又要求维持环境与发展之间的平衡、维持效率与公正之间的平衡，促进流域真正健康地发展。如果说发展更加强调量的概念，即财富规模的扩大，则协调发展在强调发展的同时，更加强调内在的效率和质的概念，更强调合理地优化调控财富的来源、财富的积聚、财富的分配，以及财富在满足人们需求中的行为规范。

(3) 强调公平性原则。公平性原则，包括代内公平和代际公平。所谓代内公平，是指水资源的配置和使用必须优先保证人类的基本生存需要；而所谓代际公平，则是指必须给后代留下相等于其最低安全标准的水量。高原湖泊处于我国西部地区，交通不便且人口增长快，当地人们往往采用一些非生产性和非持续性的活动来维持生计，这些活动加剧时，将会造成生态破坏、环境污染，从而对东部下游地区造成不良影响。东部下游地区为享受到清洁的水源和避免被污染，常会提出一些环境问题的解决方案和资源再分配方案，限制上游的不可持续发展行为，而这又影响到了上游地区的当前发展。因此，在流域可持续发展实践中，必须要协调好上、下游间的关系，做到公平合理、共同发展。同时，大部分高原湖泊属于封闭或半封闭形态，流动性差，换水周期长，具有污染治理的不可逆性，因此，保持湖泊水质的稳定性和优质性是保证代际公平的必要前提。

建立高原湖泊流域可持续发展的理论体系，可以从人与自然的关系及人与人之间的关系入手，从根本上表征可持续发展战略目标的完满追求，从理论构架和表述方式上对高原湖泊流域的可持续发展作出深层次的解析。

第三节　湖泊流域可持续发展平衡机制分析

“可持续发展”并不是指经济社会保持长期稳定增长态势，而是指人类赖以生存的自然生态系统的可持续性得以保障的前提下的“发展”。按照其本质内涵，“可持续发展”是经济—社会—生态复合系统的整体发展，涉及经济可持续发展、社会可持续发展和生态可持续发展的协调统一，是经济、社会、生态的均衡发展。因此，可持续发展的重点研究对象是经济、社会和生态的发展及它们之间的均衡。早在 1984 年，我国著名生态学家马世骏就提出了“生态—经济—社会”三维复合理论，并进而提出效率、公平性与可持续性三者组成复合生态系统的“生态序”，高的“生态序”是生态规划的主要目标，也是实现系统可持续发展的充分必要条件。刘培哲(2001)也提出“可持续发展既不是单指经济发展和社会发展，也不是单指生态持续，而是指以人为中心的经济—社会—自然复合系统的可持续”。而要真正做到经济、社会、生态三者之间的可持续，需要协调不同时空域经济、社会、生态三者之间物质和能量的有效转化与供需均衡。不同时空域的物质生活消费的需求与物质资料生产的供给，以及人类对环境的生态需求和环境质量的供给之间应保持一种相对均衡态势，以便在促使区域复合系统稳定有序演化的基础上，既能满足当代人的发展需要，又能保障未来人口的幸福生存。

高原湖泊流域的可持续发展，其实质主要体现了人与自然之间、人与人之间关系的和谐与平衡。流域的动态平衡态势是流域内各子系统相互作用乃至彼此容纳的一种状态，体现着流域复合系统的综合性和动态平衡的特性，是流域复合系统内各子系统相互作用形成的一个综合结果。而流域动态平衡态势的形成，包含着三个方面的内容，即流域内经济—社会—生态系统之间的平衡、代内及代际平衡、区域内各子系统内部要素之间的平衡。

一、高原湖泊流域内经济—社会—生态系统之间的平衡

如上所述，流域可持续发展涉及三个方面：社会发展、经济发展和生态发展。社会发展是可持续发展的动力和目标，其追求的是包括政治、文化道德、伦理等在内的各种社会因素的效益最大化，即公平；经济发展是可持续发展的主导，其追求的是经济生产的产出或利润的最大化，即效率；生态发展是可持续发展的必要条件和基础，其追求的是资源性的永续利用和生态系统的良性运作，即可持续或和谐(王书华，2008)。流域系统良性运作，公平、效率、和谐三者动态平衡，应该成为区域可持续发展的重要原则，而经济效益、社会效益和生态效益的统一，应是流域可持续发展的结果和目标(图3-1和图3-2)。

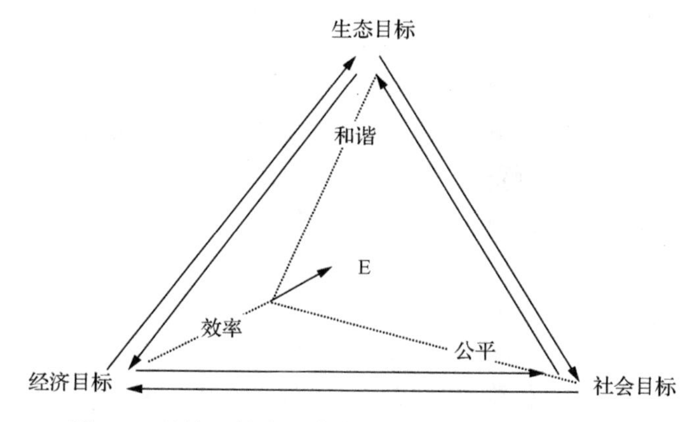

图3-1　经济—社会—生态发展的多维动态平衡模型

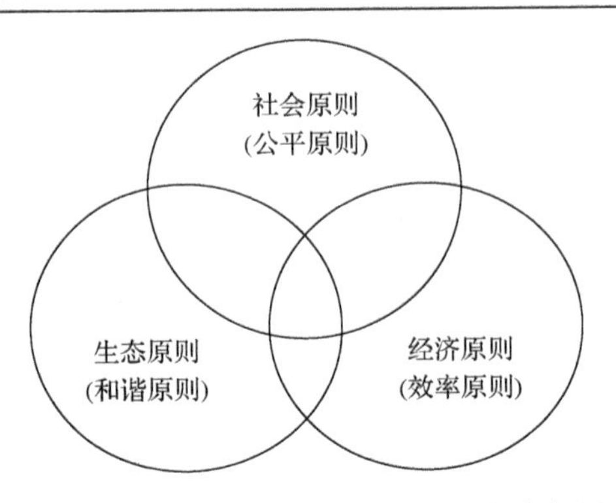

图 3-2 不同原则协调共同达到可持续发展

由于高原湖泊流域可持续发展系统是一个具有层次性的系统，各系统如经济子系统、社会子系统、生态子系统之间的关系并不是平行的，而是以生态子系统为基础的层级系统，因此，经济、社会和生态的平衡与统一应建立在流域水资源可持续承载基础之上，只有在水资源承载限度内的发展，才是可持续和可协调的。

回顾高原湖泊流域的发展历程，由于高原湖泊流域均处于西部欠发达地区，在传统的发展历程中，均采用高环境投入、高产品产出、高消费水平为特征的工业开发模式，这就伴随着对其赖以生存和发展的环境及生态资源，在强度和频度上日益增长的破坏性汲取，过多地强调经济的效率，而忽视了生态环境基础和社会公平。可持续发展观的提出和实施，有利于人类社会的发展重心向经济—社会—生态均衡重心(E)移动，这种发展整体均衡重心的动态特征，决定了区域发展模式的动态变化。

二、高原湖泊流域的代内及代际平衡

在流域可持续发展过程中，除了要考虑生态、经济、社会之间的关系外，还需考虑人与人之间的代内及代际需求。水资源数量的有限性和开发的粗放性，造成了水资源开发与代际需求的矛盾。同时，由于代际间的科技水平、利用水资源目的及方式等常有明显的差别，对相同品质及数量水资源的利用，也常会形成截然不同的效益和财富，进而引发代际水资源开发利用的时效冲突及代际的贫富矛盾，从而造成水资源开发中当前利益与长远利益、短期效益与长期效益的冲突，需要对水资源的开发利用在当代人之间、当代人与后代人之间进行公平分配，力求代内与代际均衡。

水资源的代内公平是指水资源开发利用涉及上下游、左右岸、干支流等不同的利益群体，各利益群体间应公平合理地共享水资源，应在考虑流域整体利益的基础上，充分考虑沿湖各利益主体的发展需求。而代际公平则从时间尺度衡量资源共享的公平性，虽然水资源是可更新的资源，但水资源遭到污染和破坏后其可持续利用就无法维系。特别是地下水资源的过度开采及高原湖泊流域水资源的严重污染，如阳宗海的砷污染事件，其治理成本非常高。高原湖泊流域自身的地理特征导致生态系统的高脆弱性，造成污染后往往是不可逆的(表 3-1)。

表 3-1　若干湖泊换水周期比较

湖泊名称	鄱阳湖	洞庭湖	太湖	洪泽湖	洱海	滇池
换水周期	20 天	20 天	427 天	35 天	3 年	3～5 年

注：前 4 湖资料来源于黄新建(2007)。

因此，当代人不能仅为自己的发展和需求而损害了人类世代所需要的自然资源及环境，应该给予后代人以公平利用自然资源和保持良好生存发展环境的权利。实现水资源代际公平和代际共享，并非要极端地、不现实地、原封不动地为后代留有与当代人同等数量的水资源，而是通过合理开发、科学利用、有效投资、尽量节约等途径，保证“不损害未来世代满足其发展要求的资源基础”。具体应遵循以下原则。

第一，不超过水资源承载力阈值原则。水资源承载力阈值就是社会经济系统向水资源系统索要的最大限度，也就是维持水生态功能持续性的最低存量水平。水资源承载力在一定时期、一定技术水平下是固定的，但我们可以在遵循自然规律的基础上，通过增加更新投资和技术的改进来扩大其阈值，满足经济社会系统不断增长的需求量，并为后代的水资源利用和更新创造更广阔的空间。

第二，坚持节约、综合利用的原则。通过节约、综合利用来减缓其枯竭速度。通过科技进步可为综合利用提供技术支持，在坚持永续利用的前提下获取最大效益。为此，应该做到开发利用的速度必须小于资源更新的速度，即当代人只使用可再生资源的“利息”，而不使用可再生资源的“本金”。

三、高原湖泊流域各子系统内部要素之间的平衡

除流域内部经济子系统、社会子系统和生态子系统三者之间的平衡，以及代内和代际平衡外，在各子系统内部各要素之间也要求保持一定的平衡，如生态系统内部各要素之间的平衡、经济发展中和社会发展中的平衡等。例如，社会发展中的城乡统筹问题，通过城乡统筹，促进城市和农村的良性互动，逐步缩小城乡差距和改变城乡二元结构，既要重视城市化和工业化，也要重视农业和农村经济的发展；加大国民收入分配调整力度，增强居民特别是低收入群众消费能力。在经济发展中，既要重视投资与消费的均衡，也要重视经济结构之间发展的均衡。在生态系统内部，应保持生态系统的健康和可持续性，生态健康应该包括系统恢复力、平衡能力、组织(多样性)和活力(新陈代谢)。健康的生态系统会随着时间的进程有活力并且能维持其组织及自主性，在外界胁迫下容易恢复。

综上，高原湖泊流域可持续发展表现为流域复杂系统中系统化的平衡体系，具体包括以下几个方面的内容。

(1) 在一定范围内，经济子系统、社会子系统的发展与生态子系统之间的平衡，这种平衡以生态系统为基础。

(2) 在水资源开发的代内及代际需求方面，对水资源的开发利用应在当代人之间、当代人与后代人之间进行公平分配，力求代际均衡。

(3) 除保持横向和纵向的平衡外，各子系统内部要素之间也应保持相应的平衡。

第四章　洱海流域可持续发展界定条件研究

第一节　湖泊流域可持续发展一般条件分析

一、区域可持续发展评判的一般条件分析

可持续发展的内涵揭示了经济发展、环境质量和社会平等之间的关系，涉及经济、生态和社会三个方面，对于一个区域的发展或一个项目的发展，也主要从以上三个方面进行评价；最重要的是，为确保最终结果是可持续的，对每个部分都应同样重视。只有对各个部分都进行核查后，其平衡性才会明显地表现出来。因此，区域可持续发展的判定可分为两个步骤。

1. 对各部分的发展进行评价

(1)经济方法：保持固定资本恒定或增加的情况下，将收入最大化。

(2)生态方法：维持生态及自然系统的恢复力和耐久性。

(3)社会文化方法：维持社会文化系统的稳定。

2. 确定可持续发展的执行标准

借鉴可持续发展的概念及内涵，主要有三种评判标准。

(1)在不能满足环境和社会约束的条件下，经济目标不能实现最大化。

(2)在不能满足经济和社会约束的条件下，环境利益不能保证一定可以最大化。

(3)在不能满足经济和环境约束的条件下，社会利益同样不能最大化。

因此，可持续发展是关于在受制于一系列限制条件下实现经济、社会和环境利益的最大化。

二、湖泊流域可持续发展条件分析

湖泊流域生态问题的出现，进一步激化了生态经济系统的基本矛盾：一方面，经济发展对水资源、生态系统的需求不断增加；另一方面，负荷过重和遭到污染的生态系统的供给力相对缩小，从而使人类社会经济发展面临着严峻的挑战。为迎接这一挑战，必须反思以往的发展模式，揭示不同湖泊流域生态经济系统的变化发展规律，并利用这些规律指导具体的人类生态经济实践活动。实践证明，现代经济发展模式，既不是以牺牲生态环境为代价的经济增长方式，也不是以牺牲经济增长为代价的生态平衡模式，而是强调生态系统与经济系统相互适应、相互促进、相互协调的生态经济模式。人类只有积极促进生态经济和经济系统的协调

发展，才能实现人类经济社会的可持续发展。

生态问题是自然因素和人为活动双重作用的结果。而从根本上解决生态问题的核心是彻底改变人类的生产生活方式，寻求一种既能保持生态健康，又能促进经济可持续发展的良性互动机制。生态承载力理论的引用，有利于该机制的建立。某一区域的生态承载力，是某一时期、某一地域、某一特定的生态系统，在确保资源的合理开发利用和生态环境良性循环发展的条件下，可持续承载人口数量、经济强度及社会总量的能力。它是自然体系维持和调节系统能力的阈值，超过这个阈值，自然系统将失去维持平衡的能力，遭到摧毁或归于毁灭。

在生态承载力阈值内，以高原湖泊的可持续发展为重点，在归纳高原湖泊湖区特点和充分揭示湖区矛盾关系的基础上，进一步分析湖区可持续发展条件。

(1) 生态安全是可持续发展的基础和限制条件。湖泊水质恶化的事实表明过去的经济社会发展未能在湖泊水环境容量的范围内进行；水环境容量是在给定水域范围和水文条件、规定排污方式和水质目标的前提下，单位时间内该水域最大允许纳污量。环境生态的实际承载超过了容量，会影响到湖区的生态平衡。因此我们必须对湖泊水环境容量进行科学的量化，在此基础上，逐步建立基于水体最大排放负荷的总量控制制度，公平分配排污权，建立排污权分配制度，并分析提高水环境容量的措施。从自然环境的角度出发，通过加强生态建设和环境保护，维护人类生存和发展的自然基础，提高生态系统的供给力。从湖区资源的角度出发，通过追求资源节约和发展循环经济，加强资源的可持续利用。

(2) 经济发展是可持续发展的动力条件，社会发展是可持续发展的保障条件。高原湖区经济发展较为落后，存在着发展经济的迫切需要，但湖区经济社会的发展受制于湖泊的水环境容量和湖区生态承载力，只能通过指标拍卖、提高排污成本和政府支持，促使企业、社会进行相应的技术改造和产业转换，运用循环经济发展理论，走新兴工业化道路，促进湖区经济的发展和产业的升级。而从社会进步的角度出发，通过提倡可持续消费、节约型社会和建立可持续城市发展模式，提高资源的规模效益和效率，发展绿色建筑和节地、节能、节材、节水的城市基础设施，促进城市理性增长，提高人的素质，促进人与社会的和谐发展，形成经济、社会、资源的协调发展机制，这是可持续发展的基本条件。

(3) 可持续发展需要进行制度创新和管理创新。水资源和水环境管理的条块分割、经济发展与环境保护彼此脱离、流域管理与区域管理之间的冲突等，表面上是资源环境危机，实质是治理危机。要求改变传统的水治理模式，正确处理政府、市场和社会的关系，建立政府、社会、企业共生繁衍和良性互动的管理机制(包括管理体制、生态补偿机制、建立环境容量有偿使用制度等)，进行湖区的综合治理和控制。湖泊流域可持续发展机制设计如图 4-1 所示。

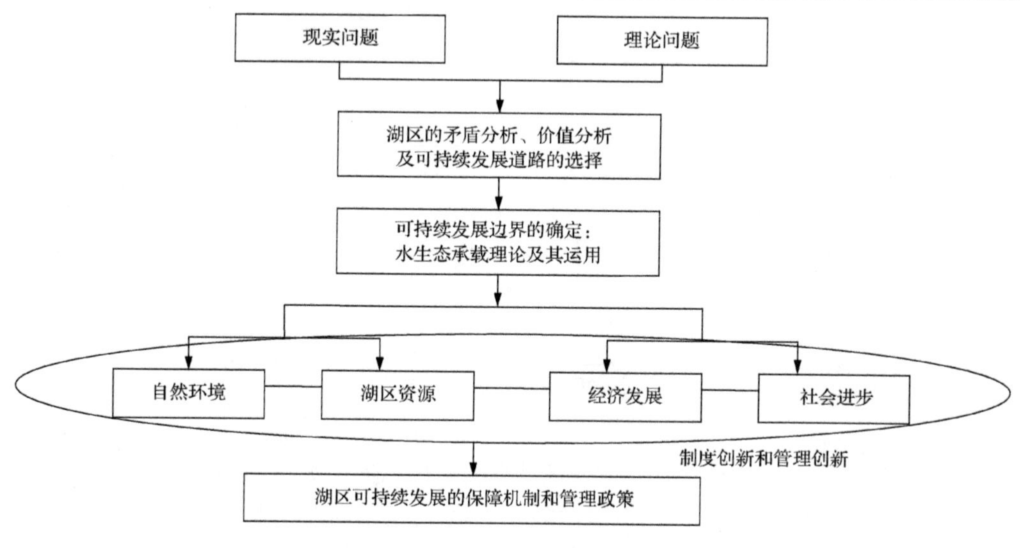

图 4-1　湖泊流域可持续发展总体设计

第二节　洱海流域可持续发展条件分析

一、影响洱海水质的主要因素

洱海水质的恶化，主要受制于以下因素。

(1) 入湖水质和水量的影响。沿湖河流进水水质，直接影响着洱海的水质，也是洱海可控性最低、治理成本或代价最大的影响因素。按照大理市环保局发布的 2013 年各月洱海主要入湖河道水质监测结果，主要入湖河流水质均未达到水功能要求。以下为洱海 2013 年 11 月主要入湖河流的水质状况(表 4-1)。

表 4-1　主要入湖河流水质状况表

序号	入湖河溪	测点名称	水质类别		水质状况		主要超标项目
			本月	上月	本月	上月	
1	弥苴河	银桥村	V	V	中度污染	中度污染	总氮、总磷、粪大肠菌群
		江尾桥	V	V	中度污染	中度污染	总氮、总磷、粪大肠菌群、五日生化需氧量
2	罗时江	莲河村	>V	>V	重度污染	重度污染	总氮、总磷、粪大肠菌群、五日生化需氧量、高锰酸盐指数、化学需氧量、溶解氧
		沙坪桥	V	V	中度污染	重度污染	总氮、总磷、粪大肠菌群、五日生化需氧量、高锰酸盐指数、化学需氧量、溶解氧
3	永安江	桥下村	>V	#IV#	重度污染	轻度污染	总氮、总磷、粪大肠菌群、溶解氧
		江尾东桥	V	V	中度污染	重度污染	总氮、总磷、粪大肠菌群

续表

序号	入湖河溪	测点名称	水质类别		水质状况		主要超标项目
			本月	上月	本月	上月	
4	波罗江	入海口	V	V	中度污染	重度污染	总氮、总磷、粪大肠菌群、溶解氧、石油类
5	万花溪	喜洲桥	#IV#	#IV#	轻度污染	轻度污染	总氮、总磷、粪大肠菌群、五日生化需氧量
6	白石溪	白石溪桥	V	V	中度污染	中度污染	总氮、总磷、粪大肠菌群、五日生化需氧量、石油类
7	白鹤溪	丰呈庄	V	>V	中度污染	重度污染	总氮、总磷、粪大肠菌群、五日生化需氧量、高锰酸盐指数、化学需氧量、石油类

注：评价标准为GB3838—2002《地表水环境质量标准》(总磷、总氮采用湖库标准评价，入湖河流水功能类别为II类)。

除入湖水质外，入湖水量也影响着湖泊质量。在湖水氮、磷等营养物质的净输入量大体相同的情况下，保持洱海较多的入湖水量和较高的水位具有对营养物质的稀释作用。而水位的下降，使得水中的营养物质得到浓缩，加剧洱海的富营养化。据统计，洱海多年平均入湖水量约 8.25 亿 m^3，多年平均出湖水量 8.63 亿 m^3，水量缺口达 0.38 亿 m^3。近年来，由于云南遭遇罕见大旱，洱海水位持续下降，导致洱海生态环境逐步退化，水质变差和富营养化升级。保证进水大于出水，可以提高洱海水位能提高洱海的纳污能力。以II类水质目标计算，最低运行水位在 1963.70m 时，洱海每年总磷和总氮的纳污能力分别为 88.3t、530t；将最低运行水位提高到 1964.20m 后，总磷和总氮的纳污能力可分别提高到 102.8t、619t，这使洱海对污染物的稀释能力得到增加，使洱海的环境容量得到加大。

(2) 内源污染，特别是洱海底泥的污染。洱海全湖表层底泥总氮含量变化范围为 1281.85～8046.95mg/kg，其平均值为 3311mg/kg，且 95%的调查点总氮含量超过 2000mg/kg，远远超过了底泥污染值(TN 为 1000mg/kg)。从全湖 TN 空间分布来看，湖湾、河流入湖口及局部沿岸含量较高，湖心较低，且最高值出现在洱海北部沙坪湾。洱海全湖表层底泥总磷含量变化范围为 418.71～1750.55mg/kg，其平均值为 930.53mg/kg，且少数调查点总磷含量超过 1000mg/kg。从全湖 TP 空间分布来看，与 TN 分布规律一致，湖湾及局部沿岸含量较高，湖心较低，且最高值也出现在洱海北部沙坪湾。同时，底泥中累积了大量的重金属和砷的污染物，已构成生态危害性毒性浓度。长期淤积的大量底泥成为隐藏在水底的一大“毒瘤”。

(3) 沿湖植被的破坏。随着洱海流域人口逐年增加，经济作物种植面积不断扩大，耕地施肥强度增加，农田氮、磷流失加重等原因使湖泊水质受到不同程度污染，流域农村饮用水源地没有得到有效保护，生活污水和垃圾随意排放与堆放，畜禽养殖废弃物污染，农业面源污染已成为导致洱海水环境恶化的最重要因素。同时，旅游业、房地产业的盲目开发，破坏了洱海流域的自然环境，影响到洱海整体的生态平衡。洱海的中游地区(西岸的大理、喜洲，东岸的海东、挖色等地)

是湖泊的主体，也是目前旅游、房地产开发的重点区域，人为干扰对湖泊环境的影响较大。此外，一些开发商在修建旅游场所或房地产项目时，过于注重经济效应而忽略生态效应，缺乏科学规划和论证，大兴土木，开山采石，伐木筑路，乱砍滥伐，导致山体破坏，水土流失加剧，植被破坏，生物多样性受损，破坏了洱海流域的自然环境。尽管各级政府不断采取措施保护环境，增加环境投入，但多方面、集中化的环境污染仍不可逆转地污染湖泊水质，污染和环境破坏的速度远远大于环境治理的速度，严重影响着湖泊水质的恶化和流域的可持续发展。

二、影响洱海可持续发展的主要因素

洱海流域的可持续发展，除了受湖泊自身特点的影响外，还受到了流域社会经济因素的影响，如流域人口数量、产业结构、当地居民的生产生活方式及管理体制等。

1. 社会经济发展滞后

洱海流域地处我国西部边陲，经济社会发展相对滞后，导致了流域的社会经济发展水平与东部发达地区之间，甚至流域内部之间存在着差距，这种现象不利于流域的可持续发展。流域人们为了提高生活水平将会过度开采自然资源，从而破坏生态环境。随着流域经济的快速增长，水环境压力将越来越大。云南省有94%的国土面积为山地，坝区经济、湖泊经济是云南省长期形成的经济发展格局。流域内的经济社会发展水平、经济社会活动往往直接对湖泊产生影响。经济发展越快、人口密度越大，湖泊所承受的污染压力也就越严重。同时，流域社会经济发展的滞后，又进一步影响对湖泊污染治理的投入及对生态环境的保护。

洱海流域的社会经济发展违背生态环境规律，长期以来经济社会的发展和环境保护的关系问题没有得到解决。一方面，片面追求经济社会发展，以牺牲环境为代价换取经济增长，盲目追求城市的扩大化；另一方面，在流域生态环境治理和建设过程中，虽然取得了很大的成效，却在一定程度上限制和影响了人类的需求，影响人类改善自身生活。

2. 流域管理乏力

流域管理是以流域为空间单位而展开的复杂系统工程，涉及流域社会经济发展、资源开发利用、污染控制等诸多方面，从而对流域管理机构的管理水平、管理方式及人员素质提出更高的要求。流域地域跨度大，常常涉及多个地区及多个部门，各行政区域和各行政部门出于自身利益的考虑，对流域的管理有自身的要求和利益诉求，从而导致流域管理上的紊乱，不利于流域整体的可持续发展。而在过去的流域管理中，以行政管理为主，执行成本高，有博弈行为和“寻租”现象存在，没有发挥企业的积极性，不利于流域生态环境的保护和治理。同时，现行的环境监测、预警、应急处置和环境执法能力薄弱，不能满足环境管理工作的要求，有些地区有法不依、执法不严现象较为突出，环境违法处罚力度不够；监管手段薄弱，企业偷排、超标排污、超总量排污的现象不能得到有效遏制。另外，综合治理虽然以社会经济和生态环境协调发展为目标，但规划重在考虑水环境容量、水资源的可利用量等生态因素，未能充分重视人文和技术因素，也未能充分考虑各利益主体对政策规定的可承受能力，低估了问题的复杂性和长期性。

3. 湖泊的流动性及抗污染能力弱

洱海流动性及抗污染能力较差，原因主要有以下几个：一是洱海流域面积相对较小，使得降水形成的径流量十分有限；二是湖泊四周群山环抱，呈半封闭状，流域内无过境水；三是湖泊的湖面蒸发量远远高于湖面降水量。洱海的流动性及抗污染能力较差，不能通过自身的自净能力来实施水质的优化和改善，必须通过外部的人为因素加以调控。

4. 公众参与能力不足

环保意识是人们对自身与环境关系的认识和反应，包括对环境的需要、目的、态度和价值观，这些是调节、引导和控制人们环境行为的内因，公众参与环保是环保得以实现的根本保障。湖泊水源受到污染，直接影响到人民群众的生活质量和身心健康。没有社会公众的参与，流域的可持续发展仅仅是一句空话。由于参与渠道不畅通、制度保障缺乏、信息公开不足等诸多因素，非政府组织(NGO)、科研机构及社会公众的参与力度、范围及深度十分有限，公众参与的观念十分淡薄。这不仅造成公众意识不到治理的困难与复杂，使他们倾向于抵触有损自身利益的政策，而且难以有效注入社会资金用于流域治理，使治理资金不足成为制约瓶颈。只有依靠政府的调控和社区居民的共同支持，依靠宣传教育提高全社会的生态意识和生态道德水准，以及建立科学的生态安全目标，流域的可持续发展才能真正实现。流域生态只有在政府和社区居民真正理解流域环境与人类生存、功能与生活质量、湖泊与区域经济发展的休戚关系之后才有可能正常运行。

三、洱海流域可持续发展条件的标准和原则

洱海流域可持续发展条件的分析，离不开洱海流域可持续发展理论的支撑。洱海流域可持续发展，应坚持以人为本，以人与自然和谐为主线，以经济发展为核心，以提高人民群众生活质量为根本出发点，以科技和体制创新为突破口，坚持不懈地全面推进经济社会与人口、资源与生态环境的协调，不断提高流域的竞争力。而流域的可持续发展过程，实质上就是系统动态、平衡的过程。平衡带来有序，否则系统无序，而系统无序导致系统紊乱、恶变。因此，临界点和系统运行的平衡条件是流域系统可持续运行的界定条件。为保持湖泊流域生态平衡

和经济社会的发展，结合可持续发展理论及湖泊(区)特点，需要处理好以下几个平衡关系：①保持湖区经济社会的发展和生态承载力之间的动态平衡；②正确处理好发展与保护的关系；③协调和平衡各利益主体之间、利益与责任之间的关系，包括中央政府与地方政府、政府与资源使用者、资源使用者与居民之间的利益和责任。

1. 洱海流域可持续发展条件的标准

具体结合洱海流域，其可持续发展条件的标准应为：洱海流域可持续发展能力不断增强，经济结构调整取得显著成效，人口总量得到有效控制，流域生态环境明显改善，资源利用率显著提高，促进人与自然的和谐，推动整个流域走上生产发展、生活富裕、生态良好的文明发展道路。

2. 洱海流域可持续发展条件的原则

为达到相关平衡，需要依赖于利益机制、政策调控和社会保障体系的完善，洱海流域可持续发展应遵循下列原则。

(1)持续发展、重视协调的原则。以经济建设为中心，在推进经济发展的过程中，促进人与自然的和谐，重视解决人口、资源和环境问题，坚持经济、社会与生态环境的持续协调发展。

(2)生态优先原则。由于高原湖泊污染的难以治理性，必须保证高原湖泊水质保持优质类别，这要求湖区的经济社会发展应在环境承载限量内进行，在承载限量内安排社会生产总量、调整结构，并不断提升水体的自净能力。

(3)政府调控、市场调节的原则。充分发挥政府、企业、社会组织和公众四方面的积极性，政府要加大投入，强化监管，发挥主导作用，提供良好的政策环境和公共服务，充分运用市场机制，调动企业、社会组织和公众参与可持续发展。

(4)积极参与、广泛合作的原则。加强对外开放与国际合作，参与经济全球化，利用国际、国内两个市场和两种资源，在更大空间范围内推进可持续发展。

(5)重点突破、全面推进的原则。统筹规划，突出重点，分步实施；集中人力、物力和财力，选择重点领域和重点区域进行突破，在此基础上，全面推进可持续发展战略的实施。

(6)当前利益与长远利益相结合的原则。这是可持续发展内涵的必然要求。当代人不能因为自己的发展和需求，只顾眼前利益而损害后代人满足其需求的条件，也不能一味地追求长远利益而忽视当前利益。

四、洱海流域可持续发展条件分析

如前所述，洱海流域的可持续发展，是在流域生态子系统、经济子系统、社会子系统各自内部要素保持平衡基础上的流域经济—社会—生态系统的平衡，是人与自然相互影响、相互作用达到彼此容纳的一种状态。因此，寻求洱海流域可持续发展的条件，也应该从流域各子系统视角、流域整体视角入手进行分析。

1. 生态安全——可持续发展的生态界限(在承载限量内发展)

对生态安全的理解，不同学者有不同的认识。一般认为，生态安全主要包括两个方面含义：一是生态系统自身是否安全，即其自身结构和功能是否保持完整与正常；二是生态系统对于人类是否安全，即生态系统提供给人类生存所需的资源和服务是否持续、稳定。两个方面相互交叉，不可分割。生态系统保持本身的健康与活力是其为人类提供持续、稳定资源和服务的前提；而人类所需的资源和服务本身也体现了生态系统结构及功能状态(刘丽梅和吕君，2007)。曲格平也认为，生态安全，其一是防止由于生态环境的退化对经济基础构成威胁，主要是指环境质量状况和自然资源的减少及退化削弱了经济可持续发展的支撑力；其二是防止环境问题引发人民群众的不满，特别是导致环境难民的大量产生，从而影响社会稳定(曲格平，2002)。

洱海流域战略区位十分重要，生态价值较高，其水资源及水生态安全主要表现在水量安全、水质安全、水生态环境安全、与水有关的经济安全四个方面。水量安全是指水资源供给能够满足生产、生活、生态和生命体的需要，主要是从水资源供需和可持续利用的角度来考察的，反映的是水资源多功能特性；水质安全是针对水污染而言的，是指水资源污染的程度被控制在环境自净能力之内，经济社会发展不因水质变化导致的生态破坏和水质性缺水而受损，反映了水资源的质量特征；水生态环境安全是指人们在获得安全用水的设施和经济条件的过程中，所获得的水能满足清洁生态和健康环保的要求，既满足生活和生产的需要，又使自然环境得到妥善保护的一种社会状态；与水有关的经济安全是指保障经济社会发展不因水资源及水环境问题而受损或受到威胁，反映了水资源的社会属性。

近二十年来，洱海总磷、总氮、高锰酸盐指数呈逐年缓慢上升的趋势；透明度也在逐年下降，从 1992 年的 3.97m 下降到 2013 年 12 月的 1.89m，2003 年 7 月则出现了历史最低的 0.88m。洱海流域湖水富营养化问题日益严重，生物多样性受到严重威胁，某些不合理的开发活动，特别是大力开发房地产，使湖泊面积不断减少，致使湿地功能丧失，造成湖泊调节气候功能降低。洱海流域正处于“灾变”和敏感的转型时期，面临重大的战略决策，亟须采取果断措施，有效控制态势，主要表现为以下几个方面：①洱海湖体富营养化趋势依然十分严峻，氮、磷污染问题突出；②洱海湖泊及沿岸陆地生态脆弱，上游森林植被质量下降，蓄水保土性能差；③农业、农村面源污染依然严重，主要入湖河流水质仍然没有得到有效改善。

因此，洱海主要的生态安全问题体现在生态健康和生态灾变两个方面，而导致洱海生态恶化的原因主要有三个：一是入湖污染物量超过水环境承载能力，水污染和水体富营养化；二是城市发展超过水资源承载能力，难以保证生态环境用水；三是洱海逐步演化成半封闭湖泊，加上数十年污染，负荷剧增，加速了生态环境变化由量变到质变的进程。

与其他淡水湖泊相比，洱海换水周期明显较长，体现出污染后的难以治理和恢复。因此，在经济社会的发展中必须要注重湖泊水质的保护和生态平衡的维护，谋求在水环境容量下的发展。为此，其生态安全方面的界定条件具体应包括以下几个方面。

第一，保持或缓解洱海水质不继续恶化。应保证入湖水质达到一定的标准，如工业废水应达到零排放、河道入湖水质必须在允许范围内。在治理过程中，应注重成本效益原则，积极转化面源污染为点源污染，进行集中治理。

第二，增加水量，保持、增强水体的流动性，提高水体自净能力。保证入湖水量大于出湖水量，减少蒸发和不必要的浪费，提高水资源的利用率；积极加强生态环境建设，提高水资源的供给能力；注重污染速度与水体吸收能力的平衡，水量补给应与水体流失基本平衡。

第三，加强径流区水土流失的治理，使植被退化低于环境允许阈值。积极加强湿地建设，湖区综合治理能力提升的速度高于水质污染变化的速度，禁止出现短期内快速污染可能导致的难以逆转的局面。

2. 成本平衡——可持续发展的经济条件

从目前来说，大理市的社会经济发展给洱海的压力较大。长期以来，流域水资源的过度利用，使洱海超负荷运行。要实现洱海流域的可持续发展，应对其进行有效规划，有计划、按步骤地推行。总体而言，洱海流域未来经济发展可按照以下四个阶段依次推进(图 4-2)。

(1)减压发展。为湖泊的休养生息创造机会，即休养生息减轻人类活动对湖泊的压力，用恢复和养护的方式使之持续地为经济发展和人类福利提供服务。休养生息是人们调整已经过于紧张的人与自然关系的总体方针和长期策略，它不反对人类利用自然环境的有用功能，十分强调自然环境可以而且应该为改善民生、发展经济提供生态服务(如利用环境的净化能力)，但休养生息更加强调人类应该改进利用自然环境的方式，把人类活动的强度限制在环境的承载能力之内。

(2)优化发展。在资源许可性和环境承载力的基础上获得又好又快的发展，是在生态承载力阈值内的发展。

(3)绿色发展。在洱海流域尽可能发展那些对水资源需求比较少、对环境造成污染比较小的行业、产业、部门；尽可能发展以信息、知识、高科技及第三产业(如旅游业)为主体的非实物性生产的产业，不一定以传统的工业或农业来作为主导。

(4)超越发展。摆脱对自然资源的绝对依赖，走一种超越自我、超越过去、面向未来的发展道路。尤其是我们现在承接东部产业转移的时候，难免有不少资源消耗量比较大、环境影响比较突出的一些产业和行业，需要进行产业优选，设置门坎，适当过滤，根据洱海流域水环境的容量和各种资源的承载力来进行筛选。

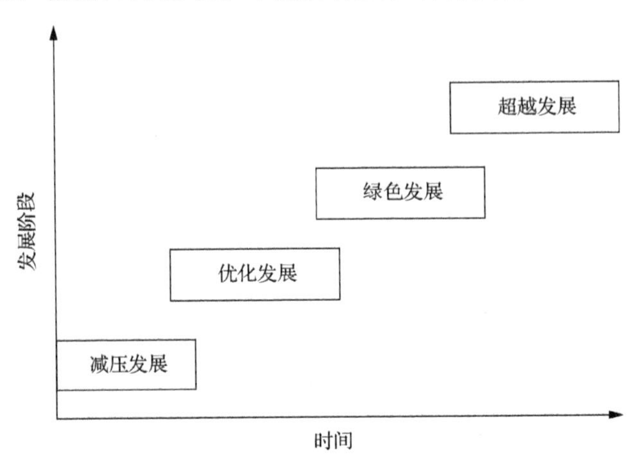

图 4-2 洱海流域未来经济发展阶段

在洱海流域的可持续发展过程中，会涉及多方利益主体，而各主体的利益可能出现分歧，难以协调，从而影响着流域经济的可持续发展。例如，政府部门所代表的是公共利益，考虑的是整个社会的利益最大化，并协调局部利益和整体利益、经济发展和公共利益的关系。即使是在政府部门之间也存在着利益分歧，地方利益的存在是地方保护产生的根本原因。企业作为以营利为目的的经济实体，其目标是实现企业利润最大化；居民行为多以个人私利为出发点，很可能因为个人利益损害企业或政府的利益(何晓霞，2002)。在市场经济条件下，由于市场本身的缺陷，各主体利益分散，会在自身利益最大化的驱动下破坏生态、污染环境，从而引起社会福利的损失，导致湖区难以真正从传统经济发展模式向可持续发展模式转变。

为此，需构建多方成本-利益平衡机制，改变传统的政绩评价标准，树立生态优先观念，积极引入激励约束机制，以实现人与自然、社会的和谐发展。在此发展过程中，企业作为社会经济发展的微观主体，是推进湖区生态系统良性运转的基础载体和关键因素。因此，我们从企业净收益和社会净收益出发，分析它们在可持续发展过程中的变化趋势，如图 4-3 所示。

在图 4-3 中，横坐标表示企业净收益，纵坐标表示社会净收益。在推动可持续发展过程中，可分为启动阶段(AF)、推动阶段(FBE)和正常运行(EC)三个阶段，企业净收益和社会净收益均呈现 U 形变化趋势，其中企业净收益呈现“大—小—大”的变化趋势，社会净收益则为“负—正”变化。ABC 是在约束机制下的发展曲线，而 AB_1C 则是在激励约束机制下的发展曲线，两个曲线之间的差异则是企业净收益之差。

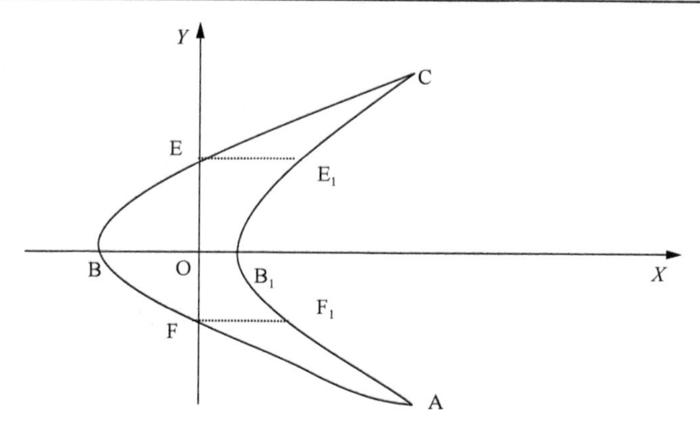

图 4-3　社会—企业净收益曲线

企业的一切经济活动都在市场范围内进行，当仅对企业实施约束，要求它为原本免费使用的环境资源付费时，在社会对生态产品需求不迫切的情况下，无疑会增加企业的产品成本，降低企业的净收益。仅以约束方式要求企业实施可持续发展，企业很难自觉主动去推行和发展，特别是在 FBE 阶段，企业在根本没有获利的情况下，不可能自觉推行可持续发展。此时必须通过价格补贴、税收优惠、生态补偿等激励措施，调节企业的收益到 $F_1B_1E_1$ 的位置，调动企业的积极性。

因此，洱海流域实施可持续发展，必须由政府合理调节企业的净收益：在启动阶段，政府投入的较少；随着经济发挥的深入，政府需要加大投入和提高支持力度，尤其是在 FBE 阶段；到 EC 阶段时，政府的投入可逐步减少，由市场内在机制调整企业进行绿色生产。要促使流域可持续发展，其最优的经济条件应使各利益主体的所获利益大于其全部成本。而这里“利益”不仅仅是经济利益，也包括社会利益和生态利益；“成本”也不仅仅是包括现实的经济成本，还包括未来潜在的治理成本。应依据相关利益者共同受益原则，加快流域生态环境建设的产权制度改革，通过成熟的示范和必要的投入，使多方利益主体看到保护湖泊进行生态建设和发展生态产业的巨大商机，才能提高多方投资和保护湖区的积极性。流域的生态建设，其产权改革可以“谁保护、谁经营、谁受益”的原则，把政策引导与农民的意愿结合起来，积极探索建立有利于多主体参与、多方投入、多形式经营的多元经营机制和利益分配机制。为此，洱海流域可持续发展的经济条件具体包括：

(1) 在不同的发展阶段，应采取不同的发展策略，力争在生态承载力限度内适度发展；

(2) 在开发新项目时，应注重成本平衡原则，即项目开发获取的收益应大于环境治理成本；

(3) 对于湖区政府而言，当地政府的环保收益应能确保湖区生态治理要求。

3. 以人为本、全面发展——可持续发展的社会条件

可持续发展既是人的发展，又是自然的发展，它以经济的发展为基础，以社会的协调发展为目标，以生态的发展为条件，三者不可偏废，其最终目标都是促进人的全面发展。从狭义的社会层面来界定可持续发展，它主要是指人口趋于稳定、经济稳定、政治安定、社会秩序井然的一种社会发展，其基本内涵应该包括以下几个方面。

第一，社会可持续发展的核心是人的全面发展，强调满足人类的基本需要。这既包括满足人们对各种物质生活和精神生活享受的需要，又包括满足人们对劳动环境、生活环境质量和生态环境质量等的生态需求；既包括不断提高全体人民的物质生活水平，又包括逐步提高生存与生活质量，做到适度消费和生活方式文明，使人、社会与自然保持协调关系和良性循环，从而使社会发展达到人与自然和谐统一，生态与经济共同繁荣。

第二，社会可持续发展是“以人为本”的发展，它强调严格控制人口数量，不断提高人口质量，合理调整人口结构，真正把现代发展转移到提高人的素质轨道上来，实现人口与社会其他因素之间的相互适应与协调发展。社会可持续发展必须以人的全面发展为宗旨，提高劳动者的科学技术和文化水平，增加人力资本存量，从而形成社会系统全面进步和不断更新的持续发展能力。

第三，社会可持续发展强调消除贫困与公平分配财富。社会可持续发展应是公平性和可持续性的有机统一，以公平分配、消除贫困、共同富裕为宗旨的社会进步过程。可见，社会可持续发展的目标是推动社会整体全面进步，其终极目的是使人得到全面发展。

在当前的情况下，洱海流域应积极采取措施，满足“以人为本”的基本生存需求，促进区域间的协调发展，满足当代所有人的需求，采取适度消费和绿色消费方式，促进社会公平。只有坚持以人为本，从尊重、理解、爱护和关心人的角度出发想问题、办事情、做工作，相信群众、依靠群众、为了群众，才能摸清人民内部矛盾的症结，找到化解的办法，实现人的全面发展，构建社会主义和谐社会。

目前应不断提高对湖泊流域环境保护重要性的认识，使得环境保护的思想观念深入人心。只有这样，才能使湖区人民群众都加入到环境保护、生态建设的队伍中，从而为提高湖区的环境意识和普及环保知识贡献力量。湖区生态只有在政府和社区居民真正理解了湖区环境与人类生存、功能与生活质量、湖泊与区域经济发展的休戚关系之后才有可能正常运行。鼓励开展循环经济宣传、教育、科学知识普及和国际合作，引导公民使用节能、节水、节材和有利于保护环境的产品及再生产品，减少废物的产生量和排放量。同时要积极引导绿色消费：一是倡导消费未被污染或有助于公众健康的绿色产品；二是在消费过程中，注重对垃圾的

处理，不造成环境污染；三是引导消费者转变消费观念，注重环保，节约资源和能源，改变公众对环境不宜的消费方式。

4. 全方位、多手段管理——流域可持续发展的管理条件

在管理方面，构建以市场化手段为主的管理系统，改变传统的管理模式，建立多手段的新型管理体系，综合运用财政政策、产业政策、收入分配政策、税收政策、价格政策等手段对流域经济活动进行宏观调控，引导和激励湖泊流域的保护行为；建立健全流域水质实时监控系统，构建监管部门。对采取生态保护措施并取得明显成效的经营者，可以减免税费、给予补贴、奖励或提供优惠贷款；对破坏生态环境的行为适度罚款，可以运用政府调控与市场化运作的方式让开发、利用、破坏湖区资源的人们支付相应的生态环境补偿费。积极调整产业结构，在产业安排与税收上适当倾斜，维护湖泊流域的可持续发展。

在法律法规方面，构建和完善相应的法规体系，积极落实《循环经济促进法》，政府部门在制定产业政策时，应当符合发展循环经济的要求；鼓励企业、居民在生产、流通和消费等过程中进行的减量化、再利用、资源化活动，提高资源利用效率，“绿化”现有产业，发展环保产业，积极利用和发展高新技术及环境无害化技术。鼓励和支持开展循环经济科学技术的研究、开发和推广。保护和改善环境，使湖泊流域资源及其生物多样性得到有效保护，生态系统得到恢复治理，为湖泊流域可持续发展提供保障。具体而言，洱海流域可持续发展的管理监控条件包括：

(1)严格遵循“谁污染，谁治理”的原则；

(2)建立和完善一个高效、统一的洱海管理机构，实现径流区统一管理；

(3)加强环境行政执法，提高环境行政执法的效率；

(4)严格环境污染领导问责制度的实施；

(5)建立健全能观、能控的独立监管机制；确保湖区治理水平达到能保证人民群众生活水平要求；

(6)构建和完善公民环境权，提高公民的环境保护意识和维权意识；

(7)构建环境公益诉讼制度和高原湖泊生态效益补偿机制。

5. 各种条件的关系

洱海流域可持续发展的各种条件紧密相联，构成一个较为完整的体系。其中，自然条件——生态安全是湖区可持续发展的基础，离开了这一基础，湖区的可持续发展和良性运转将不复存在。而随着湖区水环境容量的确定，水污染排放总量被限定在认可的可持续规模内，以前免费的自然资源必然会变成稀缺的经济商品，排放污水的权利就可进行市场交易了；通过引入市场机制，以市场的价格竞争手段来实现排污权的交易，有利于调动企业治理污染的积极性，促进环境-生态效益外部性内在化；但由于市场失灵的存在，需要进行相应的政府监管和控制，管理

条件是湖泊流域可持续发展的保障。在利用湖区现有生态功能的同时，应积极加强湖区生态环境的建设，但从短期看来，进行生态环境建设，其经济效益较低，可通过政府的长期利益补偿机制，使多方利益主体看到保护高原湖区进行生态建设和发展生态产业的巨大商机，提高多方投资和保护湖区的积极性。只有湖区人民群众都加入到环境保护、生态建设的队伍中，湖泊生态系统才能真正良性运转，这是洱海流域可持续发展的必要条件。

第五章　洱海流域可持续发展能力判定模型研究

第一节　洱海流域可持续发展能力评价体系构建

一、洱海流域可持续发展的内涵和原则

（一）洱海流域可持续发展内涵

由于环境与发展问题的地域差异及其复杂性，区域可持续发展理论及其评价问题已成为制约区域可持续发展实践的重点和难点问题。研究和探讨这些问题、寻求比较系统的解决方案是目前可持续发展研究迫切需要解决的重要课题。

洱海流域可持续发展是一个整体性、系统性发展过程，是一个动态平衡过程。平衡有序的动态发展是经济、资源、社会、环境有序运行的过程，是一个相互影响、相互制约、相互关联的过程。无序状态会带来整个湖区经济社会系统紊乱，环境生态系统恶化。寻找到有效评价体系并研究相关指标之间的影响关系，对研究整个复杂系统具有至关重要的作用。

根据生态经济理论和系统思考，课题组提出洱海流域可持续发展系统中各个主观客观因素条件：①湖区水土资源等自然资源条件——湖区水资源供需平衡是生态系统良好运转的基础，离开这一基本条件，湖区整个系统运行将受到巨大阻碍，湖区水质保护和生态平衡应按照“限量、增流、强体、平衡”要求提高水资源可开发力度；②湖区经济发展水平——经济发展对于增强区域竞争力、改善民众生活水平、提升城市形象都有促进作用；③湖区人口变化——旅游人口和湖区人口变动会在短时间内给湖区水资源和环境承载力造成严重影响，湖区居民意识和观念直接影响着湖区可持续发展进程；④湖区生态环境——生态产业和生态经济发展关乎湖区生态环境状况，大力发展生态产业是宏观政策要求，是可持续发展的保障，是全面建设美丽中国的关键。区域发展过程必须按照经济发展、生态文明思路进行才具有可持续性。

（二）洱海流域可持续发展能力建设整体原则

按照其本质内涵，可持续发展能力建设是资源—环境—经济—社会复合系统整体发展，涉及资源可持续发展、环境可持续发展、经济可持续和社会可持续发展，是资源、环境、经济、社会的均衡发展。

洱海流域可持续发展取决于区域内人与自然、人与人之间的相互作用能否形

成动态平衡态势。系统或区域动态平衡态势是系统内各子系统相互作用乃至彼此容纳的一种状态，体现着系统综合性和动态平衡特性，是系统内各子系统相互作用形成的一个综合结果。如上所述，区域可持续发展主要涉及三个方面：社会发展、经济发展和生态(资源环境)发展。社会发展是可持续发展的动力和目标，其追求的是包括政治、文化道德、伦理等在内的各种社会因素的效益最大化，即公平；经济发展是可持续发展的主导，其追求的是经济生产产出或利润最大化，即效率；生态（资源环境)发展是可持续发展的必要条件和基础，其追求的是资源永续利用和生态系统良性运作，即可持续或和谐。

由于水土资源数量的有限性和开发的粗放性，带来对后代满足需求的矛盾，影响到湖区可持续发展实施。可持续发展要求当代人不能仅为自己的发展和需求而损害人类世代所需要的自然资源及环境，应该给予后代人以公平利用自然资源和保持良好生存发展环境的权利。实现资源代际公平和代际共享，并非要极端地、不现实地、原封不动地为后代留有固定的自然资源，而是通过合理开发、科学利用、有效投资、尽量节约等途径，来保证“不损害未来世代满足其发展要求的资源基础”。具体应遵循以下原则。

第一，注重经济—环境—资源—社会系统整体平衡、稳定发展。湖区可持续发展能力建设是一个复杂巨系统，只有在充分考量基本特征基础上，全面兼顾各个子系统的相互关系，才能够更加全面地反映出系统特征和变化。区域可持续发展系统良性运转需要公平、效率、和谐三者动态平衡，应该成为区域可持续发展重要原则，而经济效益、社会效益和生态效益的统一，应是区域可持续发展的结果和目标，三者目标统一才能实现湖区系统协调可持续发展。

第二，坚持发展优先、兼顾效率、注重质量的高品质发展。可持续发展能力建设的中心是发展，贫困落后面貌不可能达到可持续发展要求。洱海流域的经济发展水平比较落后，社会面貌没有得到较好改善，这就体现了湖区发展的必要性和紧迫性。发展过程中应注意环境保护与经济发展的动态协调和良性互动，注重引进更多低污染、低消耗产业为主的产业模式，保护生态，在发展产业品质上下功夫，这样既可以提升城市形象、促进旅游发展，又可以为湖区创造良好环境，提升湖区居民生活质量和生存满意度。

第三，保障湖区水资源生态供需平衡，实现资源节约式发展。洱海流域生态系统比较脆弱，具有不可逆转性，实现节约型发展方式可以更好地缓解用水紧张程度和实现区域发展持续性。在保持现有水资源供需平衡基础上，可以遵循自然规律和区域特色，通过增加投资和技术改进来扩大水资源来源，如增添高科技雨水收集技术的引进、污水中水转化、地下水有序利用等，满足经济社会系统不断增长的需求量，并为后代资源利用和更新创造更广阔的空间。

第四，注重保障公平，坚持协调原则的全面可持续发展。公平原则强调人类需求和合理欲望满足及其实现的公正性，在洱海流域可持续发展能力建设中要考虑到同代人之间的横向公平、世代人之间的纵向公平，以及湖区不同区域对资源分配、补偿、使用的公平。坚持协调发展客观上决定必须在环境容量和环境承载力的限制条件下，通过产业选择及产业结构调整等方式，谋求经济与环境协调发展，做到立足动态协调、把握整体协调、着眼长远协调。

二、洱海流域可持续发展利益相关者分析

为更加全面分析目前导致洱海流域可持续发展能力差这一问题，使得建立的评价指标体系和后续能力提升建议得到各个方面认同，研究的科学性和操作性更强，在对洱海流域可持续发展能力建设现状与问题分析的基础上，找到影响洱海湖区可持续发展能力建设的代表人员参与到问题分析和指标体系确立当中来，以保证评价指标体系的实用性和可操作性。“湖区资源—环境—经济—生态系统”中各个子系统变化都会起到相互影响关系，利益相关者可以通过自身的思考和决策造成子系统变化，从而导致整个复杂系统变化。针对利益相关者进行细致分析可以全面反映洱海流域可持续发展能力建设过程中的细节，进而反映出不同利益相关者的观点。

在洱海流域可持续发展分析中，起到直接和间接影响作用的参加者主要包括旅游者、湖区居民、农业户主、企业业主、主管部门、专家学者 6 个方面。在调研以前就影响者的多个方面进行全面分析，包括特征分析、感兴趣内容、问题分析、优势分析及其在能力建设过程中的影响和作用等方面，这有利于全面把握可持续发展过程中遇到的问题，吸取各方面意见，形成全面的、具有代表性的评价指标。指标体系的建立和数据确定充分考虑到各方面意见与建议，在综合各方面内容的基础上寻找发展过程中能力建设的影响因素和彼此之间的因果关系，进而找到洱海流域可持续发展能力指标评价体系，具有较强的科学性和可操作性。利用项目管理中的目标导向项目规划(objective oriented project planning，OOPP)方法，用“现状分析—利益相关者分析—问题清单分析—问题树寻找—关键问题分析—目标树确定—项目群划分”这一整体性分析方法对洱海流域可持续发展能力判定进行分析(表 5-1)。

三、湖区可持续发展能力建设问题分析

1. 洱海流域可持续发展能力建设问题清单

在进行洱海流域可持续发展能力建设研究过程中，通过研究小组成员反复讨论和研究，发现该课题存在的主要问题涉及多个方面，如政策法规问题、人口迁入问题、湖水水资源保护问题、投融资问题、生态意识和环保意识宣传教育、资源保护开发的共识等。

表 5-1　洱海流域可持续发展能力建设利益相关者分析

分析内容＼影响者	旅游者	湖区居民	农业户主	企业业主	主管部门	专家学者
特征分析	国内外游客；喜欢旅游；对湖泊旅游有独特见解；掌握一定知识经验	直接影响入湖水质；与湖区生态环境紧密相关；政策落实的接受者	与湖区资源息息相关；生活在湖区周边；从事农业生产；影响湖区生态	从事各类制造业、加工业和餐饮业；影响区域经济发展；承担社会责任	监督湖区环境污染；打造特色文化产业；给予政策和资金扶持	以环境保护为研究对象；注重科学依据和实证；学科观点具有科学性
感兴趣的内容	得到特殊文化体验；参与休闲娱乐；感受湖泊水资源带来的情趣	能够欣赏湖区美景；经济利益可以保持；湖区生态环境良好	湖水对农作物的灌溉；湖区内的鱼类和植物的收获；旅游资源带来收益	企业的经济效益和发展；政府政策的变化和调控；湖区水资源可利用程度	促进地区经济发展；提升民众满意度；提升地区形象；提高政府行政效率	树立可持续发展观念；以湖区为研究对象；满足游客和不同居民的需求
问题分析	文化层次、道德修养和社会经验不一致；容易受到环境影响；对景区旅游资源要求较高	对湖区可持续发展的观念有待转变；存在竭泽而渔的行为；对生态破坏不负责任	对农业生产影响水质认识不够；农药化肥的滥用；对湖区资源保护意识不足；缺乏长远考虑	各个企业对湖区诉求不同；业主的发展理念落后；短期行为多；对生态破坏责任意识不足	资金和政策扶持力度不够；监督管理力度不足；生态补偿机制不完善；执法力度不足	对于非本专业的知识经验的缺乏；缺乏有力的政策支持；考虑得不全面
优势分析	旅游经验丰富；对湖泊旅游发展有对感受；给出的意见客观现实；能较好地体现评价客观性	长时间居住会带来对湖区的情感；湖区丰富资源带来实际利益；湖区状况全面评价	湖区生态的直接影响者；对湖区变化有全面认知；对湖区文化把握较深；热爱家乡和故土	企业的参与对生态保护有利；为政府政策制定提供建议；解决湖区民众就业和生活	掌握一定的社会与经济资源；对社会稳定和经济发展的全盘考虑；管理经验丰富	根据专业知识提出合理建议；进行相关研究提出合理可行的意见和建议；科学性和操作性强
影响作用	影响湖区净迁入数量；增加湖区污染物废气、废水、废物；影响地区 GDP	自觉维护湖区生态环境；保护湖区生态；减少生活废气、废水、废物排放	直接影响湖区水质；对制定政策有一定影响；对湖区长远发展有影响	企业“三废”排放；影响民众对发展与保护的观念；影响区域经济；影响政策制定	监督和控制湖区可持续发展影响因素；对民众观念的引导；政策制定	评价和建议湖区可持续发展改进方法；为政府提供思路参考

针对洱海流域可持续能力建设问题进行研究，研究过程中发现可持续发展能力弱主要存在着诸如以下问题：政策法规不健全和贯彻力度不足；湖区资源管理水平低下；生态环保保护宣传和营销活动安排不当；高原湖区资源保护和管理资金缺乏；可持续发展能力建设难以达成共识等。研究小组分别列出各自的问题清单(图 5-1)，并根据问题清单来寻找核心问题。

洱海流域可持续发展能力建设问题清单

- 原始生态系统被打破
- 可持续发展能力差（核心）
- 湖区水资源的总量减少
- 湖区水资源自净率比较低

A.湖区民众问题清单

- 可持续发展观念错误与落后
- 社会责任意识不强
- 湖水污染后的社会成本低
- 农业生产影响水质认识不足
- 围湖造田导致水量水质下降
- 饲养牲畜产生粪便污染水质
- 过度捕捞湖泊水生物
- 城镇化建设加快用地紧张
- 生活“三废”随意排入湖区
- 人口增多带来用水压力
- 农业“三废”随意排入湖区
- 肆意破坏湖区生态建设设施
- 缺乏良好反馈监督机制
- 民众与政府发展思路不一致
- 对生态补偿机制不满意

B.湖泊资源问题清单

- 湖水的净流量不足
- 湖区水资源承载力较低
- 区域气候蒸发量和降水量
- 地区植被保护土质状况差
- 湖区水生物种类变化
- 污水直接排放的富营养化
- 大坝建设对水源水量补充有较大的阻碍

C.主管部门问题清单

- 缺乏有效的政策保障措施
- 水质标准的正确评估
- 监督管理机制比较薄弱
- 组织部门管理框架不完善
- 缺乏与民众有效沟通
- 过度注重经济发展速度
- 政府部门行事比较保守
- 破坏生态行为执法力度不够
- 相关法律法规规定不具体
- 缺乏湖水污染应急机制
- 管理水平不能满足社会需求
- 管理制度落实不到位
- 湖区水资源治理成本高
- 湖区治理带来利益不明显
- 湖区生态恢复资金投资不足
- 政府行政效率不高
- 湖区治理制度保障效率不高
- 市场意识和服务意识的缺失

D.旅游主体问题清单

- 对湖区景观要求比较高
- 个人道德修养不一致
- 环保观念和意识不强
- 对湖泊享乐和休闲过度追求
- 餐饮带动的企业污染
- 对湖区整体感知能力不强
- 对湖区居民观念的改变
- 湖区废水处理量增大
- 加大区域用水压力

E.社会环境问题清单

- 高污染高排放导致环境恶化
- 部分项目影响湖区整体构造
- 错误的社会舆论引导
- 企业发展和政府目标不同
- 企业发展影响区域经济发展
- 缺乏长远意识和大局意识
- 公益组织参与力度不够
- 生态环保理念宣传不足
- 社会资金参与度不够
- 专家教授发展意见不统一
- 国家扶持资金不足
- 企业不愿意承担社会责任
- 缺乏对区域传统文化的认同感

图 5-1 洱海流域可持续发展能力建设问题清单

在寻找核心问题过程中必须不断调整问题清单，通过集思广益的办法把问题清单不断完善好，做到科学性和有说服力。在寻找核心问题时，可以采取专家意见法的形式，或者是通过头脑风暴法来充实问题清单。

2. 洱海流域可持续发展能力建设问题矩阵

目标导向项目规划(OOPP)技术中的问题矩阵分析是用来寻找核心问题的重

要工具，它是一种科学分析工具，主要用于寻找到影响目标的最核心问题和相关问题。通过主要利益相关者对列举的相关问题清单进行打分，将分数去掉最高和最低，然后加权平均，在每个类别中找到得分最高的，然后进行第二轮打分，最后分数最高的即为核心问题，又叫“靶问题”，是影响整个系统的关键因素，也是需要解决的核心问题。

在洱海流域可持续发展能力建设问题分析中，第一轮主要从湖区居民问题、湖泊资源问题、主管部门问题、旅游主体问题和社会环境问题五个方面进行打分。第二轮在第一轮基础上就各个部分内容进行打分(具体打分过程此处省略)。

通过参与者对以上两轮问题矩阵的打分、分析和简单的加权平均，得出此次洱海流域可持续发展能力建设的主要问题是：国家和政府政策法规不完善和不健全、洱海流域湖泊管理和治理资金不足、高原湖区可持续发展共识不足、湖区资源管理水平不能满足需求、湖区居民参与生态保护行动不够和湖区水资源供需不平衡等，其中最核心的问题是洱海流域可持续发展能力弱。

3. 洱海流域可持续发展能力建设问题树建立

根据对影响因素之间因果关系的梳理和逻辑关系建构，用问题矩阵和问题清单方法逐步找到核心问题，在与项目组成员不断讨论和协商基础上建立“洱海流域可持续发展能力建设研究”中关于影响可持续发展能力方面的问题树。问题树是从原因—结果、结果—原因两个方向同时进行寻找影响因素的，把问题清单中反映出的问题按照因果逻辑进行梳理，形成问题树，如图 5-2 所示。

由于研究内容主要是关于洱海流域可持续发展这个综合体，其可持续性能力发挥影响均是由国家政策、企业投融资、湖区水资源、人口迁入迁出、生态环境变化等问题所引起的，因此在寻找问题树时应该注意深入思考问题的原因和导致的结果。运用原因、问题、结果的分析方式和逐层分析的逻辑思路来寻找问题，这有利于准确、快速地找出核心问题的原因及其延展内容。

从因果论的角度，影响洱海湖区可持续发展的主要原因有：国家和政府缺乏相应的政策法规、洱海流域缺乏管理和治理湖泊的资金、高原湖区缺乏可持续发展的共识、湖区资源管理水平供给不足、湖区居民缺乏参与生态保护的意识、湖区水资源难以均衡利用。每个主要原因之下还有若干个因素可以分解。

由核心问题到结果方向分析，洱海流域可持续发展能力差又会导致湖泊服务游客和老百姓的功能下降、湖区经济发展滞后和经济效益减少、湖区生态环境受到严重损害和破坏、城市发展和社会事业发展滞后、城市形象破坏和知名度下降等情况。当然，具体的现状还会有更加具体的表现，直到找到树顶为止。根据原因到结果、结果再到原因的逻辑思考得到问题树(图 5-2)。

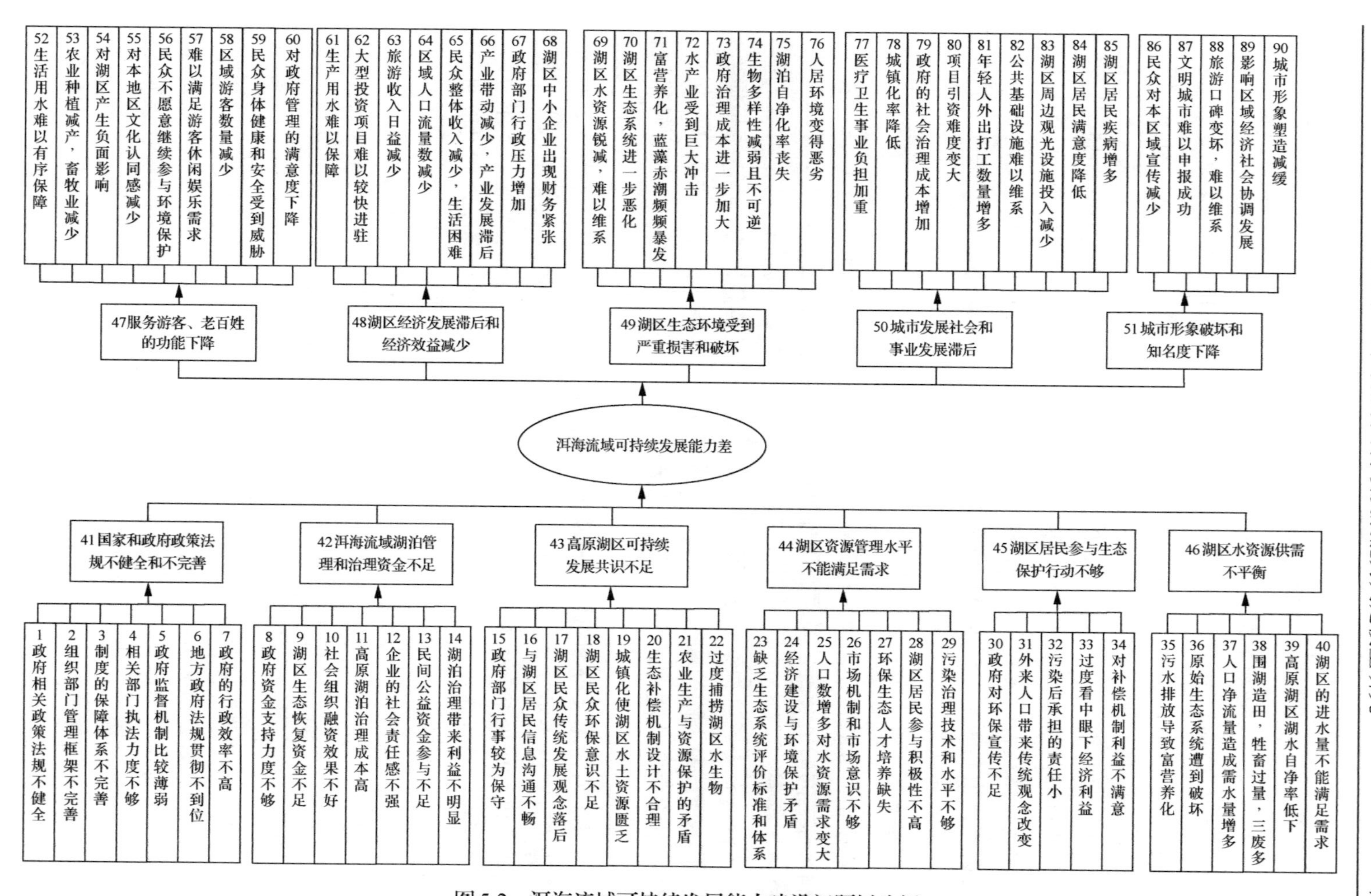

图5-2 洱海流域可持续发展能力建设问题树分析

四、洱海流域可持续发展能力建设目标分析

1. 可持续发展能力建设目标确定

根据项目管理知识体系指南中对目标的解释，目标是指项目未来应该达到的效果，是项目规划中对预想状态的设想。从这个定义中可以看到目标的三个特征：未来性、方向性、目标与问题的相关性。目标分析有三个步骤：①由于目标是问题解决后未来需要达到的方向，所以目标分析的基础是首先将具体的问题转换成相对应的目标；②根据整体目标的要求和具体问题的内容，将问题转化为目标时应该注意具体项目目标实现的可行性；③在问题树和目标树的转换过程中应该对问题树的树根和树梢的问题进行细致检查，检查问题描述和问题相关度，并做好进一步调整和修改。

2. 问题与目标的转换

问题和目标的转换作为目标分析的重要步骤及分析基础，应当首先对项目问题和目标之间的可转换性及可实现性进行考察，在此基础上，问题与目标的转换才会更加顺利。

结合洱海流域可持续发展能力建设优势分析和机会分析结果，准确把握项目具体目标和问题之间的联系，按照“原因—方法—结果”的逻辑关系进行判断。在转换过程中应该注意积极听取影响湖区可持续发展各方面意见，做到转换过程科学、合理。

通过思考，本文分别对国家和政府政策法规不完善和不健全、洱海流域湖泊管理和治理资金不足、高原湖区可持续发展共识不足、湖区资源管理水平不能满足需求、湖区居民参与生态保护行动不够和湖区水资源供需不平衡这 6 个方面的根部问题进行目标转化，并从根基开始进行目标转化，找到基础性问题的目标。当然，这是从下往上看的结果，在问题目标转换上还要采取从上往下寻找的形式，分析服务游客和老百姓的功能下降、湖区经济发展滞后和经济效益下降、湖区生态环境受到严重损害和破坏、城市发展和社会事业发展滞后、城市形象破坏和知名度下降这几个结果的具体内容。在对问题树的核心问题充分把握的基础上，结合从上到下和从下往上两个方面，实现问题和目标的转换。

3. 洱海流域可持续发展能力建设目标树建立

项目规划是以问题为基础、以目标为导向，并以解决问题后达到预期目标为目的来设置项目。在以目标为导向进行项目规划设计的同时，研究者应该对目标树的“原因—结果”逻辑关系和先后顺序进行进一步检验，如发现其问题与目标转化过程中的逻辑关系不符合惯常思维或出现明显不匹配，需对问题树进行检验和调整，重新进行转换。

在进行检查和修正问题树的过程中，需要检验的内容有：①检验从问题转化为目标的可行性和可操作性，以及它给项目参与者带来的效益是否能满足预期和实现既定目标；②目标项目之间逻辑构建关系的科学性和合理性，以及与总目标的方向匹配性和一致性。最后结合问题树和转化意见进行问题和目标的转换，得到洱海流域可持续发展能力建设目标树(图 5-3)。

五、洱海流域可持续发展能力评价体系建构

1. 项目群的划分和归类

在问题树建立和问题与目标转化过程中，已经顺利找到目标树，接下来就是要将目标树中所出现的相近或相似目标进行归类，建立起目标“群”。目标“群”的寻找是研究者综合各方面的意见和建议，在对问题和目标综合考察与分析的基础上，按照相似和相近归因原则逐步建立起来的。每个目标“群”都是众多具体子项目的集合。通过对目标性质和其间相似性的判断，在洱海流域可持续发展能力分析案例中，项目群和具体子项目如下。

项目群 A1 湖区生态资源保护项目群：①湖泊周边生态植被恢复子项目；②湖区水资源引流和扩充子项目；③湖区水生物和生态系统恢复子项目；④湖区长远协调可持续发展子项目；⑤区域专门部门加强行政管理子项目；⑥生活和生产废水处理子项目；⑦农业非点源污染防控子项目；⑧退耕还林还草和退耕还湖子项目；⑨合理规划湖区水资源用途和用量子项目；⑩加快开发水资源处理技术子项目；⑪湖区水资源自净率提升子项目；⑫排污管道和污水处理设施建设子项目。

项目群 A2 湖区民众社会环境改善项目群：①提升老百姓区域文化认同感和自豪感子项目；②强化河道管理和责任制度建立子项目；③生态化肥深加工和推广子项目；④生活垃圾分类处理和基础设施建设子项目；⑤鼓励游客树立生态保护和环境保护意识子项目；⑥适度利用湖区水产资源子系统；⑦节约水资源保护母亲湖的意识强化子项目；⑧公益组织参与保护行动子项目。

项目群 A3 主管部门行政管理能力改善项目群：①湖泊资源法律政策制定和健全子项目；②建立投诉反馈与监管等相关机制子项目；③加大对污染和破坏生态行为约束子项目；④建立湖区生态环境治理专项资金子项目；⑤政府政策扶持和资金帮扶子项目；⑥湖区生态条件和湖水污染评价标准子项目；⑦强化水资源保护和生态文明建设宣传子项目；⑧制定湖区产业规划和调整产业结构子项目；⑨建立合理高效生态补偿机制子项目。

项目群 A4 区域经济协调可持续发展项目群：①调整城镇化建设和水土资源用量关系子项目；②项目引资选择和产业布局子项目；③旅游业发展规划与对餐饮业等排污企业管制子项目；④生态产业和生态肥料制造子项目；⑤湖区水产业发展规划和政策保护子项目；⑥生态产业发展与畜牧业发展互动子项目；⑦区域

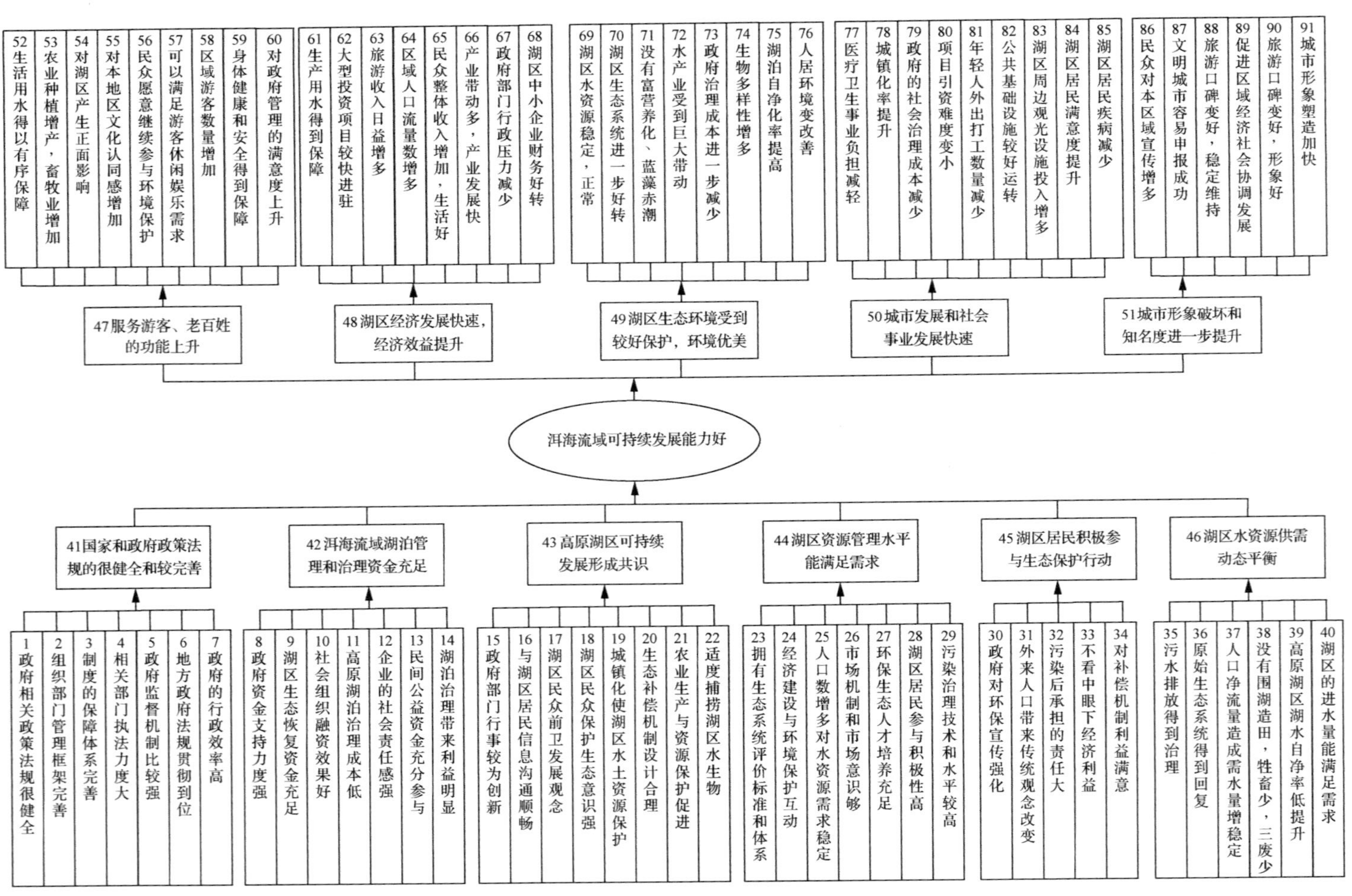

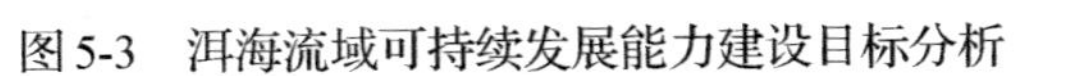
图 5-3 洱海流域可持续发展能力建设目标分析

经济发展纲要和产业规划布局子项目。

2. 洱海流域可持续发展能力评价指标体系构建原则

根据前面运用项目规划对洱海流域可持续发展能力差这一核心问题的逐层分析和解剖，得到目标树和项目群，这对于建立评价指标体系作用巨大，结合前面实施的项目群，指标建立必须要能够全面反映洱海流域可持续发展状态，能有效进行评估和解决核心问题。因此，洱海流域可持续发展能力评价指标体系建立应该具有以下原则。

(1) 把握发展状态、强调问题解决原则。评价指标体系应能通过具体变量指标较全面地反映湖区可持续发展现状，全面展现实施项目群内容。指标体系为后续提升湖区可持续发展能力数值计算打下坚实基础，并为后续系统模型构建打下基础。当然，通过对 4 个项目群和各自包含的子项目的分析，必须寻找到现实可用以表达的统计变量进行陈述。指标体系是为更好解决现实问题而建立的，必须全面反映解决问题的细节因素。前面运用项目规划中从问题树到目标树，再到项目群的分析就为指标的问题解决功能提供思路，方便研究者在把握关键问题的原则下不断寻找适当指标。指标体系必须建立在对项目群整体状况和内部细节把握基础上，能够较好展现湖区发展状态，为后续核心问题解决提供思路。

(2) 科学性和实际可操作性结合原则。科学性原则要求从高原湖区可持续发展主要内容确定主要指标，充分地抓住发展实质影响因素，在充分考虑利益相关者影响作用基础上做到主次分明。指标体系必须立足客观实际，建立在准确、科学的基础上，所选指标的集合能够反映洱海流域资源、环境、经济、社会等方面整体发展真实水平。可操作性原则必须在考虑范围之内，一方面要求根据高原湖区实际情况来确定可持续发展指标体系，另一方面要求从数据可获取角度和社会应用程度选择指标。具体体现为洱海流域可持续发展指标大多数要从现行政府统计范围、云南省统计年鉴、大理洲环境污染治理公报中选择。洱海流域可持续发展指标体系不仅具有重要的理论研究价值，同时更具有实践应用价值，在设计选取指标时要求其具有较强的可操作性。

(3) 系统性和动态可比性相兼顾原则。洱海流域可持续发展是一个包含人口、经济、环境、资源和诸多社会要素发展变化的动态过程，其各要素相互影响，共同决定区域可持续发展能力。在设计指标体系时，应该充分考虑影响因素的主要指标，寻找到实施项目群当中关键影响因素。既要关注短期内处于重要地位或是相对平稳的决定因素，又不能忽略长期因素对系统的影响。可持续性发展能力内涵丰富，项目群和关键影响子系统之间的关系与行为相当复杂，不同评价对象有众多可选指标和典型指标。此外，由于地域差异和发展状况存在差异是客观存在的，应该有相对应的在问题分析和目标分析的区域评价指标，以便衡量不同地区发展程度并尽量与国际接轨。

(4) 定性分析和定量分析相结合原则。针对洱海流域可持续发展能力这个具体问题进行研究，仅仅从定性或定量方面进行分析是不够的，必须运用定性与定量相结合的手段进行论证。可持续发展作为一个多学科综合研究的重大学科领域，其系统结构和行为代表指标要尽量从定性及定量角度加以综合研究，而不能单单从某一方面进行研究。当然，在此过程中应该结合前沿和先进研究方法，同时运用目标导向项目规划和系统动力学方法来进行研究，具有较好的说服力。此外，通过问题树、目标树、项目群的方法寻找关键指标并进行打分。运用系统动力学软件在该指标体系基础上建立内部指标因素和相互之间影响因素，并用 Vensim-PLE 软件进行发展状况预测和状态研究，从而得出不同发展模式和发展方式。如果希望指标能够更好地为后续研究服务，就一定要有定性分析和定量分析过程。

3. 洱海流域可持续发展能力评价指标体系构建

根据洱海流域可持续发展能力指标体系构建原则,在参考国内可持续发展指标体系的基础上，结合前面对于洱海流域可持续发展能力建设的问题、目标和项目群建设分析，本文将指标体系划分为 4 个大系统，并根据昆明高原湖泊国际研究中心、云南省环境科学研究院及相关部门提供的资料和洱海流域经济社会发展实际情况进行系统修正。

洱海流域可持续发展能力评价指标体系分为四个子系统，分别是：社会子系统、经济子系统、资源子系统、环境子系统。由于各子系统之间都有着相互依赖和制约作用，因此洱海流域可持续发展要求每个子系统都实现可持续发展，然后整体上实现可持续发展。在构建指标体系时对系统细化，形成由变量(要素)层、系统层、总体目标层构成的三层次结构体系。

六、评价指标体系权重确定

利用 AHP 对洱海流域可持续发展能力所需实施的项目进行优先排序需要通过以下环节实现。

(一) 目标层次结构建立

根据前面对于问题的综合分析，以及在对项目群把握的基础上，得出高原城市湖区可持续发展能力层次结构(如图 5-4 所示)。根据 AHP(层次分析法) 要求，依据目标的实现把项目划分为三个层次：最上层是目标层，即洱海流域可持续发展能力；中间层是项目准则层，即前面列举的 4 个项目群；第三层是措施层，即整个规划需要实施的 30 个具体指标。

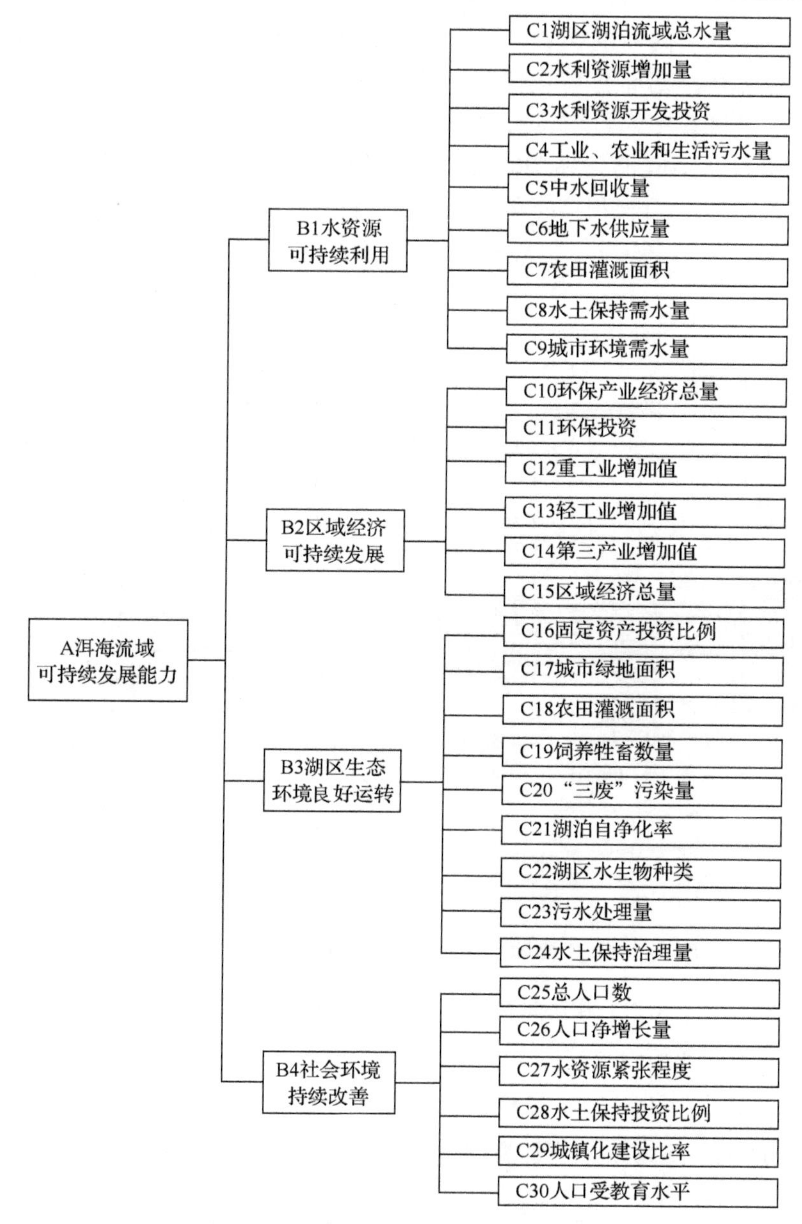

图 5-4　洱海流域可持续发展能力评价指标体系结构层次

（二）构建两两指标比较的判断矩阵

运用头脑风暴法，通过问卷形式和座谈交流形式对指标比较进行判断，以便于数据整理和分析。问卷分为两种形式，即电子问卷形式和实体问卷形式。根据前期调研收集到的政府职能部门和地方政府主要部门的邮箱，以及相关专家的邮箱进行电子问卷的调查；同时根据问卷要求找各个方面的专家教授进行询问和问卷调查，期间有环境管理、项目管理、战略管理和财务管理等多方面的高校老师参与其中，可信度较高。电子问卷共收回 45 份，实体问卷共收回 50 份。关于判断矩阵的问卷 100 份，开始阶段，专家对于项目排序分歧很大，但通过 3 轮的问卷调查和意见的综合，最终使得专家的意见趋于一致，得到判断矩阵。

$$A1=\begin{bmatrix} 1 & 3 & 4 & 6 \\ 1/3 & 1 & 3 & 4 \\ 1/4 & 1/3 & 1 & 2 \\ 1/6 & 1/4 & 1/2 & 1 \end{bmatrix} \quad B2=\begin{bmatrix} 1 & 2 & 2 & 3 & 4 & 3 \\ 1/2 & 1 & 3 & 4 & 2 & 4 \\ 1/2 & 1/3 & 1 & 3 & 2 & 3 \\ 1/3 & 1/4 & 1/3 & 1 & 5 & 2 \\ 1/4 & 1/2 & 1/2 & 1/5 & 1 & 3 \\ 1/3 & 1/4 & 1/3 & 1/2 & 1/3 & 1 \end{bmatrix} \quad B4=\begin{bmatrix} 1 & 1/2 & 3 & 1/4 & 3 & 2 \\ 2 & 1 & 2 & 3 & 2 & 4 \\ 1/3 & 1/2 & 1 & 2 & 2 & 3 \\ 4 & 1/3 & 1/2 & 1 & 4 & 2 \\ 1/3 & 1/2 & 1/2 & 1/4 & 1 & 3 \\ 1/2 & 1/4 & 1/3 & 1/2 & 1/3 & 1 \end{bmatrix}$$

$$B1=\begin{bmatrix} 1 & 3 & 2 & 4 & 2 & 5 & 2 & 3 & 6 \\ 1/3 & 1 & 3 & 2 & 2 & 3 & 4 & 2 & 3 \\ 1/2 & 1/3 & 1 & 2 & 4 & 2 & 5 & 2 & 4 \\ 1/4 & 1/2 & 1/2 & 1 & 3 & 4 & 2 & 4 & 2 \\ 1/2 & 1/2 & 1/4 & 1/3 & 1 & 3 & 2 & 4 & 3 \\ 1/5 & 1/3 & 1/2 & 1/4 & 1/3 & 1 & 2 & 3 & 4 \\ 1/2 & 1/4 & 1/5 & 1/2 & 1/2 & 1/2 & 1 & 4 & 2 \\ 1/3 & 1/2 & 1/2 & 1/4 & 1/4 & 1/3 & 1/4 & 1 & 3 \\ 1/6 & 1/3 & 1/4 & 1/2 & 1/3 & 1/4 & 1/2 & 1/3 & 1 \end{bmatrix} \quad B3=\begin{bmatrix} 1 & 2 & 3 & 3 & 4 & 5 & 7 & 8 & 6 \\ 1/2 & 1 & 2 & 2 & 3 & 4 & 5 & 7 & 8 \\ 1/3 & 1/2 & 1 & 2 & 3 & 4 & 5 & 5 & 6 \\ 1/3 & 1/2 & 1/2 & 1 & 2 & 4 & 4 & 5 & 3 \\ 1/4 & 1/3 & 1/3 & 1/2 & 1 & 3 & 4 & 4 & 5 \\ 1/5 & 1/4 & 1/4 & 1/4 & 1/3 & 1 & 2 & 4 & 5 \\ 1/7 & 1/5 & 1/5 & 1/4 & 1/4 & 1/2 & 1 & 2 & 3 \\ 1/8 & 1/7 & 1/5 & 1/5 & 1/4 & 1/4 & 1/2 & 1 & 4 \\ 1/6 & 1/8 & 1/6 & 1/3 & 1/5 & 1/5 & 1/3 & 1/4 & 1 \end{bmatrix}$$

(三)利用方根法计算具体权重和进行一致性检验

我们运用第一个判断矩阵进行举例验证，准则层相对于目标层的权重和一致性检验，其他判断矩阵运算过程类似，此处省略。

1. 准则层相对于目标层的权重和一致性检验

(1)根据上节的判断矩阵计算每行元素的几何平均数。

$$W_1=\sqrt[n]{\prod_{j=1}^{n}a_{ij}}=\sqrt[4]{1\times3\times4\times6}\approx2.91 \qquad W_2=\sqrt[n]{\prod_{j=1}^{n}a_{ij}}=\sqrt[4]{1/3\times1\times3\times4}\approx1.41$$

$$W_3=\sqrt[n]{\prod_{j=1}^{n}a_{ij}}=\sqrt[4]{1/4\times1/3\times1\times2}\approx0.64 \qquad W_4=\sqrt[n]{\prod_{j=1}^{n}a_{ij}}=\sqrt[4]{1/6\times1/4\times1/2\times1}\approx0.38$$

$W_i=(2.91,\quad 1.41,\ 0.64,\quad 0.38)$

$$W=\frac{W_i}{\sum_{i=1}^{n}W_i}$$

(2)对 W 进行归一化处理，求出特征向量 W。

计算得到 W=(0.545，0.264 ，0.120，0.071)，即 A1、A2、A3、A4 相对于目标的权重。

(3)计算判断矩阵的最大特征值并进行一致性检验。

$$\lambda_1=\frac{\sum_{j=1}^{n}a_{ij}w_j}{W_1}=4.12 \qquad \lambda_2=\frac{\sum_{j=1}^{n}a_{ij}w_j}{W_2}=4.13$$

$$\lambda_3=\frac{\sum_{j=1}^{n}a_{ij}w_j}{W_3}=4.05 \qquad \lambda_4=\frac{\sum_{j=1}^{n}a_{ij}w_j}{W_4}=4.05$$

$$\lambda_{\max}=\frac{\lambda_1+\lambda_2+\lambda_3+\lambda_4}{4}=\frac{4.12+4.13+4.05+4.05}{4}=4.088$$

$$\mathrm{CI}=\frac{\lambda_{\max}-n}{n-1}=\frac{4.088-4}{3}=0.029 \qquad \mathrm{CR}=\frac{\mathrm{CI}}{\mathrm{RI}}=\frac{0.029}{0.90}=0.032$$

通过计算得到 CI<0.1，满足一致性，通过检验(n=4, RI=0.90)。

2. 方案层相对于准则层 B1 的权重和一致性检验

(1)根据图 5-5 的判断矩阵计算每行元素的几何平均数。

$$W_1=\sqrt[n]{\prod_{j=1}^{n}a_{ij}}\approx 2.738 \qquad W_2=\sqrt[n]{\prod_{j=1}^{n}a_{ij}}\approx 1.876 \qquad W_3=\sqrt[n]{\prod_{j=1}^{n}a_{ij}}\approx 1.680$$

$$W_4=\sqrt[n]{\prod_{j=1}^{n}a_{ij}}\approx 1.308 \qquad W_5=\sqrt[n]{\prod_{j=1}^{n}a_{ij}}\approx 1.046 \qquad W_6=\sqrt[n]{\prod_{j=1}^{n}a_{ij}}\approx 0.740$$

$$W_7=\sqrt[n]{\prod_{j=1}^{n}a_{ij}}\approx 0.664 \qquad W_8=\sqrt[n]{\prod_{j=1}^{n}a_{ij}}\approx 0.478 \qquad W_9=\sqrt[n]{\prod_{j=1}^{n}a_{ij}}\approx 0.358$$

$W_i=(2.738, 1.876, 1.680, 1.308, 1.046, 0.740, 0.664, 0.478, 0.358)$

$$W=\frac{W_i}{\sum_{i=1}^{n}W_i}$$

(2) 对 W 进行归一化处理，求出特征向量 w。

计算得到 W=(0.251, 0.172, 0.154, 0.120, 0.096, 0.068, 0.062, 0.044,0.033)，即方案层 C1, C2,…,C9 相对于准则层 B1 的权重。

(3) 计算判断矩阵的最大特征值并进行一致性检验。

$$\lambda_1=\frac{\sum_{j=1}^{n}a_{ij}w_j}{W_1}=10.10 \quad \lambda_2=\frac{\sum_{j=1}^{n}a_{ij}w_j}{W_2}=9.30 \quad \lambda_3=\frac{\sum_{j=1}^{n}a_{ij}w_j}{W_3}=9.32$$

$$\lambda_4=\frac{\sum_{j=1}^{n}a_{ij}w_j}{W_4}=9.80 \quad \lambda_5=\frac{\sum_{j=1}^{n}a_{ij}w_j}{W_5}=9.95 \quad \lambda_6=\frac{\sum_{j=1}^{n}a_{ij}w_j}{W_6}=9.96$$

$$\lambda_7=\frac{\sum_{j=1}^{n}a_{ij}w_j}{W_7}=9.81 \quad \lambda_8=\frac{\sum_{j=1}^{n}a_{ij}w_j}{W_8}=10.45 \quad \lambda_9=\frac{\sum_{j=1}^{n}a_{ij}w_j}{W_8}=9.20$$

$$\lambda_{\max}=\frac{\lambda_1+\lambda_2+\lambda_3+\lambda_4+\lambda_5+\lambda_6+\lambda_7+\lambda_8+\lambda_9}{9}=9.77$$

$$\mathrm{CI}=\frac{\lambda_{\max}-n}{n-1}=\frac{9.77-9}{8}=0.096 \qquad \mathrm{CR}=\frac{\mathrm{CI}}{\mathrm{RI}}=\frac{0.096}{1.45}=0.07$$

通过计算得到 CI<0.1，满足一致性，通过检验（n=9, RI=1.45）。

3. 方案层相对于准则层 B2 的权重和一致性检验

$$W_1=\sqrt[n]{\prod_{j=1}^{n}a_{ij}}=2.29 \quad W_2=\sqrt[n]{\prod_{j=1}^{n}a_{ij}}=1.91 \quad W_3=\sqrt[n]{\prod_{j=1}^{n}a_{ij}}=1.20$$

$$W_4=\sqrt[n]{\prod_{j=1}^{n}a_{ij}}=0.55 \quad W_5=\sqrt[n]{\prod_{j=1}^{n}a_{ij}}=0.67 \quad W_6=\sqrt[n]{\prod_{j=1}^{n}a_{ij}}=0.41$$

$W_i=(2.29, 1.91, 1.20, 0.55, 0.67, 0.41)$

(1)对 W 进行归一化处理，求出特征向量 W。

$$W = \frac{W_i}{\sum_{i=1}^{n} W_i}$$

计算得到 W=(0.33, 0.27, 0.17, 0.08, 0.10, 0.05)，即 C10, C11，…，C15 相对于准则层 B_2 的权重。

(2)计算判断矩阵的最大特征值并进行一致性检验。

$$\lambda_2 = \frac{\sum_{j=1}^{n} a_{ij} w_j}{W_2} = 6.14 \qquad \lambda_1 = \frac{\sum_{j=1}^{n} a_{ij} w_j}{W_1} = 6.20 \qquad \lambda_3 = \frac{\sum_{j=1}^{n} a_{ij} w_j}{W_3} = 6.00$$

$$\lambda_4 = \frac{\sum_{j=1}^{n} a_{ij} w_j}{W_3} = 7.91 \qquad \lambda_5 = \frac{\sum_{j=1}^{n} a_{ij} w_j}{W_3} = 6.42 \qquad \lambda_6 = \frac{\sum_{j=1}^{n} a_{ij} w_j}{W_3} = 6.22$$

$$\lambda_{\max} = \frac{\lambda_1 + \lambda_2 + \lambda_3 + \lambda_4 + \lambda_5 + \lambda_6}{6} = \frac{6.14 + 6.20 + 6.00 + 7.91 + 6.42 + 6.22}{6} = 6.48$$

$$\mathrm{CI} = \frac{\lambda_{\max} - n}{n-1} = \frac{6.48 - 6}{5} = 0.096 \qquad \mathrm{CR} = \frac{\mathrm{CI}}{\mathrm{RI}} = \frac{0.096}{1.24} = 0.078$$

通过计算得到 CI<0.1，满足一致性，通过检验(n=6, RI=1.24)。

4. 方案层相对于准则层 B3 的权重和一致性检验

(1)根据图 5-5 的判断矩阵计算每行元素的几何平均数。

$$W_1 = \sqrt[n]{\prod_{j=1}^{n} a_{ij}} \approx 3.03 \qquad W_2 = \sqrt[n]{\prod_{j=1}^{n} a_{ij}} \approx 1.44 \qquad W_3 = \sqrt[n]{\prod_{j=1}^{n} a_{ij}} \approx 1.47$$

$$W_4 = \sqrt[n]{\prod_{j=1}^{n} a_{ij}} \approx 2.94 \qquad W_5 = \sqrt[n]{\prod_{j=1}^{n} a_{ij}} \approx 0.79 \qquad W_6 = \sqrt[n]{\prod_{j=1}^{n} a_{ij}} \approx 0.85$$

$$W_7 = \sqrt[n]{\prod_{j=1}^{n} a_{ij}} \approx 0.51 \qquad W_8 = \sqrt[n]{\prod_{j=1}^{n} a_{ij}} \approx 0.53 \qquad W_9 = \sqrt[n]{\prod_{j=1}^{n} a_{ij}} \approx 0.33$$

W_i =(3.03, 1.44, 1.47, 2.94, 0.79, 0.85, 0.51, 0.53, 0.33)

(2)对 W 进行归一化处理，求出特征向量 W。

$$W=\frac{W_i}{\sum_{i=1}^{n}W_i}$$

计算得到 W=(0.25, 0.12, 0.12, 0.25, 0.07, 0.07, 0.05, 0.04, 0.03)，即方案层 C16, C17,…,C24 相对于准则层 B3 的权重。

(3)计算判断矩阵的最大特征值并进行一致性检验。

$$\lambda_1=\frac{\sum_{j=1}^{n}a_{ij}w_j}{W_1}=9.58 \qquad \lambda_2=\frac{\sum_{j=1}^{n}a_{ij}w_j}{W_2}=9.36 \qquad \lambda_3=\frac{\sum_{j=1}^{n}a_{ij}w_j}{W_3}=9.40$$

$$\lambda_4=\frac{\sum_{j=1}^{n}a_{ij}w_j}{W_4}=9.83 \qquad \lambda_5=\frac{\sum_{j=1}^{n}a_{ij}w_j}{W_5}=9.31 \qquad \lambda_6=\frac{\sum_{j=1}^{n}a_{ij}w_j}{W_6}=9.63$$

$$\lambda_7=\frac{\sum_{j=1}^{n}a_{ij}w_j}{W_7}=9.70 \qquad \lambda_8=\frac{\sum_{j=1}^{n}a_{ij}w_j}{W_8}=10.57 \qquad \lambda_9=\frac{\sum_{j=1}^{n}a_{ij}w_j}{W_8}=10.23$$

$$\lambda_{\max}=\frac{\lambda_1+\lambda_2+\lambda_3+\lambda_4+\lambda_5+\lambda_6+\lambda_7+\lambda_8+\lambda_9}{9}=9.737$$

$$\mathrm{CI}=\frac{\lambda_{\max}-n}{n-1}=\frac{9.737-9}{8}=0.092 \qquad \mathrm{CR}=\frac{\mathrm{CI}}{\mathrm{RI}}=\frac{0.092}{1.45}=0.063$$

通过计算得到 CI<0.1，满足一致性，通过检验(n=9, RI=1.45)。

5. 方案层相对于准则层 B4 的权重和一致性检验

(1)根据图 5-5 的判断矩阵计算每行元素的几何平均数。

$$W_1=\sqrt[n]{\prod_{j=1}^{n}a_{ij}}\approx 2.22 \qquad W_2=\sqrt[n]{\prod_{j=1}^{n}a_{ij}}\approx 1.05 \qquad W_3=\sqrt[n]{\prod_{j=1}^{n}a_{ij}}\approx 0.78$$

$$W_4=\sqrt[n]{\prod_{j=1}^{n}a_{ij}}\approx 2.47 \qquad W_5=\sqrt[n]{\prod_{j=1}^{n}a_{ij}}\approx 0.48 \qquad W_6=\sqrt[n]{\prod_{j=1}^{n}a_{ij}}\approx 0.46$$

W_i=(2.22, 1.05, 0.78, 2.47, 0.48, 0.46)

(2)对 W 进行归一化处理，求出特征向量 W。

$$W = \frac{W_i}{\sum_{i=1}^{n} W_i}$$

计算得到 W=(0.30, 0.14, 0.10, 0.33, 0.06, 0.07)，即方案层 C25, C26,…,C30 相对于准则层 B4 的权重。

(3) 计算判断矩阵的最大特征值并进行一致性检验。

$$\lambda_1 = \frac{\sum_{j=1}^{n} a_{ij} w_j}{W_2} = 6.02 \qquad \lambda_2 = \frac{\sum_{j=1}^{n} a_{ij} w_j}{W_3} = 6.13 \qquad \lambda_3 = \frac{\sum_{j=1}^{n} a_{ij} w_j}{W_4} = 6.11$$

$$\lambda_4 = \frac{\sum_{j=1}^{n} a_{ij} w_j}{W_5} = 6.04 \qquad \lambda_5 = \frac{\sum_{j=1}^{n} a_{ij} w_j}{W6} = 6.04 \qquad \lambda_6 = \frac{\sum_{j=1}^{n} a_{ij} w_j}{W_6} = 6.03$$

$$\lambda_{\max} = \frac{\lambda_1 + \lambda_2 + \lambda_3 + \lambda_4 + \lambda_5 + \lambda_6}{6} = 6.061$$

$$\mathrm{CI} = \frac{\lambda_{\max} - n}{n-1} = \frac{6.061-6}{5} = 0.012 \qquad \mathrm{CR} = \frac{\mathrm{CI}}{\mathrm{RI}} = \frac{0.096}{1.24} = 0.08$$

通过计算得到 CI<0.1，满足一致性，通过检验(n=6, RI=1.24)。

6. 二级指标相对总目标的权重分析

通过以上的计算，以及对层次总排序的一致性检验(CI<0.1)，总排序满足一致性要求，得到了二级指标相对于总目标的权重和具体子项目的排序。

第一层次的指标权重分别为 0.545，0.264 ，0.120， 0.071。二级指标相对于一级指标权重如表 5-2 所示。

表 5-2　二级指标相对总目标的权重分析

总指标	一级指标	二级指标	二级指标权重
A	B1　0.545	C1　0.251	0.137
		C2　0.172	0.094
		C3　0.154	0.084
		C4　0.120	0.065
		C5　0.096	0.052
		C6　0.068	0.037
		C7　0.062	0.034
		C8　0.044	0.024
		C9　0.033	0.018

续表

总指标	一级指标	二级指标	二级指标权重
A	B2 0.264	C10 0.33	0.081
		C11 0.27	0.071
		C12 0.17	0.045
		C13 0.08	0.021
		C14 0.10	0.026
		C15 0.05	0.013
	B3 0.120	C16 0.25	0.030
		C17 0.12	0.014
		C18 0.12	0.014
		C19 0.25	0.030
		C20 0.07	0.008
		C21 0.07	0.008
		C22 0.05	0.006
		C23 0.04	0.005
		C24 0.03	0.004
	B4 0.071	C25 0.30	0.021
		C26 0.14	0.010
		C27 0.10	0.007
		C28 0.33	0.023
		C29 0.06	0.004
		C30 0.07	0.005

第二节 洱海流域可持续发展动力学模型构建

根据洱海流域和城镇聚集的特点，结合经济、社会、环境、资源、政策调控的相互联系和相互制约，以及前面对整个洱海流域可持续发展能力的概念指标体系的构建，本节尝试建立能够反映各个因素之间关系的SD结构模型和数量关系，了解指标之间的相关关系和影响程度，为后续实证研究打下基础，也为类似湖泊流域可持续发展提供一个整体思路。

一、系统整体性分析

洱海流域可持续发展SD概念模型可以分为5个主要的系统：经济子系统、资源子系统(最主要是水资源)、社会子系统、环境子系统、政策支撑子系统。区域经济发展是核心，资源保护和利用是基础，环境生态保护是手段，社会公平和谐是目标，政府宏观经济调控是做法。在对洱海流域发展现状研究的基础上进一步确定研究边界(即以洱海流域水资源为核心，以湖泊水质和生态紧密相关的城镇为基础，把湖区流域与水土资源紧密相关的城镇发展纳入其中)。

区域资源可持续利用系统涉及的不仅仅是水土等自然资源，它是一个集成经济、社会、资源、环境的非线性复杂巨系统，彼此之间为相互影响、反馈的关系。整个系统的限制性因素有很多，主要包括水资源利用政策、国民投资、国家宏观调控等，而且系统内部的影响因素、系统与系统之间影响因素都存在较强的制约关系，任何子系统因素的剧烈改变或者是突变都会严重影响整个系统变化，甚至会导致系统崩溃。

结合洱海流域发展特点，在水资源有限、人口经济空间上高度聚集的前提下，在考虑畜牧业发展、城镇化和旅游产业的联系下，把洱海流域可持续发展系统分为经济、资源、生态环境、社会这几个子系统，各个子系统相互促进、相互制约、相互影响，共同实现复杂系统整体功能。

二、系统建模目标

根据科学发展观和生态中国建设要求，区域可持续发展能力应从转变经济增长方式、保护生态环境、珍视环境资源、促进社会全面发展等方面着手。本文把经济发展与资源保护结合起来，树立以人为本、可持续发展、统筹兼顾的人与自然和谐发展观念，努力实现经济建设、水资源可持续利用和生态环境协调的可持续发展局面，构建洱海流域可持续发展系统框架(图 5-5)。

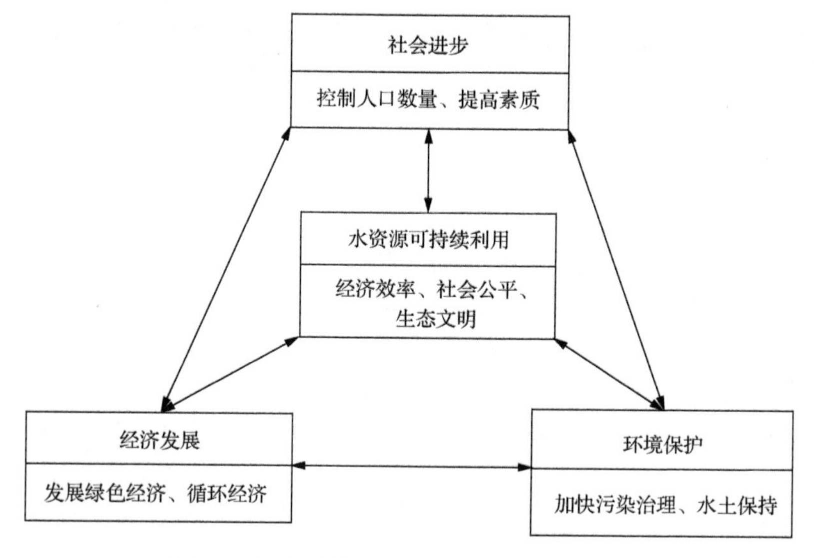

图 5-5　洱海流域可持续发展系统框架分析图

系统建模总体目标和指导思想就是要在保障区域经济健康发展基础上，发挥出区位和资源优势，在确保资源得到有效利用的条件下实现经济、社会、生态环境的整体效益，既满足当代人对物质和精神文化的需求，又不破坏满足后代经济社会可持续发展能力。

三、建模目的与边界确定

1. 模型构建目的

系统动力学模型是研究复杂系统相互关系和影响的方法，将与洱海流域可持续发展的子系统纳入到整个系统当中来研究，使得研究所得结论更具有科学性与整体性。在分析整个湖区可持续发展能力影响因素的基础上，建立各个子系统之间的相互关系影响图，进而逐步展开寻找各个子系统的内在因素影响程度并建立系统流图和内部变量相互之间的定量关系，最终建立起洱海流域可持续发展能力 SD 模型。

为验证所建模型的科学性和有效性，选取洱海湖区相关数据进行实证研究。通过实地考察和调研对假设模型进行改进，使得模型更加具有良好的可操作性和应用性。在洱海湖区验证过程中运用历史数据与模拟出来的数据进行一致性和敏感性验证。在通过验证基础上进行变量控制，通过调控变量的值来改变相关变量数值，通过模拟仿真进而确定洱海湖泊区域可持续发展能力与社会经济发展、生态环境保护、旅游事业发展、城镇化建设等相关因素的相互关系。结合前面对影响因素权重的确定，得出可持续发展能力建设加强的不同模式，为洱海湖区经济发展战略制定、区域规划制定、生态环境与水资源可持续利用等政策制定提供科学依据，同时也为洱海流域的可持续发展给出从理论到实证案例参考。在把模型运用到具体洱海流域研究时，应该对模型的数值参数进行修正，保障模拟顺利进行。

2. 模型边界确定

洱海流域可持续发展与高原城市湖泊和城市发展紧密相关，在针对整个模型的验证过程中，选取湖泊与湖泊周边经济社会紧密相关的经济实体作为研究边界范围。考虑到具体的行政规划不同，只选取与洱海流域紧密相连的、在县志和统计年鉴当中可以统计的经济实体作为研究对象。

在研究过程中选取与洱海紧密相关的经济实体作为研究对象，系统以 2000～2013 年为基础数据输入，模型模拟边界确定为 2010～2030 年，仿真步长为一年，模型最终预测时间为 2030 年。在研究过程中，数据来源主要有历年来《洱海湖区经济实体统计年鉴》（包括《云南省统计年鉴》中大理部分、《云南省生态统计年鉴》、大理市和洱源县统计年鉴)、国民经济和社会发展统计公报、资源环境公报，以及云南省环境保护厅信息处提供的数据及规划资料。

四、系统因果关系确定

在洱海流域可持续发展系统模型中，经济、水土资源、环境、人口子系统彼此之间是相互影响、相互联系、相互制约的。该系统作为一个多要素、多层次和多反馈的特殊复杂系统，每个子系统内部结构错综复杂，彼此之间的联系也紧密相关，这些子系统变量的输出会影响系统之间关系的输出，如图 5-6 所示。洱海流域可持续发展着重强调可持续发展能力的维持和建设，各个子系统都应服从巨系统调控目标。确定系统因果关系是建立模型最重要的一步，是通过对概念模型和影响因素全面把握基础上确立的，也是后续研究整个复杂系统关键环节。

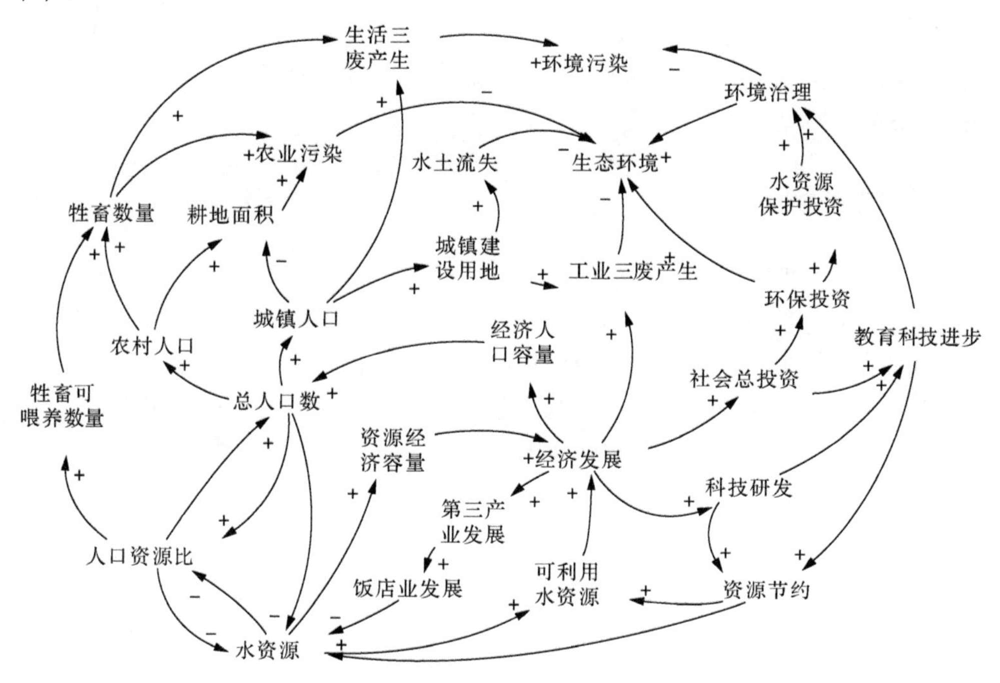

图 5-6　洱海流域可持续发展系统因果关系图

基于以下思想建立洱海流域可持续发展系统因果关系。

(1)经济发展使得经济人口容量增加，区域总人口数量增大，进而使得城镇人口、农村人口都逐渐增多，因此带来的生活污染和农业污染就会随之增加，对湖泊水资源的污染加剧，最终导致环境的破坏和资源浪费。

(2) 优越的资源禀赋会吸引更多外来人口，城镇化建设加快，人口数量急剧增长，会使得对土地和水资源数量的需求变大。为满足生存需要，人们会加快开发地下水资源和湖泊水资源；人口急剧变化会使得生活污染物排放加大，围湖造田变得严重，环境破坏更加严峻，当水资源污染达到一定程度后，自身的循环功能将受到影响，人口死亡率会上升，城镇化建设会变缓。

(3) 经济建设的加强和城镇化建设提速，使得工业产生的废气、废水和废渣大量增加，这对湖泊水资源是严重威胁。环境污染指数不断上升会导致治理成本和对经济的限制增加，对经济增长产生反作用，绿色 GDP 减少。经济发展使对水资源的需求量增大，在污染加剧的前提条件下，可用资源减少，循环利用水资源和加强资源保护就成为破解资源环境迷局的关键。

(4) 科技进步和社会总投资增加会导致污染治理技术得到改善，科技研发得到加强，对环境治理的成效就会更加显著，生态环境的恢复就能够更加迅速，水资源的保护和利用就能够得到重视和提高，同时人们的观念意识也会得到更好的转变。湖区居民素质改善会改善个人生活污水排放和中水利用，进而导致湖区需水量和供水量改变。

五、模型子系统构建

（一）经济子系统

经济子系统主要研究在不同经济发展水平，经济发展与水土资源利用和生态环境之间的相互关系，探索在水土资源限制条件下如何更好地促进经济健康快速发展和生态环境的保护。经济子系统主要包括经济总量、重工业增加值、轻工业增加值、环境保护投资、资源短缺影响、环境污染损失等相关变量。

1. 经济子系统因果关系图

通过对经济子系统的宏观分析，结合前面对洱海流域可持续发展能力评价指标体系的构建，我们确定出洱海流域可持续发展系统的经济子系统因果关系图，如图 5-7 所示。

2. 经济子系统流程图

根据经济子系统因果关系，确定经济总量、重工业固定资产、轻工业固定资产三者为水平变量，重工业固定资产增加、重工业固定资产折旧、轻工业固定资产增加和轻工业固定资产折旧为速率变量，其他为辅助变量或者是常数量，从而构建经济子系统 SD 流图，如图 5-8 所示。

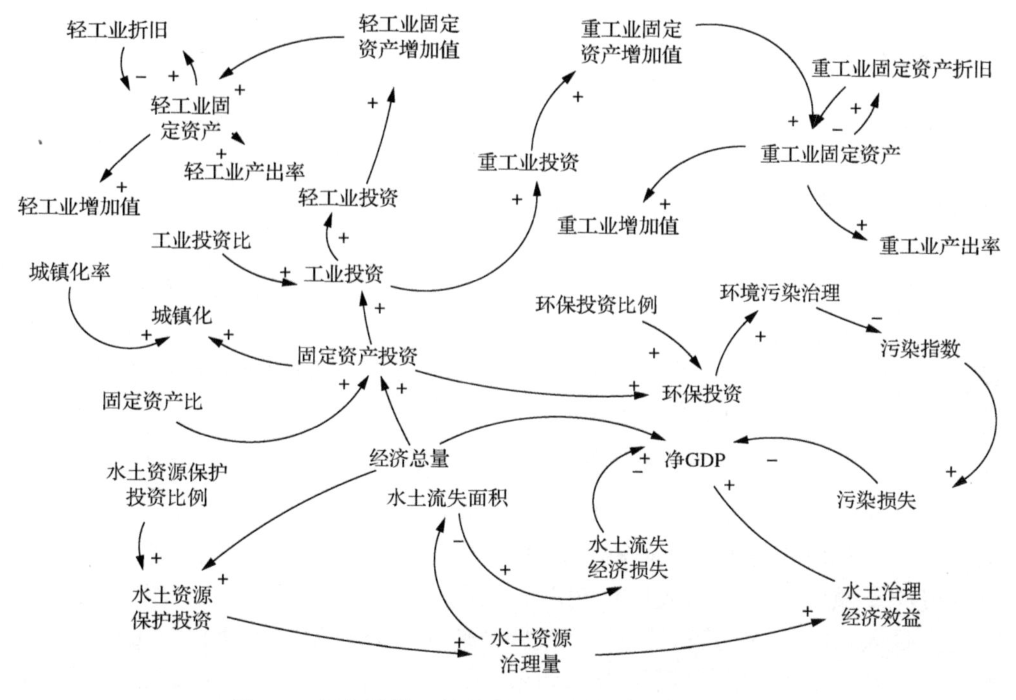

图 5-7　洱海流域可持续发展经济子系统因果关系图

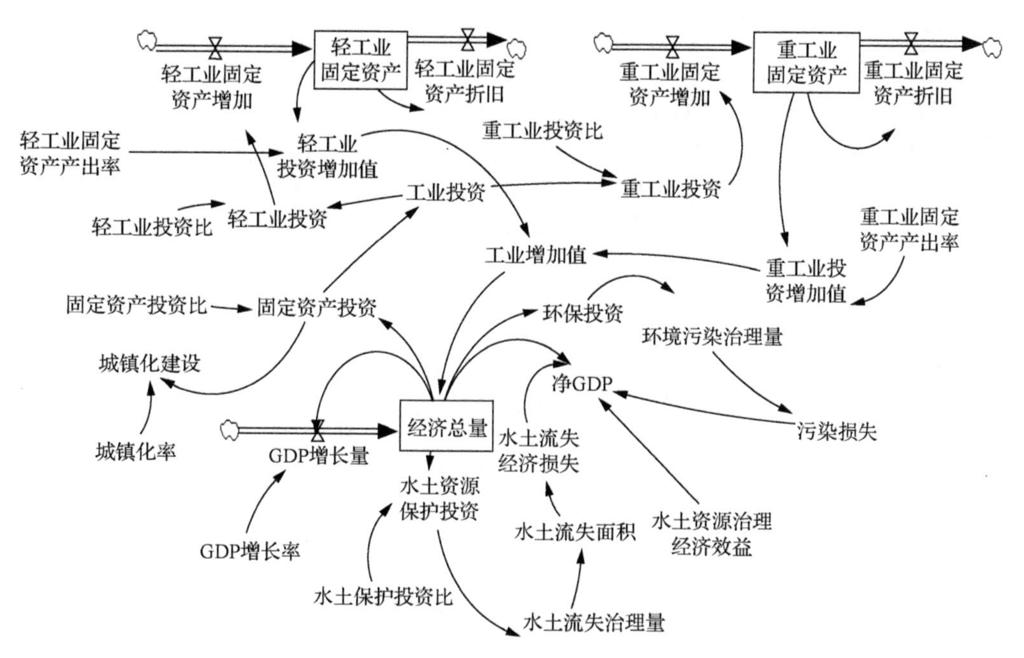

图 5-8　洱海流域可持续发展经济子系统流程图

（二）人口子系统

人口子系统主要考虑人口的自然出生率、死亡率和迁入迁出人口比率，受到国民消费投资和生活水平影响，这两个因素决定了人口经济容量。人口的出生率受到教育水平和区域经济发展水平影响，死亡率受到人口经济容量和老年人口比例影响。

洱海流域中水资源作为一种旅游景观，在吸引人口迁入和迁出方面有很重要的影响。当自然风光美景具有较高价值时，迁入人口就会增多；当环境污染和生态破坏严重时，迁出人口就会增多。此外，人口子系统的状况会对水资源的需求量、环境承载力等多个因素产生影响。

1. 人口子系统因果关系图

区域内出生人口越多，总人口数量就越多，进而促进人口数量进一步增长；死亡人口增多使得总人口数量减少，进而抑制死亡人口增加；政府的生育政策，以及资源禀赋的变化成为人口自然增长的制约条件，医疗水平改善和生活水平的提升是人口死亡的约束，人口迁入量会使得人口总量发生变化，根据这些关系，同时结合前面的人口系统指标体系，我们得出人口子系统的因果关系，如图 5-9 所示。

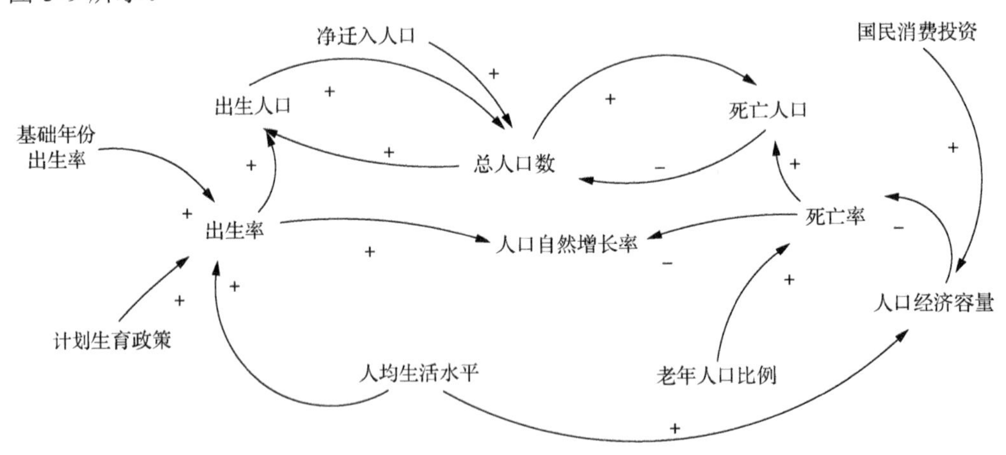

图 5-9　洱海流域可持续发展人口子系统因果关系图

2. 人口子系统流程图

根据人口子系统因果关系图，确定总人口数为水平变量，出生人口、死亡人口为净迁入人口的速率变量，其他变量为辅助变量或者是常变量，进而构建出人口子系统的SD流程图，如图5-10所示。

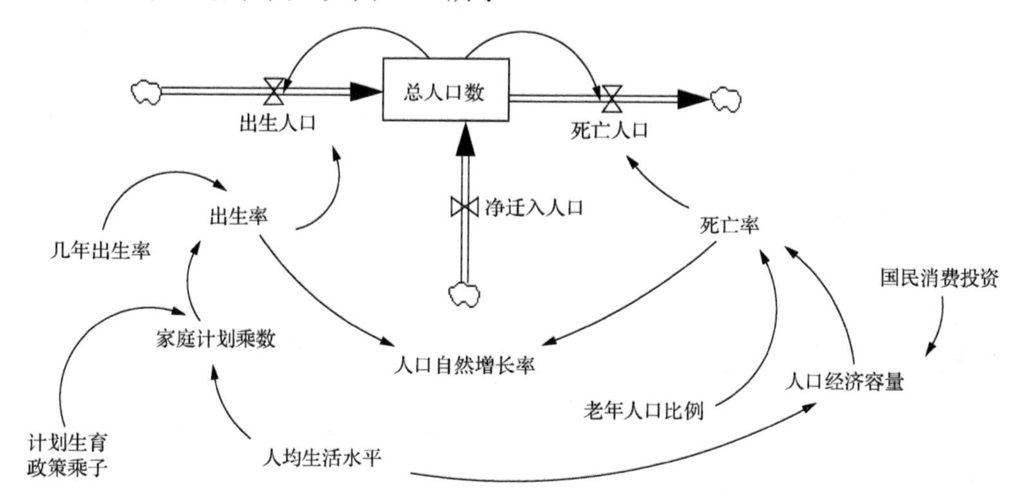

图5-10　洱海流域可持续发展人口子系统流程图

（三）环境子系统

环境污染主要分为生活污染、生产污染和农业污染，由于各个统计量不好测量，为简化研究，把环境污染分为以下几种：固态污染(包括工业垃圾生活垃圾和农业垃圾，其中农业垃圾最主要的是牲畜的粪便和农业生产中的白色污染)，废水污染(主要包括生活废水、工业废水和农业化肥产生污染)，废气污染(主要包括工业生产废气、农业秸秆燃烧废气、旅游饭馆与餐饮业废气)。

环境子系统主要研究在一定的环境投资力度下和经济发展条件下，不同环保投资和经济发展速度对经济与环境的影响，要寻求一个均衡状态，使得经济发展及环境保护可以动态稳定与平衡。在环境子系统中，我们设定污染量、排放量、污染治理量、环保投资、环境污染损失等变量。

1. 环境子系统因果关系图

通过对环境子系统分析，结合对洱海流域可持续发展能力的评价指标体系，构建出洱海流域可持续发展环境子系统因果关系图，如图5-11所示。

2. 环境子系统流程图

根据环境子系统因果关系图，确定固体废弃物污染量、废气污染量和废水污染量为水平变量，废水自净化量、生活污水排放量等变量为辅助变量和常数量，逐步构建起洱海流域可持续发展环境子系统流程图，如图5-12所示。

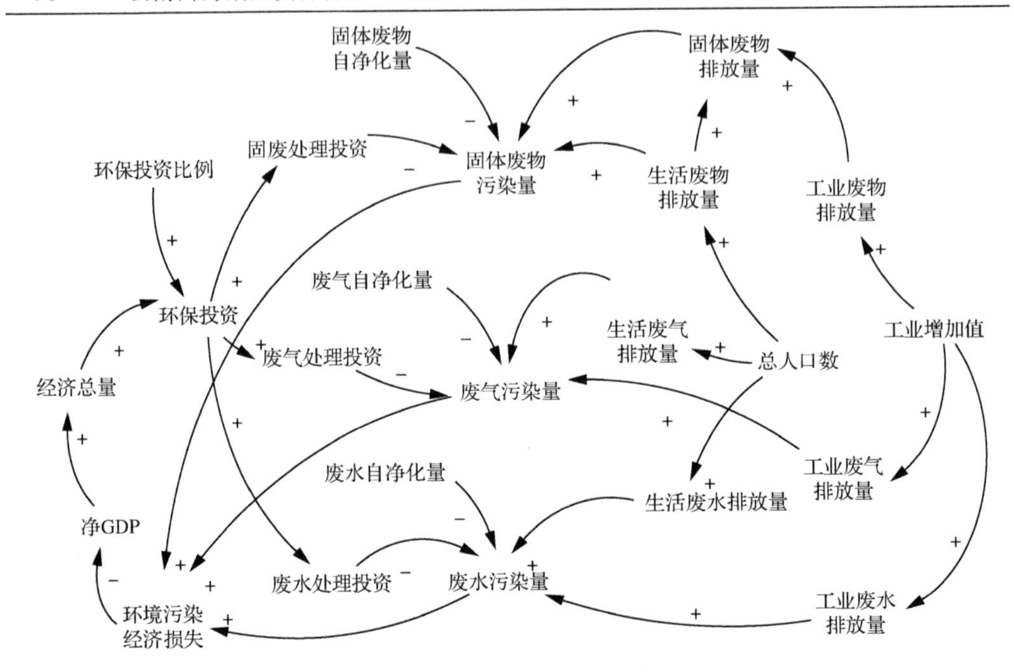

图 5-11　洱海流域可持续发展环境子系统因果关系图

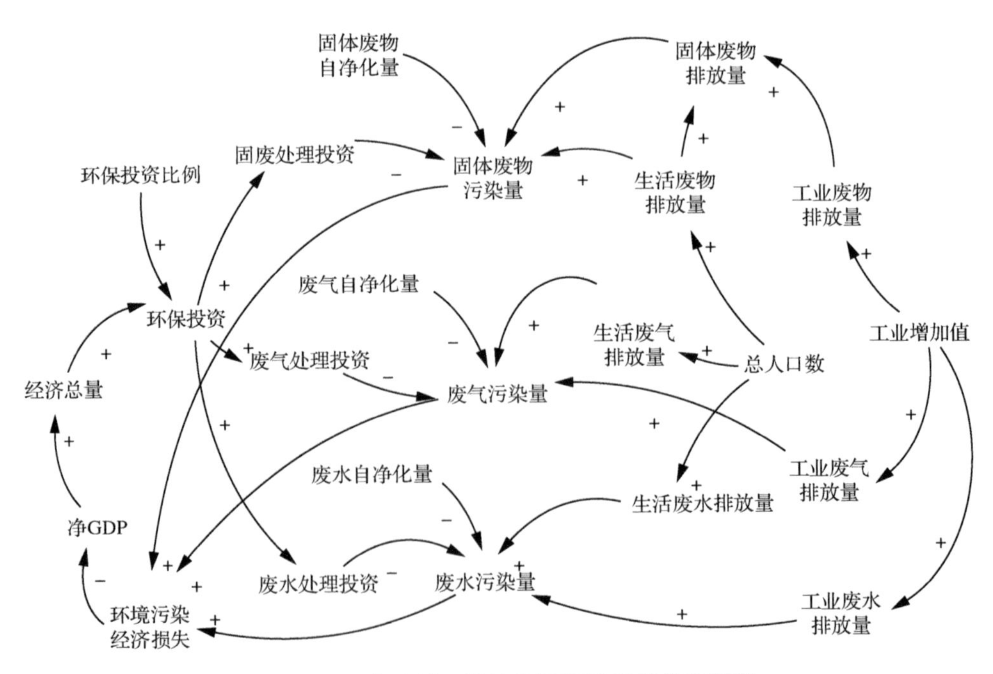

图 5-12　洱海流域可持续发展环境子系统流程图

（四）资源子系统

资源子系统主要研究水资源，特别是洱海流域水资源保护应该受到更多关注，因为洱海流域水资源的自净能力比长江流域的水资源自净能力差，一旦受到破坏就是不可逆转的损害。城市湖泊中的水资源不仅仅是生产生活资源，更是旅游资源，水资源会在气候干旱状态下成为一种稀缺经济资源。资源子系统关注在经济社会发展下水资源供应量和需求量变化趋势及对经济环境的影响，探索出在保护环境和经济建设的条件下，如何使得水资源能得到更加充分的利用。

1. 资源子系统因果关系图

总需水量包括生产需水、生活需水、生态需水与旅游需水几个部分。生产需水包括工业生产需水和农业生产需水，农业生产需水包括农田耕种需水和林业需水；生活需水包括城镇生活需水和农村生活需水，其中城镇生活需水主要包括居民住宅需水和公共设施需水，农村生活用水主要包括农村居民生活用水和牲畜用水；生态用水主要是指城镇公共绿地灌溉用水；旅游用水主要是饭店和餐饮用水。

总供水量包括地表供水、地下供水和污水回收利用。总供水量和总需求量之间的差额代表需水紧张程度，一定程度上会影响人口增长率和经济总量增长率，从而影响到整个可持续系统的良好运转，如图 5-13 所示。

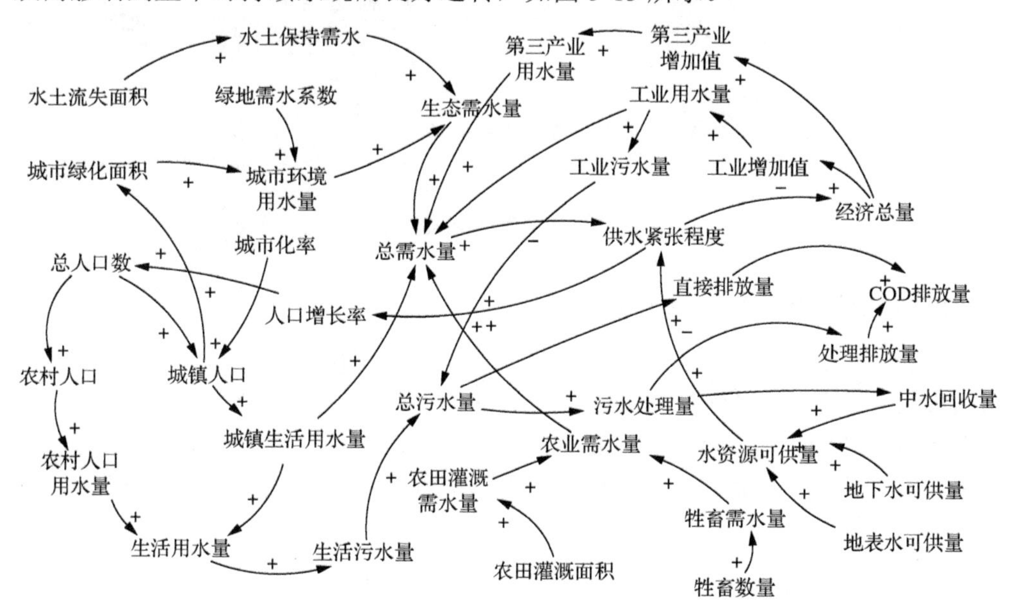

图 5-13　洱海流域可持续发展资源子系统因果关系图

2. 资源子系统流程图

根据对资源子系统内部结构分析和因果关系的确定，构建出洱海流域可持续发展资源系统流程图。研究确定人口总数、经济总量、城市绿化面积、工业增加值、牲畜数量、农田灌溉面积、第三产业增加值为水平变量，其他的诸多变量为辅助变量和常变量，构建起水资源子系统流程图，如图 5-14 所示。

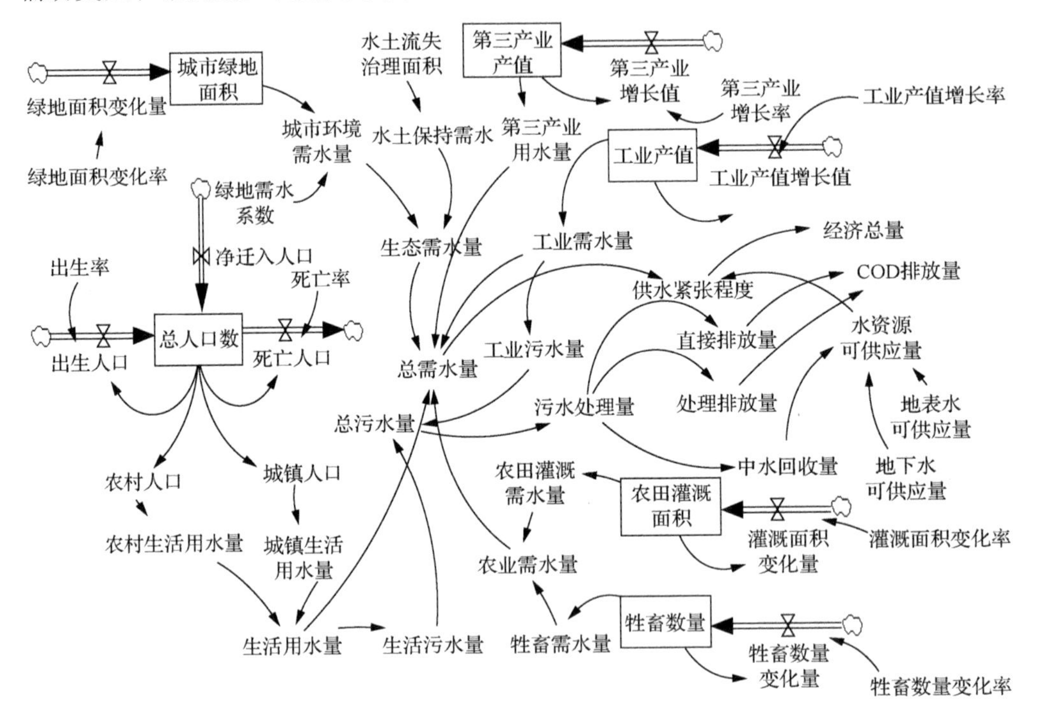

图 5-14 洱海流域可持续发展资源子系统流程图

六、洱海流域可持续发展系统总流程图

综合人口、经济、资源和环境子系统流程图及其相互关系，构建洱海流域可持续发展系统总流程图并给出相互之间的关系方程，确定变量类型和变化。在确定总系统系统流图时，应该注意协调各个子系统之间的关系，通过不同因素之间的相互联系建立起洱海湖区可持续发展能力建设系统流程图，如图 5-15 所示。

1. 系统总流程主要关系式

在确立总流程图基础上，应该对两两因素之间的关系进行确定，这就需要对变量类型、变量单位、原始数值等要素进行数据收集和查找，通过对变量关系的去顶，软件才会允许进行模拟和后续数值计算。

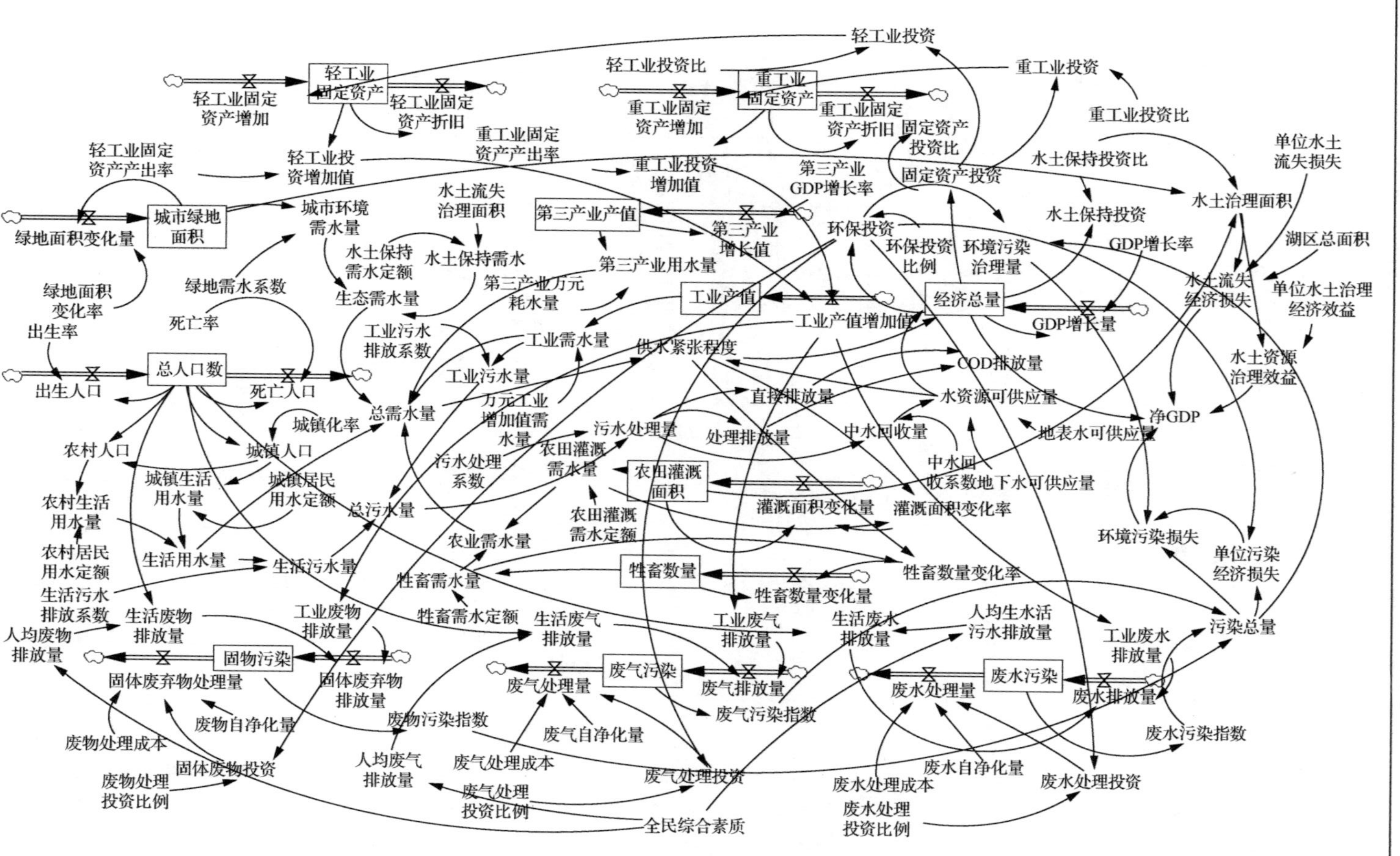

图5-15　洱海流域可持续发展系统总流程图

2. 系统总流程图主要因果关系

因果树状图有助于清晰地了解因果反馈回路图中变量的变化原因，以及该变量变化后所产生的结果。经济总量、净 GDP、总人口、总需水量是湖区可持续发展系统因果反馈回路图中的主要变量，因此，给出它们的因果树状图便于对因果反馈回路图中各变量之间关系的理解(图 5-16～图 5-19)。

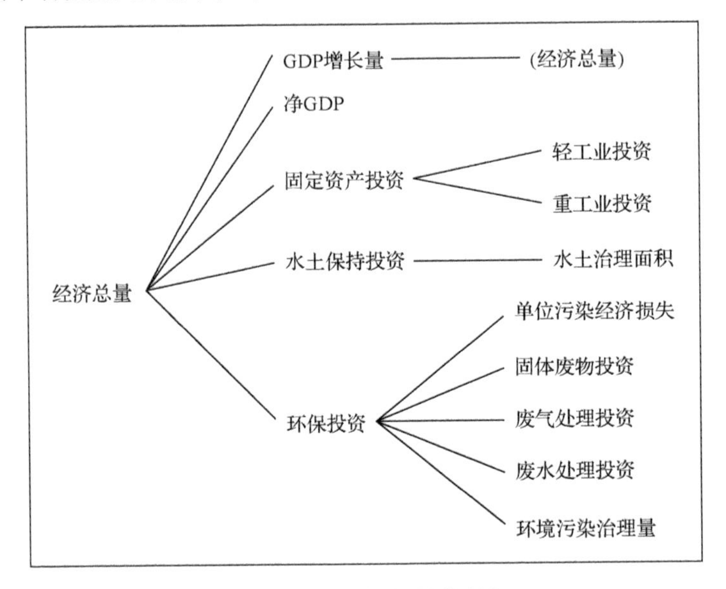

图 5-16　经济总量原因树

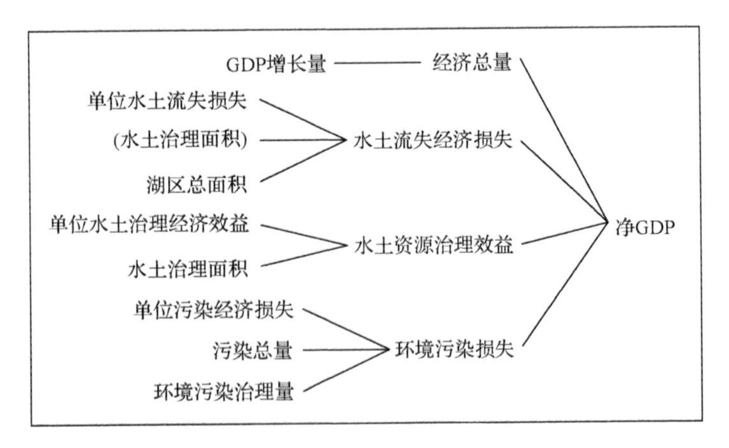

图 5-17　净 GDP 结果树

从主要的原因树和结果树可以看出，经济发展总量需要为环境服务，在充分考虑生态文明建设基础上，实现绿色 GDP，也就是净 GDP 不仅要保护水资源，更要花力气治理污染，只有净 GDP 持续增加，洱海湖区可持续发展才有意义。

当然湖区总人口数量会直接要求GDP数量提升和环境优化，人口增大会给环境承载力，以及经济环境资源协调发展带来巨大挑战。

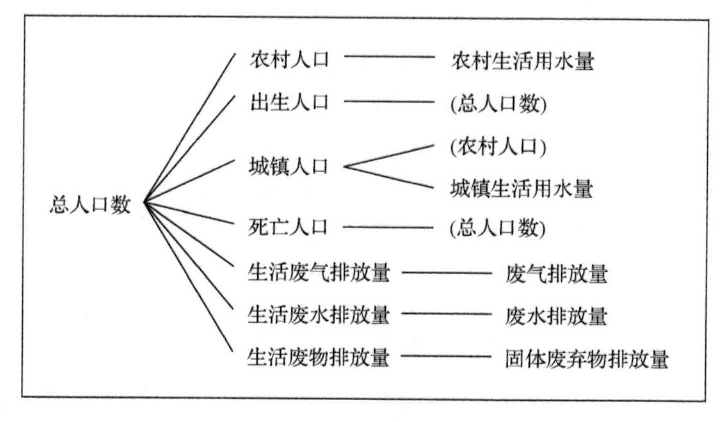

图 5-18　总人口结果树

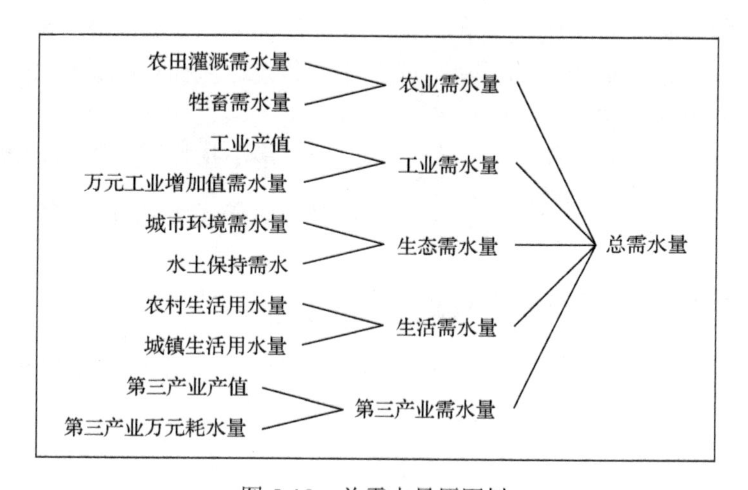

图 5-19　总需水量原因树

从图 5-19 中可以看出总需水量比较大，主要包括工业需水、农业需水、生态需水、生活需水和第三产业需水，洱海湖区资源系统主要考察的是水资源，研究水资源盈亏平衡点，在利用的基础上进行保护，这样可持续发展才有现实意义，是在净GDP增加基础上实现水资源平衡发展。当然，从长远考虑水资源作为稀缺资源总是不足，需求肯定会逐年增大，怎样在有限资源约束下实现人口、经济、环境的协调最优是研究的重点，也是洱海流域可持续发展系统的理想值。如果自然延续状态可以逐渐逼近或者是趋向于目标值，则认为区域经济发展就是可持续的，资源、人口、经济和环境就能实现可持续，这就是函数关系中的最优。

第三节 洱海流域可持续发展能力的综合评价

评价洱海流域复杂系统可持续发展能力可以在多维欧式空间进行综合断定，利用系统动力学模拟数值和前期权重指标，衡量当前状态与目标之间的距离，距离越短，可持续发展能力越强；距离越远，则说明可持续发展能力弱。同样道理，若用当前距离与危险临界值进行比较，越远代表距离越大，则说明可持续能力越强。通过系统模拟数据得到相关最大值和最小值，先进行归一化处理，结合指标权重进行打分，从而最终选出可持续能力强的方案。

一、系统模拟与预测指标归一化处理

衡量洱海流域可持续发展的现实值和预测值可以分为两个类型，如污水排放量是越少越好，而湖区水资源总量则是越大越好。为了更好地进行综合评价，在不同单位量纲基础上对初始数据和模拟数据进行标准化及归一化处理尤为重要，这样可以更好地进行综合评判，使得综合评价结果可以通过数值大小来判定湖区可持续发展能力的强弱。

对于数值越小越好的指标，同类指标集合中最小指标取值为 1，最大者取值为 0，依据公式 $M'_{ij}=\dfrac{M_{\max}-M_{ij}}{M_{\max}-M_{\min}}$ 进行计算；对于越大越好的指标，同类指标集合最大指标取值为 1，最小者取值为 0，依据公式 $M'_{ij}=\dfrac{M_{ij}-M_{\min}}{M_{\max}-M_{\min}}$ 进行计算，其中的 M'_{ij} 为指标集合标准化值，$M_{\max}$ 为指标最大值，$M_{\min}$ 为指标最小值，M_{ij} 为指标原始值。

对于不同类型和不同单位量纲的数值，进行归一化处理以后就可以更好地运用到洱海流域可持续发展能力评价中来，使得评价结果更加直观和清晰。

二、洱海流域可持续发展系统评价

欧几里得首先发明几何空间，数学空间可以被扩展来应用于任何有限维度，而这种空间叫做 N 维欧几里得空间(甚至简称 N 维空间)或有限维实内积空间。通过临界值在空间两端确定，就可以使得我们运用矩阵方程来确定有约束条件的方程组，从而找到最为适合的值，离最优值最近的点就是最优方案，如图 5-20 所示。

假设影响湖区可持续发展能力系统有 n 个指标，共有 m 种状态，形成的状态矩阵为图 5-21 第一个 M，当各个指标经过标准化、归一化和加权处理以后，矩阵就变成图 5-21 右边矩阵 M'。假设多维空间和三维空间一样，用三维举例子更加直观，我们认为向量 O_2 为目标向量，O_1 为临界值。$O_1=(0,0,0)$，$O_2=(w_1,w_2,w_3)$，w_1,w_2,w_3 为指标的权重。

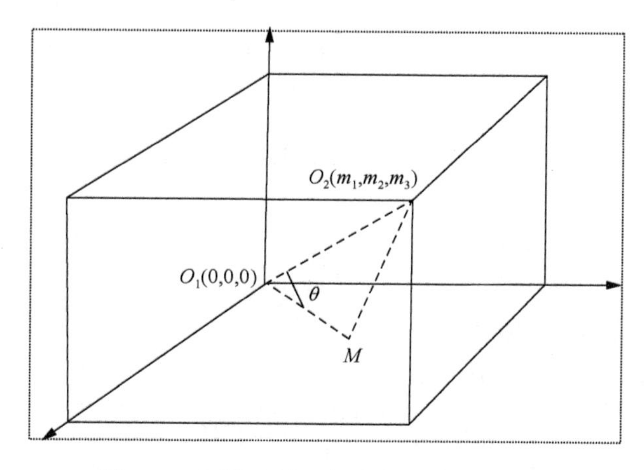

图 5-20　洱海流域可持续发展欧式空间图

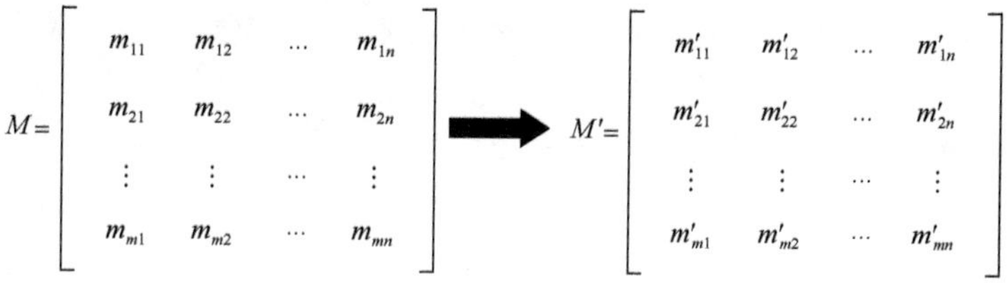

$$M=\begin{bmatrix} m_{11} & m_{12} & \cdots & m_{1n} \\ m_{21} & m_{22} & \cdots & m_{2n} \\ \vdots & \vdots & \cdots & \vdots \\ m_{m1} & m_{m2} & \cdots & m_{mn} \end{bmatrix} \Rightarrow M'=\begin{bmatrix} m'_{11} & m'_{12} & \cdots & m'_{1n} \\ m'_{21} & m'_{22} & \cdots & m'_{2n} \\ \vdots & \vdots & \cdots & \vdots \\ m'_{m1} & m'_{m2} & \cdots & m'_{mn} \end{bmatrix}$$

图 5-21　原始矩阵的标准化

出现多纬矩阵时，同样可以在空间向量中出现目标值和临界值。按照欧氏空间向量距离公式，可以得出向量 MO_1 和 MO_2。

$$MO_1=\sqrt{(m'_{11}-0)^2+(m'_{12}-0)^2+\cdots+(m'_{in}-0)}$$

$$MO_2=\sqrt{(m'_{11}-w_1)^2+(m'_{12}-w_2)^2+\cdots+(m'_{in}-w_n)}$$

现状值与理想状态即目标值之间距离 MO_1 可以视为多维空间中现实点与目标点的趋近，即可以确定为可持续发展能力“发展度”；现状值与临界值之间距离 MO_2 可以视为多维空间中现实点与灵界点的欧氏距离，即可以确定为可持续发展能力的“持续度”。它们两个集合起来就可以部分评价持续发展能力，MO_1 越长越好，MO_2 越短越好，所以可以用公式 SD= MO_1/MO_2 来表示可持续发展能力大小变化。该公式基本符合可持续发展能力变化，根据文献中对可持续发展能力可以进一步分为三类：持续度、发展度和协调度(协调度在这里体现不出来)。

可以看出 O_1O_2 是整个空间中最短路径，即可持续发展能力改进路径，只要是湖区可持续发展能力能从 O_1O_2 得到改进即为最佳，只要偏离向量 O_1O_2 就是一种发展的不协调，即我们可以用 MO_1 与 O_1O_2 之间的夹角来表示湖区可持续发展能力的协调度，用 $\cos\theta$ 来表示。根据欧氏空间公式可得：

$$\cos\theta = \frac{MO_1^{\ 2} + O_1O_2^2 - MO_2^2}{2MO_1 \times O_1O_2}$$

$\cos\theta$ 的值会随着角度的变化而变化，从空间角度可以看出，角度的变化范围为 0～90°，而 $\cos\theta$ 的取值在这个区间是一个递减函数，θ 值越大，$\cos\theta$ 的取值就越小，从而使得协调度就越小。

综合考量发展度、持续度和协调度，我们就可以得到公式

$$SD = \frac{MO_1 \times \cos\theta}{MO_2} \times 100$$

式中，SD 的取值为 0～100。

可以看出 θ 值和 MO_2 的值与 SD 呈反向关系，与 MO_1 呈正向关系，可以较为全面地反映出可持续发展能力与发展度、持续度和协调度之间的关系，从而全面、科学地评价洱海流域可持续发展能力大小。

三、洱海流域可持续系统能力判定

通过洱海流域可持续发展系统判定和取值，为更直观和实际地表现出能力变化的趋势，把复杂系统及其子系统综合评价结果和时间变化趋势表现出来是一个很好的方式，这样能起到区别对待和提高警觉的作用。依据银行对待信用划分方式，根据洱海流域可持续发展能力强弱把 100 分为 5 个等级，即不可持续能力很差、差、中等、很好、优级。

发展能力为 0～20 分，表明整个系统基本不可持续，必须采取紧急措施进行相关指标的调整和管理措施，使得系统逐步恢复正常状况；21～40 分表明弱不可持续，可能出现短时间的经济效益或者是系统效能，但是不管不顾系统肯定会向不可持续状态发展；41～60 分表明可持续发展能力状况中等，当然这也是一种向可持续能力强的方向演进的趋势；61～80 分代表各个子系统相互之间协调性比较强，可持续发展能力强，湖区生态环境和经济社会得到全面健康发展；81～100 分为理想状况，此时可以大力发展经济，对资源和环境考虑不用过多，采用又快又好的发展方式比较适合。

第四节　动力学模型检验与指标说明

在对系统模型进行仿真模拟之前应该对模型整体进行检验，检验内容主要包括结构性检验、有效性检验、灵敏度和弹性测试，系统动力学软件要求对整个系统的参数单位和公式有效性检验，只有在对全部公式和单位进行梳理及确定的基础上，模型才会允许仿真和模拟。比较可行的检验方法是在实验者研究对象和边界确定基础上对系统稳定性、波动性、增长变化和变量变动与真实情况的符合度进行全面把握及不断修正。检验通过后，模拟仿真科学性才能得到公认。

检验过程中不可能存在模拟数值与真实数值的完全一致，一般认为达到 90%以上或者不一致性小于 10%，模型可信度较好，与真实系统比较接近，可以真实反映系统各个变量变化情况。在对湖区可持续发展各个变量和系统的不断调试下，对系统进行研究和测试。

一、模型结构适合性检验

结构性检验主要是验证系统模型与子系统之间的拟合程度，检查总体目标与子系统目标是否一致，测量范围与真实状态是否一致，反馈路径与因果关系是否一致和合理，每个变量和方程是否具有明确数理含义。系统是结构和功能的统一体，不仅需要考虑整体系统功能变化，而且需要考虑反映出来的数量关系是否与真实状况具有一致性和关联性。在对洱海湖区可持续发展系统全面分析基础上，借鉴其他文献资料中变量之间模型关系和数理变化，结合洱海湖区系统之间因果关系和方程关系，模拟整个系统主要特征。

量纲检验使用 Vensim-PLE 软件进行，软件模拟开始前，软件功能中有模型检验和单位检验的功能，其能自动检验出模型变化中单位量纲的一致性，一旦出现单位量纲不一致或者是变量关系不明确，模型就不允许模拟，Vensim-PLE 就会进行错误提示，给实验者提出修改意见，修正和完善模型结构及具体方程。只有通过模型软件的方程检验和量纲检验，公式或者方程得到检验之后，模型才可以进行装载和模拟运行。经过方程检验和变量之间的量纲检验，方程和单位都是正确无误的，因此模型结构是可行的。

在考虑功能和结构的基础上，为保障系统模拟与真实值接近或一致，对系统中的参数应该进行细致选取。模型中主要参数包括历史统计数据和参考文献中对部分参数的参考，对于它们要考虑研究的时间范围与步长选取，对于估计得出的数据要考虑它们是否与真实情况相符，通过经验判断和调研确认数据真实可靠。

数据选取应该在基础数据基础上结合相关专家和利益相关者的意见与建议进行确定及选取。本文参数大多选自大理州年鉴、云南省年鉴、政府工作报告和州(市、县)环保部门提供的数据，具有较强的真实性和可信度。对于特别难获取的极个别参数，可以在参数变化范围内初略选取部分数值带入进行模拟调试，当系统模型行为无显著跳跃式变化时，就可以反过来确定参数数值。

二、模型模拟与现实一致性检验

模型一致性检验也叫做历史检验，检验时间从 2005 年到 2012 年，从起点开始检验和仿真，运用历史真实数据进行统计和比较。根据最后可持续发展能力评价要求，以及建模目的和统计数据资料情况，选取湖区总人口、农村人口、经济总量、工业产值、固定资产投资量这 5 个变量数值进行校验。检验时间为 8 年，如果误差在 10%以内，系统是能较真实反映现实水平的；当偏差在 5%以内，说明系统已经很趋近现实状况，很好地展现了现实的各种变化特征(表 5-3)。

表 5-3　模型模拟与现实一致性检验分析表

变量	比较项目	2005 年	2006 年	2007 年	2008 年	2009 年	2010 年	2011 年	2012 年
总人口/万人	历史值	88.87	89.9	90.44	90.8	91.9	92.14	92.7	93.1
	模拟值	89.72	90.25	91.1	91.4	93.2	94.88	94.93	95.89
	偏差/%	0.95	0.39	0.73	0.66	1.10	2.97	2.40	3.00
农村人口/万人	历史值	66.3	67.9	68.4	68.1	68.8	69.5	69.9	70.22
	模拟值	66.2	66.6	67.2	67.6	67.9	68.03	68.32	68.55
	偏差/%	–0.15	–1.91	–1.75	–0.73	–1.31	–2.12	–2.26	–2.38
经济总量/亿元	历史值	127.8	132.5	143.81	155.1	181.0	205.1	247.64	292.9
	模拟值	135.6	142.9	152.5	166.4	188.2	219.78	256.8	273.23
	偏差/%	6.10	7.84	6.05	7.29	3.98	7.16	3.70	-6.72
工业产值/亿元	历史值	45.6	54.1	64.8	75.4	82.6	96.85	121.16	141.39
	模拟值	49.9	57.3	69.2	81.3	91.3	102.27	119.8	132.57
	偏差/%	9.43	5.91	6.79	7.82	-9.87	5.60	–1.12	–6.24
固定资产投资/万元	历史值	64.95	78.48	86.53	101.1	124.4	130.33	350.8	325.8
	模拟值	71.4	80.2	91.5	110.3	131.5	142.7	324.2	332.4
	偏差/%	9.93	2.19	5.74	9.10	5.71	9.49	7.58	2.03

数据来源：经济统计数据根据 2006～2013 年《云南省统计年鉴》中大理市和洱源县相关数据加总计算而得。

通过选取总人口数、农村人口数、经济总量、工业产值和固定资产投资这几个指标的真实值和模拟数值进行对比分析来判断模型一致性状况。通过对统计年鉴和模拟数值的对比分析发现，除个别数值变化在10%以上，绝大多数数值对比分析结果都在比较小范围内波动，说明系统模型具有一致性，模拟出的数值可以反映洱海湖区可持续发展状态。可以运用系统模型对洱海湖区经济社会、资源环境协调可持续发展真实状态进行模拟仿真，得出数据。《2005—2012 年云南省经济社会统计年鉴》中，国有经济固定资产投资经过处理后，现实状况下国有固定资产投资系数为 2.5，即社会固定资产投资=国有经济固定资产投资×2.5。

三、模型灵敏度分析

系统动力学模型是一种结构与功能型模型，对参数要求不高，不一定要求特别精确的数值，只要初值确定、彼此关系确定就可以模拟，其注重研究系统的动态变化。模型的灵敏度分析又叫做适合性检验，主要是改变系统模型参数和结构，揭示模型中参数行为，检验模型是否会因为变量的细微变动而产生巨大震动。在模拟过程中出现数值极端变化就说明敏感度不好，就需要对模型关系和初始值进行重新选取，利用 Vensim-PLE 软件中模拟和复合模拟功能检查模型灵敏度。

虽然动力学模型的研究对象比较庞大和复杂，但彼此关系却比较简单，可以通过真实数值考察和估计数值选取来确定参数，这里选择 5 个关键变量（总人口、经济总量、总需水量、牲畜数量和城市绿地面积）对 10 个参数进行灵敏度测试，通过对参数数值的不断改变，计算机可以得到不同数值，从而实现灵敏度检验。参数变化可以利用计算机中的数值变化调整杠杆进行调整（图 5-22）。对 2001～2010 年每个参数变化 10%，考察 5 个变量的变化，每个状态变量都可以得到 10 个参数的值，它们的平均值可以代表某个变量对特定参数敏感度。按照 $S_Q=(\Delta Q_T/Q_T)/(X_T/\Delta X_T)$ 这一公式分析，其中，T 为时间；Q_T 为状态 Q 在时间 T 的值，X_T 为参数 X 在时间 T 的值；S_Q 为状态变量 Q 对参数 X 的敏感度；ΔQ_T 和 ΔX_T 分别是状态变量 Q 和参数 X 在时间 T 时刻的增长值。

通过对部分不同参数数值进行改变就可以得出不同模式下所有数值的变化趋势。对于 2001～2010 年的状态值（$Q_1, Q_2, \cdots, Q_{10}$），灵敏度平均值可表示为：$S=1/10(\sum S_Q)$，S 这个值就是参数的平均灵敏度。按照这样计算就可以得出变量对 10 个参数的灵敏度。

图 5-23 中的人口死亡率、生活污水排放指数、污水处理系数、万元工业增加值需水量、环保投资比例、重工业固定资产产出率、中水回收系数的灵敏都很低，都在 0.1 以下，只有固定资产投资比例和农田灌溉需水定额超过 0.1，但是仍然在比较小的变化区间内。这说明系统绝大多数参数变化时是不敏感的。

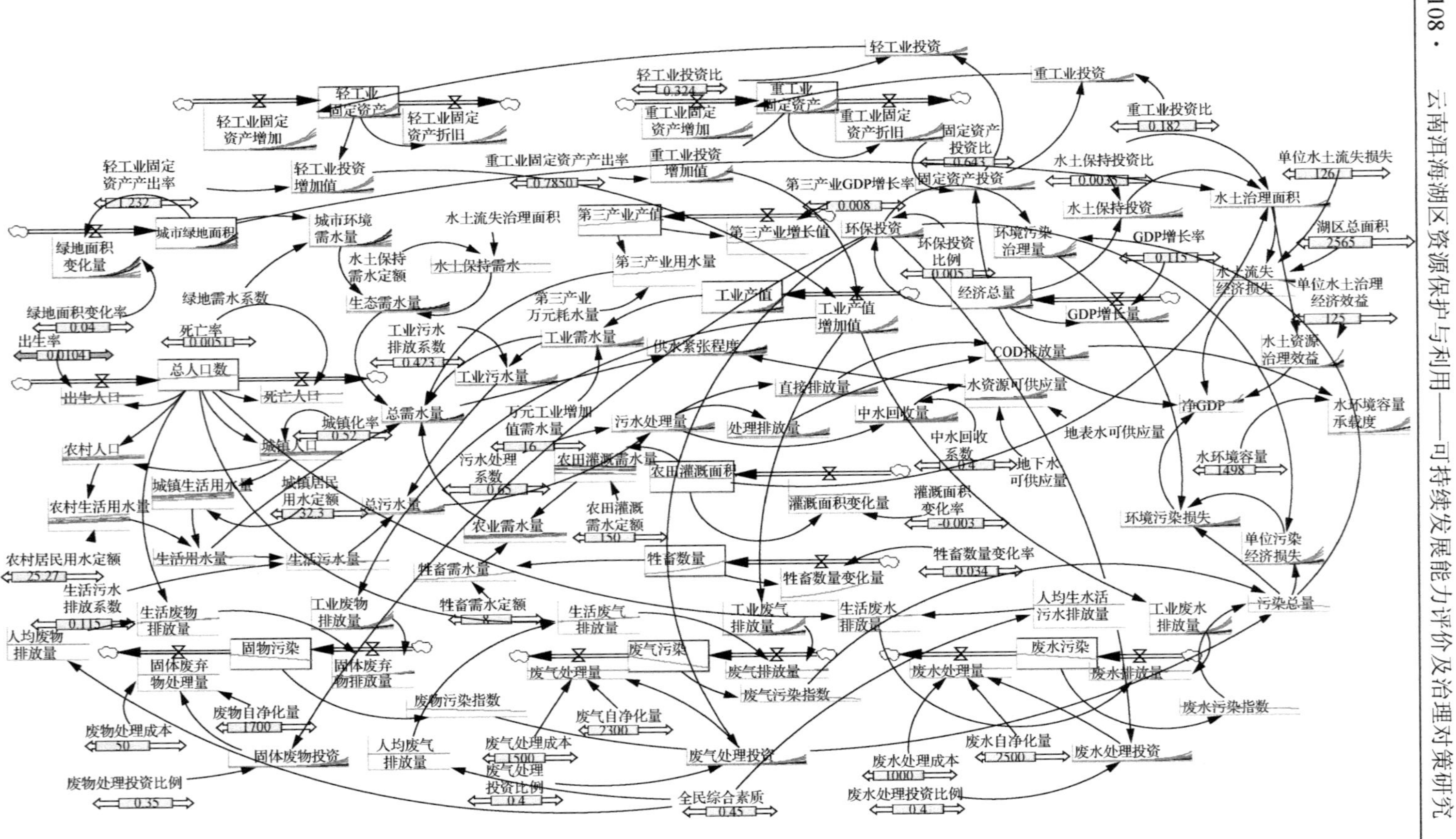

图5-22　现实状况下调整参数后进行灵敏度分析示意图

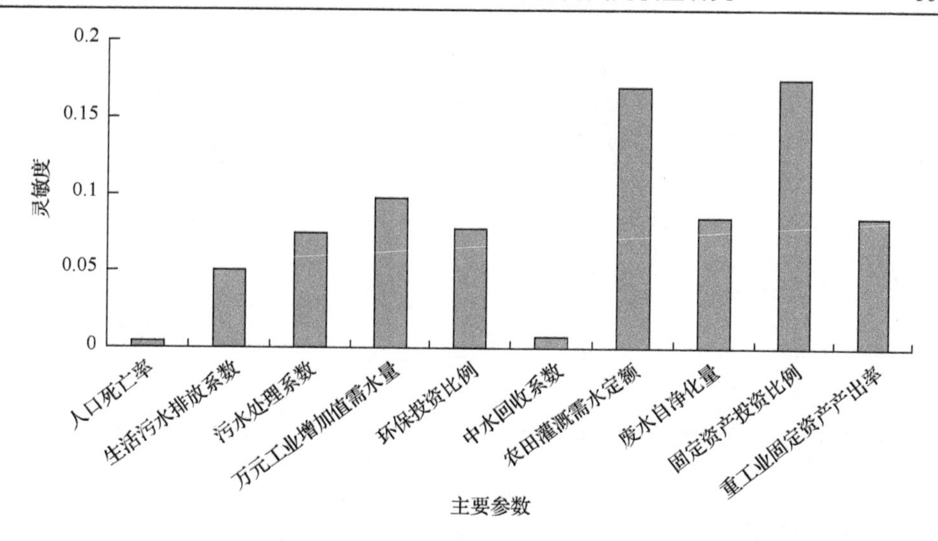

图 5-23　模拟过程中系统主要参数灵敏度直观图

根据以上的结构性检验、历史检验和灵敏度分析，研究认可模型有效性和科学性都很良好，可以运用到实际系统的数值模拟当中。

第五节　常规模式下动力学模型运行与结果分析

常规发展模式就是按照系统本身相互发展关系和初始值变化进行模拟，不加人工干预的系统顺延发展，这对洱海湖区可持续发展能力现状评价和分析有较好帮助，对后续设计不同的发展模式提供了较好基础和铺垫。本模型常规发展模式是按照“十二五”发展纲要和指导思想进行探究的，模型参数是根据《云南省统计年鉴》、《大理市统计年鉴》和《洱源县统计年鉴》数据，确定指标体系中权重大的指标为调整参数。

系统动力学作为“决策实验室”，不仅可以重现过去数据参数的动态变化，也可以解释系统未来发展的宏观趋势，为决策者提供系统思考并提炼方案。在 SD 模型基础上，利用动力学软件实现现状延续下的洱海湖区可持续发展状态仿真，现状延续主要考察各个行业用水定额、经济发展速度和现状供需水紧张程度。时间运行段为 2010～2030 年。

一、水资源供需状态动态分析

根据大理市和洱源县统计年鉴及历届政府工作报告可以得知，洱海湖区随着人口的增加、工业经济的快速发展，以及政府部门对生态保护重视程度和旅游事业发展的加强，农业用水、工业用水、生态用水、第三产业用水均逐年增加。

从图 5-24 中可以看出，工业用水增长最快，因为大理白族自治州为滇西重镇，也是桥头堡建设重要阵地，更是滇中经济产业园区建设重点地区。工业经济和产业链条形成需要大量使用水资源，所以其变化剧烈。现行发展模式下，大理洱海湖区在2020年左右的工业用水量将快速增加，这对政府政策制定和措施应对提出新要求。

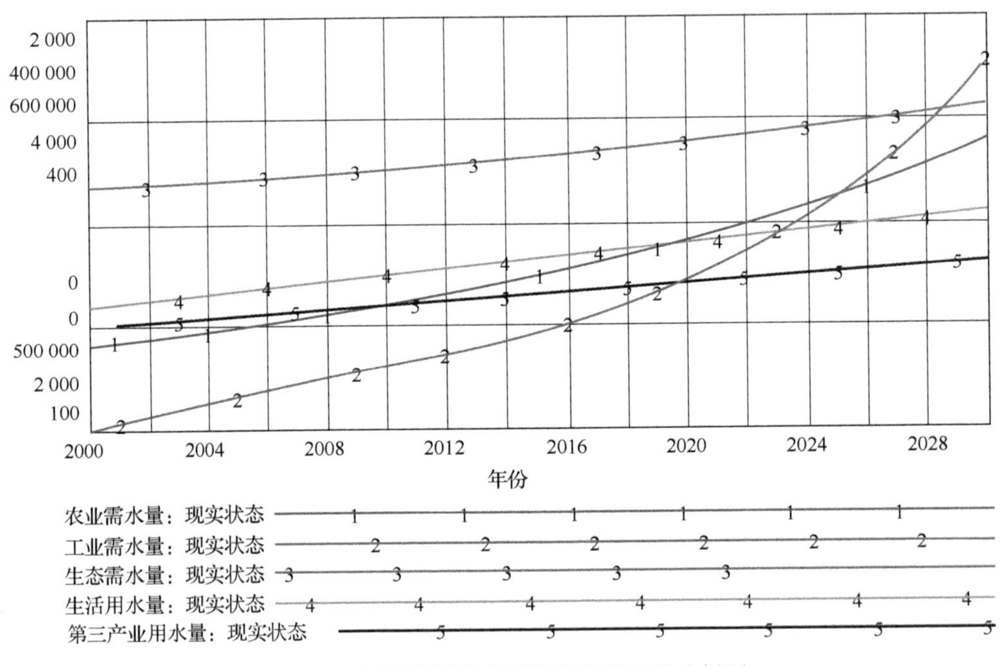

图 5-24　洱海湖区各大经济产业需水量分析图

洱海湖区是一个农业生产重点区域，图 5-24 中显示在 2000～2026 年的农业用水量高于工业用水，且增长速度也是很快的。总需水量会逐年增多，但增量变化比较平稳。总需水量将从 2000 年的 56 亿 m^3 变成 2030 年的 94 亿 m^3。水资源供需状态作为湖区可持续发展系统核心部分，可以显示出区域水资源未来经济程度，这也决定了工农业和社会协调发展趋势。按照现有的人口增长速度、工业产值和城镇化率等指标变化，工业需水增加幅度最高，严重制约了当地生态环境的修复。

从图 5-25 可见，湖区水资源总需水量比水资源可供应量增加得快，供水紧张程度和总需水量变化趋势有些近似，可知洱海湖区水资源紧张程度会从 2010 年的 30 亿 m^3 增加 2030 年的 60 亿 m^3，洱海湖区常年处于入不敷出状态，用水情况非常紧张。而且工业废水和生活废水排放也会进一步减少水资源的数量，工业污染仍然是洱海湖区的重点污染源头，急需治理；工业污染产生污水增长速度比生活污水要快得多，且数量巨大，这需要引起高度重视和关注。

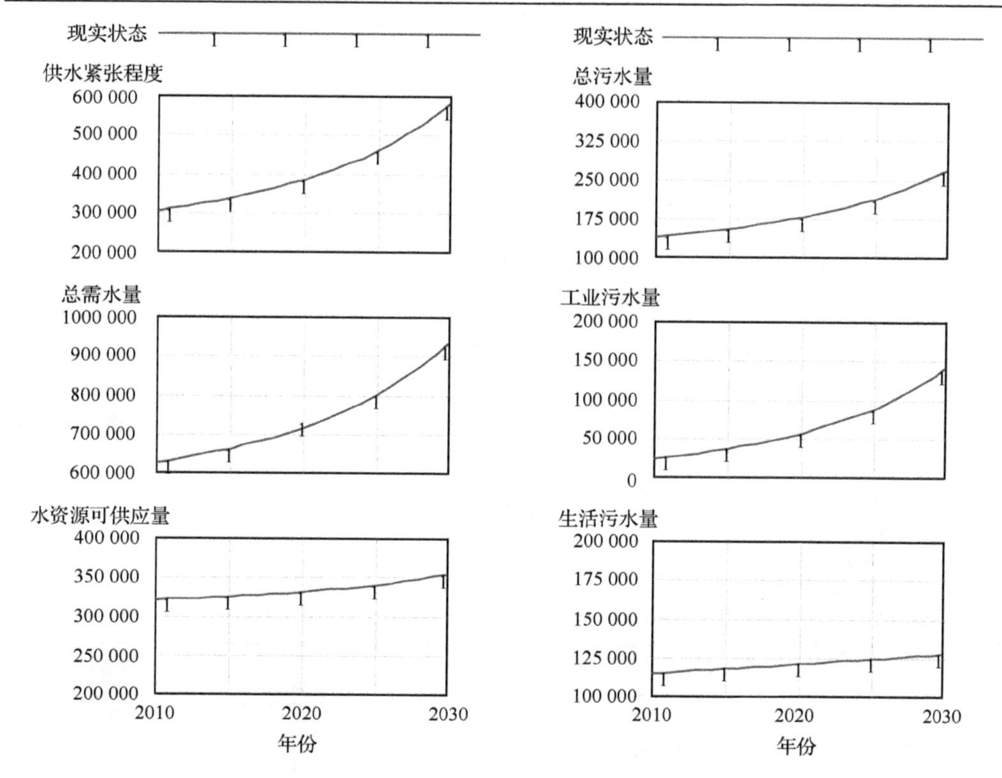

图 5-25　洱海湖区供需水量和总污水相关来源分析图

二、经济社会因素动态仿真分析

水资源供给在满足工农业生产和群众生活需求同时，也将在很大程度上制约区域社会经济发展，因此，本文分别对不同水资源供需比下的农田有效灌溉面积、工业总产值和经济总量进行动态仿真，并给出不同水平下的年份仿真值，为后面计算可持续发展能力强弱做准备。

由图 5-26 可知，水资源紧张程度对农业生产影响非常巨大，农田灌溉面积和牲畜数量在水资源变得紧张的前提条件下就会出现下降，有反向变化趋势，因为水稻是大理重要农业经济作物，而奶牛是主要的养殖牲畜，它们都需要大量水资源进行保障。水资源紧张程度加剧会导致牲畜养殖的急剧下降，而且经济发展带来的污染会带来农田灌溉面积下降。

与农业生产相比，经济总量却不会因为水资源紧张程度变化有过多反映，仍然是较大幅度增加，特别是在 2016 年以后，经济总量将发生快速增长。工业产值变化也有较大幅度增长，变化幅度比较平稳。由于洱海湖区矿产丰富且含量巨大，特别是烟草产业和物流加工等都有较大发展空间。工业生产对水资源要求比较低，水资源限制对重工业生产来说影响不大，洱海湖区经济总量将持续增大，增速会加快。

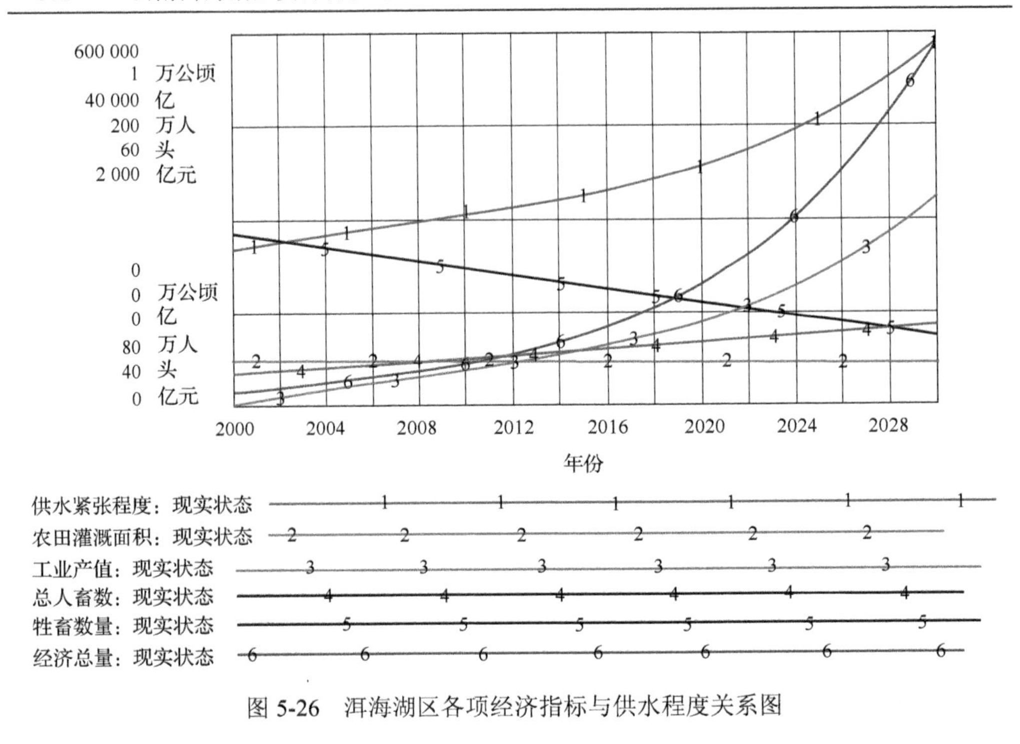

图 5-26　洱海湖区各项经济指标与供水程度关系图

图 5-27 中充分显示出环保投资与固体污染物、废气污染物、废水污染物之间

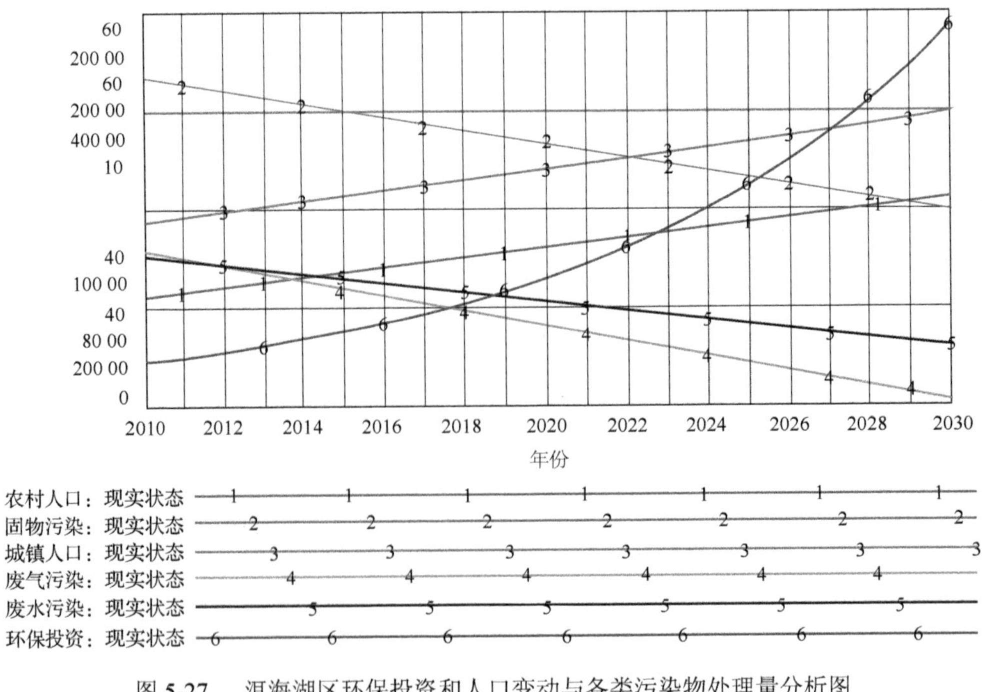

图 5-27　洱海湖区环保投资和人口变动与各类污染物处理量分析图

存在反向交替关系，即环保投资投入越大，“三废”产生得就越少，伴随着环保投资持续上升，废物废水将得到综合治理。同时可以看出，农村人口和城镇人口在未来的20年间也会逐渐上升，城镇人口会从2010年的22.3404万人增加到2030年的34.8424万人，而农村人口会从2010年的69.545万人增加到2030年的81.6237万人，这和前面历史验证有相似性。

人口逐渐增长给湖区生态环境带来严重威胁，因为人群生产生活势必需要一定量生态资源作为依托，而洱海湖区生态资源具有脆弱性特点，必须用更多环保投资才能使得湖区居民生产生活方式具有可持续性，才能最终实现洱海湖区人口、经济、资源和环境的协调可持续发展，使洱海流域系统得到良好运转。

三、湖区环境因素动态仿真分析

从图5-28中可以清晰地看出，净GDP=经济总量+水土资源治理效益–水土流失经济损失–环境污染损失。净GDP在2010～2030年间都在缓慢上升，这充分说明洱海湖区经济发展中的生态文明效应在加强，同时也应该可以看出它的变化不是很明显，趋向于一条直线，这说明在环保建设和生态保护方面还大有可为。而且长期处于负值，说明洱海湖区经济发展仍然是以资源环境为代价的，这一点必须引起重视，需找可持续发展模式，使得净GDP能成为正数，甚至逐渐变大。

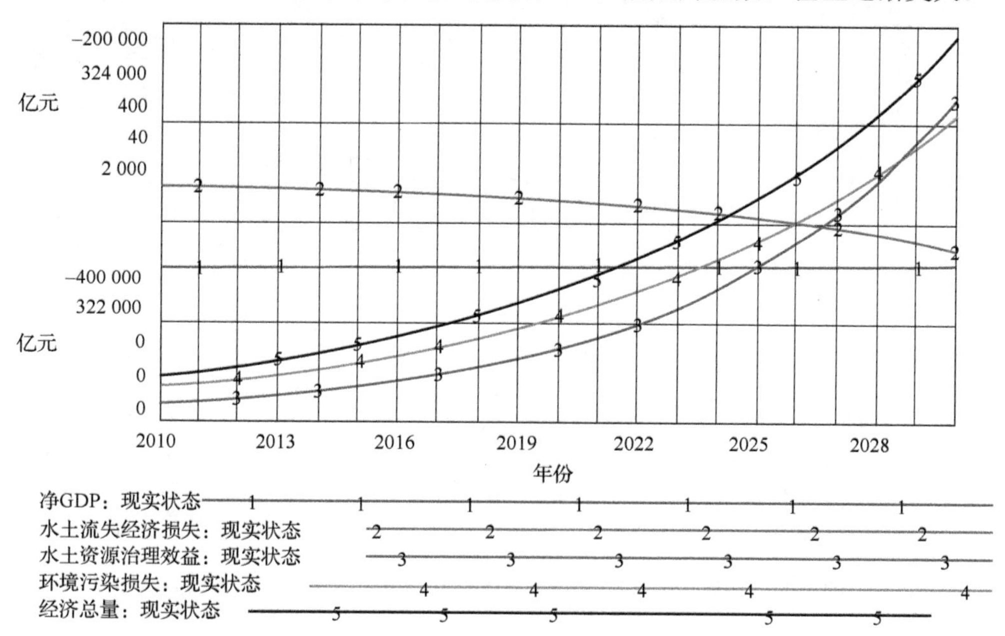

图5-28　洱海湖区经济与污染治理关系分析图

水土流失经济损失从2010年的下降幅度不是特别明显，水土保持也是治理湖区水资源重要组成部分。从图 5-28 中可以看出，环境污染损失与经济总量增长变化趋势相近，而水土资源治理效益也会随着经济总量变强，因为水土治理可以为地方经济建设带来环境效应和提供建设发展用地，改善生产生活环境可以吸引更多人前来投资和生产。环境污染损失会从 2010 年的 35 亿上升到 2030 年的 310 亿左右，将近翻了 10 倍。可持续要求寻求最佳均衡点，即在人口、经济、资源和环境协调发展基础上实现经济效益和环境污染之间的平衡，从而实现经济效益最大。

从图 5-29 中很容易看出，污染总量，即变量 3 表示的线与环保投资 4 之间有明显的反向变化关系，说明环保投资的增加会使得湖区污染总量下降，环保投资会从 2010 年的 11 亿元增加到 2030 年的将近 97 亿，用于维护洱海水质和湖区周边生态环境。污染总量=废气污染指数+废水污染指数+废物污染指数，会从 2010 年的 58 亿 m^3 变到 2030 年的 46 亿 m^3，下降了 20.7%。城市绿地面积会从 2010 年的 11 万 hm^2 变化到 2030 年的 24 万 hm^2，增加一倍多，城市生态环境将有所改善。湖区水资源承载力也会随着环保投资的增加而得到提升，会从 2010 年的 244.077t/a 变化到 484.202t/a，翻了一倍。

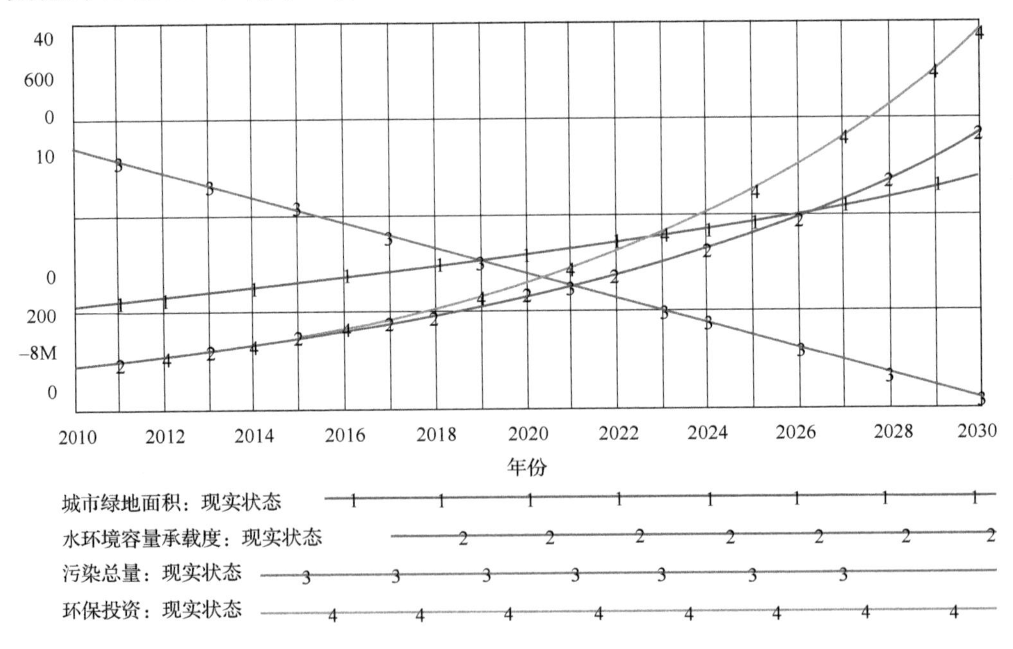

图 5-29　洱海湖区环保投资和水资源容量与污染治理关系分析图

四、洱海湖区可持续发展能力评价

根据前面分析得到洱海湖区可持续发展能力复合系统涵盖不同指标，存在不同状态，从 2010～2030 年的数值通过仿真实验得到，为可持续发展能力评价提供基础和原始数据(表 5-4)。运用 ZOPP 和 AHP 方法寻找到影响可持续发展能力关键系统因素后，结合洱海流域系统仿真模拟得到原始数据，就可以运用发展度、持续度和协调度的公式 $SD=\frac{MO_1 * \cos\theta}{MO_2}\times 100$ 计算可持续发展能力。

实证研究中，根据前面归一化公式结合洱海湖区可持续发展能力特点和系统模型特征，对不同指标归一化处理进行综合，在 2010～2030 年，不同指标量纲都不相同。如果越大越好，就取最大值为 1、最小值为 0；如果越小越好，就取最小值为 1、最大值为 0。这里以供水紧张程度为例进行分析，其他的数据指标运用同样方法进行。对于紧张程度来说越小越好，取最小值为 1、最大值为 0，按照公式 $M'_{ij}=\frac{M_{\max}-M_{ij}}{M_{\max}-M_{\min}}$ 就可以得到不同年份数值，把 305 873 这个数值当成 1，把 584 241 这个数值当成 0，例如，2012 年的值为 317 759。那么 2012 年数值归一化后就是 0.96。

这里以 2012 年的可持续发展能力数值进行举例，展示整个计算过程。在对影响洱海湖区可持续发展能力 30 个因素进行归一化时应注意区别和取值，资源、经济、社会和生态这些子系统数值计算，便于对关键问题进行再次寻找，因为在数值预测和权重匹配上可能出现交叉现象。

最开始各种状态称为初始矩阵 1[m_1，m_2，m_3，…，m_{30}]，同样道理得到 30 个指标的归一化数值，结合各个指标权重，然后利用 EXCEL 和 SPSS 的简单数值运算就可以得到矩阵 2[m'_1，m'_2，…，m'_{30}]。利用欧氏空间距离，算出 MO_1 和 MO_2，最后计算 SD，即可得到 12 年的可持续发展能力数值，运用同样数学运算就可以得到 2010～2030 年间的可持续发展能力大小。结合前面的评价指标体系和模拟数值计算，就可以得到多年以来的洱海可持续发展能力总体分数大小。

由图 5-30 可知，洱海湖区资源环境、经济、社会复合系统综合的平均分数为 40～60，处于中度可持续阶段，从 2010 年开始，随着生态修复和环境治理效果显现，可持续发展能力处于上升阶段，到 2017 年进入可持续能力强阶段，直到 2022 年，伴随着后工业化时代来临和经济建设强度加强，湖区可持续发展能力又会逐渐下降，恶化的速度会加快。其中最好的阶段在 2022 年左右，处于接近理想状态，分数达到峰值。以后在逐渐下降过程中从强度可持续变化为中度可持续。从整个状态来看，洱海湖区可持续发展能力在高原湖区经济发展状态平均水平中是处于比较领先位置的，洱海湖区环境治理和经济建设协同发展经验值得其他湖区借鉴和学习。

表 5-4　洱海湖区现实状态下可持续发展能力主要评价指标仿真模拟数值

年份	2010	2012	2014	2016	2018	2020	2022	2024	2026	2028	2030
供水紧张程度/万 m^3	305 873	317 759	330 993	346 162	363 945	385 141	410 708	441 809	479 865	526 624	584 241
农田灌溉面积/10^6 亩	0.116 448	0.115 751	0.115 057	0.114 368	0.113 683	0.113 002	0.112 325	0.111 652	0.110 983	0.110 318	0.109 657
工业产值/亿元	112.27	132.57	135.06	139.26	145.92	159.24	164.5	167	172.3	184.4	223.8
总人口数/万人	94.8854	95.8938	96.913	97.943	98.984	100.036	101.099	102.174	103.26	104.357	105.466
牲畜数量/万头	49.0534	49.0141	48.9749	48.9357	48.8966	48.8575	48.8184	48.7794	48.7404	48.7014	48.6624
第三产业产值/亿元	56.1639	56.5842	57.0112	57.4451	57.886	58.334	68.7891	79.2516	89.7215	100.1989	110.6841
经济总量/亿元	219.776	273.231	339.688	422.308	525.024	652.723	811.482	1008.85	1254.23	1559.29	1938.55
净 GDP/万元	−322 940	−322 876	−322 795	−322 692	−322 563	−322 399	−322 192	−321 929	−321 595	−321 171	−320 631
水土流失经济损失/万元	323 173	323 167	323 159	323 149	323 135	323 115	323 090	323 055	323 009	322 947	322 863
水土资源治理效益/亿元	16.8804	22.679	30.4716	40.9445	55.0199	73.938	99.3659	133.545	179.488	241.245	324.264
环境污染损失/亿元	3.51642	4.3717	5.435	6.756 93	8.400 39	10.4436	12.9837	16.1417	20.0677	24.9487	31.0169
经济总量/亿元	219.776	273.231	339.688	422.308	525.024	652.723	811.482	1008.85	1254.23	1559.29	1938.55
城市绿地面积/万亩	10.8073	11.6891	12.643	13.6746	14.7905	15.9974	17.3028	18.7147	20.2418	21.8935	23.68
水环境容量承载度	244.077	255.306	267.594	281.415	297.321	315.958	338.105	364.707	396.92	436.166	484.202
污染总量/万 t	586776	574 143	561 513	548 888	536 267	523 649	511 036	498 427	485 823	473 223	460 628
环保投资/十亿元	1.098 88	1.366 16	1.698 44	2.111 54	2.625 12	3.263 62	4.057 41	5.044 27	6.271 17	7.796 47	9.692 77
农村人口/万人	68.029	68.545	68.582	70.0126	71.5123	71.0173	71.5276	72.0434	73.5646	74.0914	74.6237
废物污染/t	183 102	179 723	176 344	172 965	169 587	166 209	162 831	159 453	156 076	152 699	149 322
城镇人口/万人	49.3404	49.8648	50.3948	50.9304	51.4717	52.0187	52.5716	53.1303	53.695	54.2656	54.8424
废气污染/m^3	127 152	122 584	118 016	113 448	108 880	104 313	99 746.6	95 180.2	90 614.3	86 048.8	81 483.7
废水污染/m^3	276 522	271 836	267 154	262 475	257 799	25 3127	248 459	243 794	239 133	234 475	229 822
环保投资/十亿元	1.098 88	1.366 16	1.698 44	2.111 54	2.625 12	3.263 62	4.057 41	5.044 27	6.271 17	7.796 47	9.692 77

续表

年份	2010	2012	2014	2016	2018	2020	2022	2024	2026	2028	2030
COD 排放量/（t/m^3）	365 738	382 564	400 976	421 687	445 520	473 447	506 634	546 496	594 765	653 573	725 552
中水回收量/万 m^3	36 573.8	38 256.4	40 097.6	42 168.7	445 52	47 344.7	50 663.4	54 649.6	59 476.5	653 57.3	72 555.2
农田灌溉需水量/亿 m^3	17.4672	17.3626	17.2586	17.1552	17.0524	16.9502	16.8487	16.7477	16.6474	16.5477	16.4485
出生人口/十万人	0.986 808	0.997 296	1.0079	1.018 61	1.029 43	1.040 37	1.051 43	1.062 61	1.0739	1.085 31	1.096 85
固体废物投资/十亿元	0.384 608	0.478 154	0.594 453	0.739 039	0.918 792	1.142 27	1.420 09	1.7655	2.194 91	2.728 76	3.392 47
城市环境需水量/万 m^3	12 968.7	14 027	15 171.6	16 409.6	17 748.6	19 196.9	20 763.3	22 457.6	24 290.2	26 272.2	28 416.1
处理排放量/万 t	68 575.8	71 730.7	75 183	79 066.3	83 535	88 771.3	94 993.8	102 468	111 518	122 545	136 041
废气处理投资/十亿元	0.439 552	0.546 462	0.679 375	0.844 617	1.050 05	1.305 45	1.622 96	2.017 71	2.508 47	3.118 59	3.877 11
死亡人口/万人	0.483 916	0.489 059	0.494 256	0.499 509	0.504 818	0.510 183	0.515 606	0.521 086	0.526 624	0.532 221	0.537 877
水土保持投资/十亿元	1.648 32	2.049 23	2.547 66	3.167 31	3.937 68	4.895 42	6.086 11	7.56 641	9.406 75	11.6947	14.5392
水土保持需水/万 m^3	550 000	550 000	550 000	550 000	550 000	550 000	550 000	550 000	550 000	550 000	550 000
水土治理面积/10^6m^3	0.135 043	0.181 432	0.243 773	0.327 556	0.440 159	0.591 504	0.794 927	1.068 36	1.4359	1.929 96	2.594 12
牲畜需水量/万 m^3	392.427	392.113	391.799	391.486	391.173	390.86	390.547	390.235	389.923	389.611	389.299
环保投资/十亿元	1.098 88	1.366 16	1.698 44	2.111 54	2.625 12	3.263 62	4.057 41	5.044 27	6.271 17	7.796 47	9.692 77
环境污染治理量/t	1.87×10^6	2.38×10^6	3.02×10^6	3.85×10^6	4.90×10^6	6.23×10^6	7.94×10^6	1.01×10^5	1.29×10^5	1.65×10^5	2.10×10^5
第三产业增长/十亿元	0.486 544	0.494 36	0.502 302	0.510 371	0.518 569	0.526 899	0.535 364	0.543 964	0.552 702	0.561 58	0.570 602
第三产业用水量/亿 m^3	44.931	48.014	55.211	62.523	69.953	77.503	485.173	92.967	100.886	108.932	117.108
绿地面积变化/十万亩	0.432 291	0.467 565	0.505 719	0.546 986	0.591 619	0.639 896	0.692 111	0.748 587	0.809 672	0.875 741	0.947 202
轻工业固定资产/亿元	182.203	214.14	256.198	310.39	379.305	466.233	575.316	711.752	882.036	1094.27	1358.57
轻工业固资折旧/亿元	18.2203	21.414	25.6198	31.039	37.9305	46.6233	57.5316	71.1752	88.2036	109.427	135.857
重工业固定资产/亿元	196.808	196.801	205.888	224.554	253.728	294.832	349.85	421.42	512.968	628.863	774.632

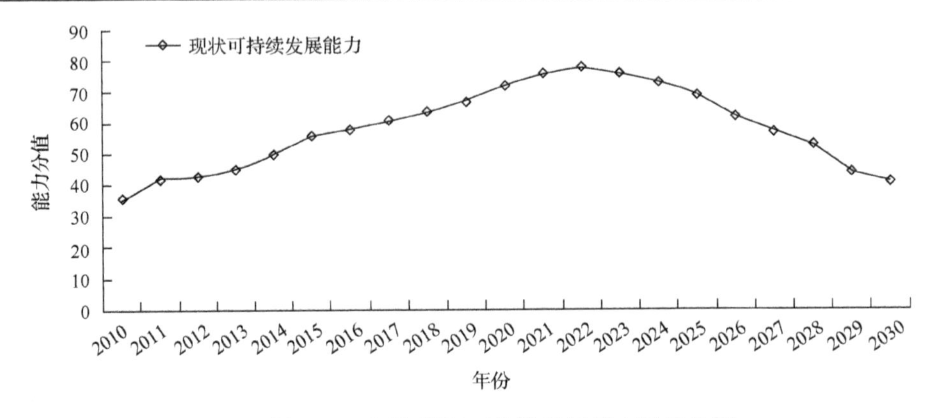

图 5-30　洱海湖区可持续发展能力现状分析

通过复合系统和各个子系统的可持续发展能力变化分析可以找到影响系统可持续发展能力的关键因素，从而有针对性地进行研究和设计方案。由图 5-31 可以清晰地看出，水资源子系统可持续发展能力随着时间在变弱，从中度可持续变化为弱不可持续，到了 2027 年以后甚至变化为基本不可持续，这充分说明洱海湖区水资源利用应该受到较强限制，水资源作为珍贵不可再生资源，是影响洱海湖区可持续发展能力的关键因素应该得到更好的利用与保护。

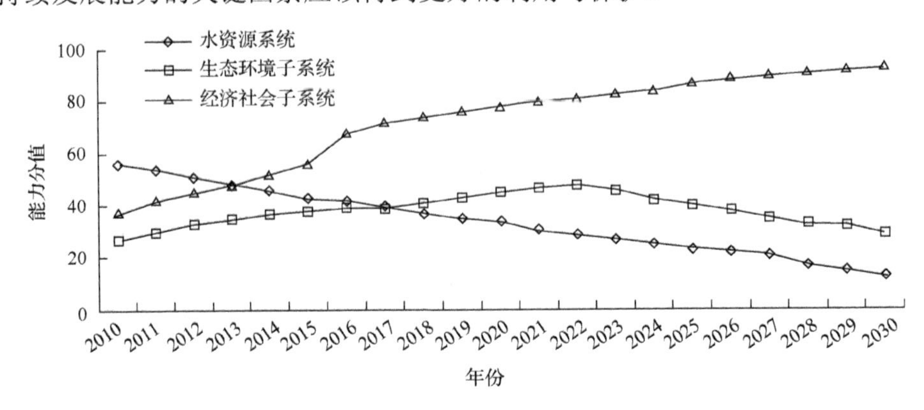

图 5-31　洱海湖区可持续发展能力各个系统分析

经济社会子系统可持续发展能力一直处于上升阶段，这说明洱海湖区经济社会建设速度会加快，步入快车道，经济发展底子薄弱前提条件下，一定市场机遇就会使得经济状况得到更好的发展和建设，在 2016～2017 年间经济社会发展将会出现很大突破，之后就会保持平稳快速增长，达到比较理想状态。

就生态环境而言，湖区系统均值为 20～40，处于弱度可持续状态，充分说明洱海湖区生态环境是非常脆弱的；2018～2024 年间为 40 分以上，说明其处于中度可持续状态，其他年份都处于弱度可持续状态。随着经济快速发展，势必会使得生态环境在长期利用过程中受到不同程度污染和损害，人口数量的增加、工业污染加剧、水土流失严重等因素会使生态环境受到严重威胁。

水资源环境子系统可持续发展能力长期处于下降状态，是由于经济发展速度客观要求下污染加剧而环保设施建设缓慢引发的。经济社会发展需水量的增长和失调是主要原因，水资源变化是湖区可持续能力建设关键问题，整个系统可持续能力突变多是由于水资源系统可持续变化造成的。

总体来说，洱海湖区可持续发展复合系统现状综合分数处于中度可持续状态，对于经济落后地区来讲是难能可贵的，是在湖区政府和民众高度重视下和法规约束下实现的。经济社会快速发展、人口急剧增长、需水量和供水量不协调是主要原因，从更加长远的角度来看，湖区可持续发展能力建设主要约束条件是水资源可持续状态变化，因此如何在保障生态环境和一定量经济增长条件下降低单位经济产值用水量、提高中水处理效率、加快截污治污工程及环湖生态工程修复等方面基础工程建设迫在眉睫。对于水资源保护应该出重拳，加大环保投资和职务力度，降低污染物排放，提升环湖生态环境，保障湖区可持续发展能力稳步提升。

第六节 洱海湖区水资源可持续利用系统仿真

洱海流域水资源是系统中可持续发展影响的关键因素，随着湖区经济社会发展，需水与供水间矛盾调和是研究重点，需水最大的是农业需水和工业需水，随着人口增多，生活需水也是耗水大方向。供水量主要包括地下水供应和地表水供应。水资源紧张程度主要取决于供水与需水之间的矛盾，供水量是自然界决定因素，所以重点考察需水量相关变量作为决策变量。根据决策变量选取原则，选取 GDP 增长率、万元工业增加值需水量、农田灌溉定额、废水处理投资比例、环保投资比例、生活污水排放系数共 6 个用水指标系数。指标和值域选取如表 5-5 所示。变量取值参照大理市和洱源县统计年鉴、水土资源公报和洱海“十二五”规划等数据资料。

表 5-5 洱海湖区水资源可持续利用可控变量选取

值域等级	GDP 增长率/%		万元工业增加值需水量/m^3		农田灌溉定额/(m^3/hm^2)		废水处理投资比例/%		环保投资比例/%		生活污水排放系数/%	
	范围	取值	范围	取值	范围	取值	范围	取值	范围	取值	范围	取值
高	≥9	11	≥15	16	≥150	160	≥0.5	0.5	≥0.5	0.5	≥10	10
中	7～9	8	13～15	14	100～150	120	0.1～0.5	0.3	0.1～0.5	0.3	4～10	6
低	≤7	6	≤13	12	≤100	80	≤0.1	0.1	≤0.1	0.1	≤4	2

一、水资源可持续利用模式设计

通过前面对洱海湖区可持续发展能力现状分析和评价，对现行模式有了全面了解。结合洱海湖区状态、相关统计年鉴和规划方案数据，把 6 个与水资源密切相关的参数值进行改变，其他的不变，观察系统可持续发展能力变化，这样就可以确定优选方案。当然，在设计之初通过相关文献确定方案名称，以便于最终模式的解释和演示，例如，经济 GDP 增长率在 7 以下为低，7～9 为中等，9 以上为高经济增长。

把 GDP 增长率、万元工业增加值需水量、农田灌溉定额、废水处理投资、环保投资比例和生活污水排放系数这 6 个指标分别分为高、中、低，如表 5-5 所示，可以简单分为三类，即经济阶段、节水阶段和环保阶段三个阶段。通过高、中、低组合，一共有 27 种可能性，结合洱海湖区实际和通过经验判断选取 9 种进行检验和判断，分别是高高高(高经济、高节水、高环保)、高中高、高高中、中高高、中中高、中高中等 9 个方案，尝试寻找最佳方案(表 5-6)。

表 5-6 洱海湖区水资源可持续利用模式设计

模式	GDP 增长率/%	万元工业增加值需水量/m^3	农田灌溉定额/(m^3/hm^2)	废水处理投资比例/%	环保投资比例/%	生活污水排放系数/%
1	11	16	160	0.5	0.5	10
2	11	16	120	0.3	0.5	10
3	11	16	160	0.5	0.3	6
4	8	14	160	0.5	0.3	6
5	8	14	120	0.3	0.5	10
6	8	14	160	0.5	0.3	6
7	6	12	80	0.1	0.5	10
8	6	12	80	0.1	0.1	2
9	6	12	120	0.3	0.1	2

二、湖区水资源可持续利用仿真分析

根据大理市和洱源县原始数据输入，运用 Vensim-PLE 软件中仿真模拟和复合模拟命令，在总流程图中分别调整可控制变量，对可能出现的情况进行分别模拟，直到出现不同模式，即各个变量不可能重合的情况极为最优，这需要对模型进行反复模拟和尝试，最终寻找到比较合理、科学的水资源利用模式，得到 9 种不同仿真模拟结果。选取经济总量、环境污染损失、供水紧张程度、总需水量、水环境容量承载度、废水处理投资、工业污水排放量等变量参与计算，得到不同水资源利用模式下的各个指标仿真结果。

水资源是洱海湖区最重要的战略资源，研究水资源可持续利用是研究湖区可持续发展重要组成部分。水资源保护作为洱海治理重要工程，其可持续利用使得水资源可以为经济总量更好地服务，分析结果如表 5-7 所示。

表 5-7　洱海湖区水资源可持续利用主要经济指标仿真结果

主要指标	模式	2011 年	2012 年	2013 年	2014 年	2015 年	2016 年	2017 年	2018 年	2019 年	2020 年	2021 年	2022 年
经济总量/亿元	1	211.131	232.244	255.468	281.015	309.116	340.028	374.031	411.434	452.577	497.835	547.619	602.38
	2	237.895	264.539	294.167	327.114	363.751	404.491	449.794	500.17	556.19	618.483	687.753	764.781
	3	221.93	245.233	270.983	299.436	330.876	365.618	404.008	446.429	493.304	545.101	602.337	665.582
	4	172.541	186.345	201.252	217.352	234.741	253.52	273.801	295.705	319.362	344.911	372.504	402.304
	5	179.702	194.797	211.16	228.898	248.125	268.968	291.561	316.052	342.601	371.379	402.575	436.391
	6	163.955	176.252	189.471	203.681	218.957	235.379	253.032	272.009	292.41	314.341	337.917	363.26
	7	140.474	148.903	157.837	167.307	177.345	187.986	199.265	211.221	223.894	237.328	251.568	266.662
	8	149.472	159.338	169.854	181.064	193.014	205.753	219.333	233.809	249.241	265.69	283.226	301.919
	9	155.759	166.662	178.329	190.812	204.168	218.46	233.752	250.115	267.623	286.357	306.402	327.85
环境污染损失/十亿元	1	1.055 65	1.161 22	1.277 34	1.405 07	1.545 58	1.700 14	1.87015	2.057 17	2.262 89	2.489 18	2.738 09	3.0119
	2	1.189 47	1.322 69	1.470 84	1.635 57	1.818 75	2.022 45	2.248 97	2.500 85	2.780 95	3.092 41	3.438 76	3.823 91
	3	0.665 79	0.735 70	0.812 95	0.898 31	0.992 63	1.096 86	1.212 03	1.339 29	1.479 91	1.6353	1.807 01	1.996 75
	4	0.517 62	0.559 03	0.603 76	0.652 06	0.704 22	0.760 56	0.821 40	0.887 12	0.958 09	1.034 73	1.117 51	1.206 91
	5	0.898 51	0.973 987	1.055 8	1.144 49	1.240 63	1.344 84	1.457 81	1.580 26	1.713	1.856 89	2.012 87	2.181 96
	6	0.491 87	0.528 755	0.568 41	0.611 04	0.656 87	0.706 14	0.759 10	0.816 03	0.877 23	0.943 02	1.013 75	1.089 78
	7	0.702 37	0.744 513	0.789 18	0.836 54	0.886 73	0.939 93	0.996 33	1.056 11	1.119 47	1.186 64	1.25784	1.333 31
	8	0.224 21	0.239 006	0.254 72	0.271 60	0.289 52	0.308 63	0.329	0.350 71	0.373 86	0.398 54	0.424 84	0.452 88
	9	0.233 64	0.249 993	0.267 50	0.286 22	0.306 25	0.327 69	0.350 63	0.375 17	0.401 44	0.429 54	0.459 60	0.491 78
供水紧张程度/10^3t	1	572 742	578 645	584 815	591 307	598 179	605 493	613 313	621 709	630 754	640 527	651 115	662 611
	2	576 949	583 033	589 439	596 234	603 492	611 289	619 707	628 836	638 774	649 627	661 510	674 551
	3	587 263	593 308	599 643	606 328	613 426	621 006	629 138	637 901	647 376	657 654	668 833	681 017

续表

主要指标	模式	2011 年	2012 年	2013 年	2014 年	2015 年	2016 年	2017 年	2018 年	2019 年	2020 年	2021 年	2022 年
供水紧张程度/10^3t	4	579 363	584 439	589 679	595 117	600 788	606 729	612 975	619 567	626 542	633 943	641 814	650 200
	5	567 650	572 706	577 938	583 384	589 083	595 072	601 393	608 088	615 200	622 775	630 863	639 516
	6	579 265	584 289	589 461	594 811	600 371	606 174	612 253	618 642	625 375	632 490	640 023	648 015
	7	559 914	564 101	568 377	572 762	577 277	581 942	586 777	591 803	597 039	602 506	608 224	614 216
	8	582 778	587 285	591 900	596 647	601 550	606 633	611 921	617 437	623 206	629 254	635 607	642 291
	9	582 822	587 346	591 985	596 762	601 703	606 832	612 176	617 759	623 607	629 748	636 208	643 018
总需水量/10^3t	1	632 936	639 635	646 630	653 982	661 757	670 023	678 852	688 321	698 512	709 514	721 422	734 340
	2	633 249	640 126	647 361	655 029	663 211	671 992	681 465	691 729	702 893	715 074	728 404	743 023
	3	633 069	639 841	646 935	654 416	662 358	670 833	679 923	689 713	700 297	711 773	724 251	737 848
	4	624 252	629 943	635 815	641 905	648 253	654 899	661 884	669 251	677 044	685 310	694 096	703 454
	5	624 331	630 069	636 002	642 172	648 622	655 394	662 534	670 088	678 106	686 639	695 741	705 470
	6	624 143	629 776	635 571	641 563	647 787	654 280	661 078	668 219	675 742	683 688	692 097	701 015
	7	615 699	620 467	625 332	630 318	635 447	640 741	646 223	651 914	657 839	664 018	670 476	677 235
	8	617 838	622 839	627 958	633 222	638 658	644 293	650 152	656 264	662 655	669 353	676 389	683 790
	9	617 885	622 906	628 052	633 350	638 828	644 514	650 435	656 621	663 100	669 902	677 058	684 599
水环境容量承载度	1	246.662	251.972	257.478	263.221	269.246	275.6	282.331	289.494	297.143	305.341	314.152	323.646
	2	220.674	225.97	231.503	237.325	243.492	250.061	257.098	264.669	272.85	281.722	291.374	301.904
	3	150.645	155.497	160.559	165.877	171.5	177.479	183.869	190.729	198.122	206.117	214.789	224.218
	4	144.526	148.628	152.841	157.193	161.711	166.42	171.349	176.527	181.983	187.75	193.859	200.347
	5	223.222	227.773	232.449	237.278	242.29	247.513	252.977	258.716	264.761	271.149	277.916	285.1
	6	144.45	148.512	152.672	156.956	161.388	165.99	170.79	175.811	181.08	186.624	192.472	198.654

续表

主要指标	模式	2011 年	2012 年	2013 年	2014 年	2015 年	2016 年	2017 年	2018 年	2019 年	2020 年	2021 年	2022 年
水环境容量承载度	7	217.237	221.115	225.051	229.059	233.154	237.351	241.666	246.112	250.705	255.46	260.392	265.516
	8	78.9267	82.2258	85.5925	89.0448	92.6005	96.2773	100.093	104.066	108.214	112.557	117.112	121.901
	9	78.9531	82.2659	85.6506	89.1258	92.7102	96.4222	100.281	104.305	108.513	112.927	117.566	122.45
废水处理投资/十亿	1	0.527 83	0.580 609	0.638 67	0.702 54	0.7728	0.850 07	0.935 08	1.028 58	1.131 44	1.244 59	1.369 05	1.505 95
	2	0.356 84	0.396 808	0.441 25	0.490 67	0.545 63	0.606 74	0.674 69	0.750 26	0.834 28	0.927 72	1.031 63	1.147 17
	3	0.332 90	0.367 85	0.406 47	0.449 15	0.496 32	0.548 43	0.606 01	0.669 64	0.739 96	0.817 65	0.903 51	0.998 37
	4	0.258 81	0.279 517	0.301 88	0.326 03	0.352 111	0.380 28	0.410 72	0.443 56	0.479 04	0.517 37	0.558 76	0.603 46
	5	0.269 55	0.292 196	0.316 74	0.343 35	0.372 19	0.403 45	0.437 34	0.474 08	0.513 91	0.557 07	0.603 86	0.654 59
	6	0.245 93	0.264 378	0.284 21	0.305 52	0.328 44	0.353 07	0.379 55	0.408 01	0.438 62	0.471 51	0.506 88	0.544 89
	7	0.070 24	0.074 451	0.078 92	0.083 65	0.088 67	0.093 99	0.099 63	0.105 61	0.111 947	0.118 66	0.125 78	0.133 33
	8	0.022 42	0.023 900	0.025 47	0.027 15	0.028 95	0.030 86	0.0329	0.035 07	0.037 38	0.039 85	0.042 48	0.045 28
	9	0.068 66	0.073 333	0.078 31	0.083 64	0.089 33	0.095 40	0.101 89	0.108 82	0.116 22	0.124 12	0.132 56	0.141 58
工业污水排放量/10^3t	1	26 342	28 788.8	31 344.7	34 034.3	36 883.1	39 917.9	43 167.3	46 661.6	50 433.3	545 17.3	589 51.4	637 76.4
	2	26 471.1	28 989.2	31 641.4	34 457.5	37 469.3	40 710.5	44 217.6	48 030.2	52 191.3	567 47.5	617 50.4	672 56.4
	3	26 395.3	28 871.4	31 466.8	34 208	37 123.2	40 241.9	43 595.7	47 218.6	51 147.1	554 20.8	600 82.7	651 79.6
	4	22 868.5	24 912.1	27 018.7	29 203.3	31 481.3	33 868.2	36 380.2	39 033.7	41 846.1	448 35.5	480 20.7	514 21.8
	5	22 903.9	24 966.3	27 097.9	29 314.7	31 633.5	34 071.1	36 645.1	39 373.9	42 276.6	453 73.3	486 85.2	522 35.1
	6	22 824.8	24845.3	26 921.3	29 066.6	31 295.1	33 620.7	36 057.8	38 621	41 325.4	441 86.7	472 21.2	504 46.2
	7	19 454.5	21 129.3	22 834	24 577.4	26 368.1	28 214.8	30 125.9	32 109.9	34 175.5	363 31.2	385 85.8	409 48.3
	8	20 310.2	22 078.2	23 884.3	25 739.1	27 652.8	29 635.5	31 697.7	33 849.7	36 101.9	384 65.3	409 51	435 70.2
	9	20 325.4	22 101.3	23 917.8	25 785.8	277 16	29 719	31 805.8	33 987.2	36 274.3	386 78.7	412 12.1	438 86.8

洱海湖区可持续发展水资源利用模式及仿真结果分析如下。

(1)模式 1：高经济增长，高环保投资，高耗能排放。

按照模式 1 发展，到 2022 年，经济总量为 602.38 亿元，环境污染损失为 30 亿元，供水紧张程度为 66 261 万 m^3，总需水量 73 434 万 m^3，水资源承载力为 323.646，水资源处理投资约 15 亿元，工业污水排放量 6378 万 m^3。

(2)模式 2：高经济增长，高环保投资，中度耗能排放。

按照模式 2 发展，到 2022 年，经济总量为 764.78 亿元，环境污染损失为 38 亿元，供水紧张程度为 67 455 万 m^3，总需水量 74 302 万 m^3，水资源承载力为 301.904，水资源处理投资约 11 亿元，工业污水排放量 6726 万 m^3。

(3)模式 3：高经济增长，中环保投资，高耗能排放。

按照模式 3 发展，到 2022 年，经济总量为 665.582 亿元，环境污染损失为 38 亿元，供水紧张程度为 68 102 万 m^3，总需水量 73 785 万 m^3，水资源承载力为 224.218，废水资源处理投资约 9 亿元，工业污水排放量 6518 万 m^3。

(4)模式 4：中经济增长，中环保投资，高耗能排放。

按照模式 4 发展，到 2022 年，经济总量为 402.304 亿元，环境污染损失为 12 亿元，供水紧张程度为 65 020 万 m^3，总需水量 70 345 万 m^3，水资源承载力为 200.347，废水资源处理投资约 6 亿元，工业污水排放量 5142 万 m^3。

(5)模式 5：中经济增长，高环保投资，中耗能排放。

按照模式 5 发展，到 2022 年，经济总量为 436.391 亿元，环境污染损失为 22 亿元，供水紧张程度为 63 952 万 m^3，总需水量 70 547 万 m^3，水资源承载力为 285.1，废水资源处理投资约 6.5 亿元，工业污水排放量 5224 万 m^3。

(6)模式 6：中经济增长，高环保投资，高耗能排放。

按照模式 6 发展，到 2022 年，经济总量为 363.26 亿元，环境污染损失为 10 亿元，供水紧张程度为 64 802 万 m^3，总需水量 70 102 万 m^3，水资源承载力为 198.654，废水资源处理投资约 5.4 亿元，工业污水排放量 5045 万 m^3。

(7)模式 7：低经济增长，高环保投资，低耗能排放。

按照模式 7 发展，到 2022 年，经济总量为 266.662 亿元，环境污染损失为 13 亿元，供水紧张程度为 61 422 万 m^3，总需水量 67 724 万 m^3，水资源承载力为 265.516，废水资源处理投资约 1.3 亿元，工业污水排放量 4095 万 m^3。

(8)模式 8：低经济增长，低环保投资，地耗能排放。

按照模式 8 发展，到 2022 年，经济总量为 301.919 亿元，环境污染损失为 4.5 亿元，供水紧张程度为 64 229 万 m^3，总需水量 68 379 万 m^3，水资源承载力为 121.901，废水资源处理投资约 0.45 亿元，工业污水排放量 4357 万 m^3。

(9)模式 9：低经济增长，低环保投资，中耗能排放。

按照模式 9 发展，到 2022 年，经济总量为 327.85 亿元，环境污染损失为 4.9 亿元，供水紧张程度为 64 302 万 m^3，总需水量 68 460 万 m^3，水资源承载力为 122.45，废水资源处理投资约 1.4 亿元，工业污水排放量 43 887 万 m^3。

三、湖区可持续发展能力评价与方案筛选

对上述 9 种水资源模式中 2011～2022 年的经济总量、环境污染损失、供水紧张程度、总需水量、水环境容量承载度、废水处理投资这些指标模拟结果图像话，以便更加直观地选择方案，结合图形分析和经验判断，进行无量纲化，通过前面介绍的欧氏距离计算公式，以及水资源可持续利用和经济系统持续发展来综合评价、计算水资源可持续利用程度大小，假设其他条件都不改变，可以计算出不同方案下湖区可持续发展能力大小，从而可以从中进行选择和判断。根据前面计算方法，结合湖区可持续发展能力指标权重，可以得到不同模式下湖区可持续发展能力大小。

从以下简单数值直观化的图像可以看出不同模式在系统中的不同初始值，不同模拟结果如图 5-32～图 5-35 所示。

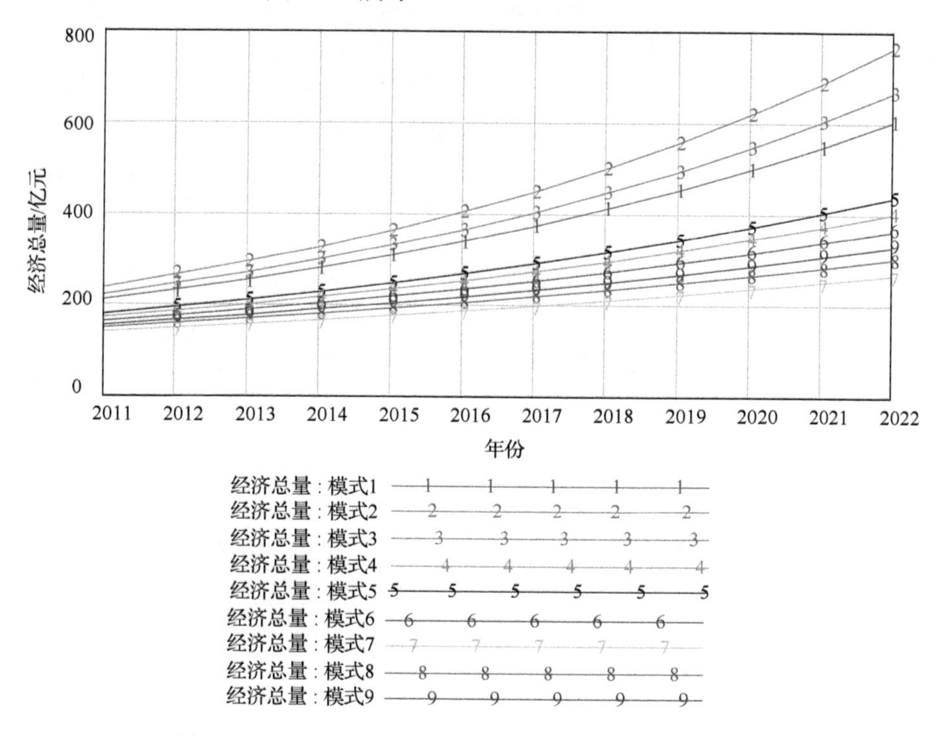

图 5-32　2011～2020 年洱海湖区经济总量仿真结果分析

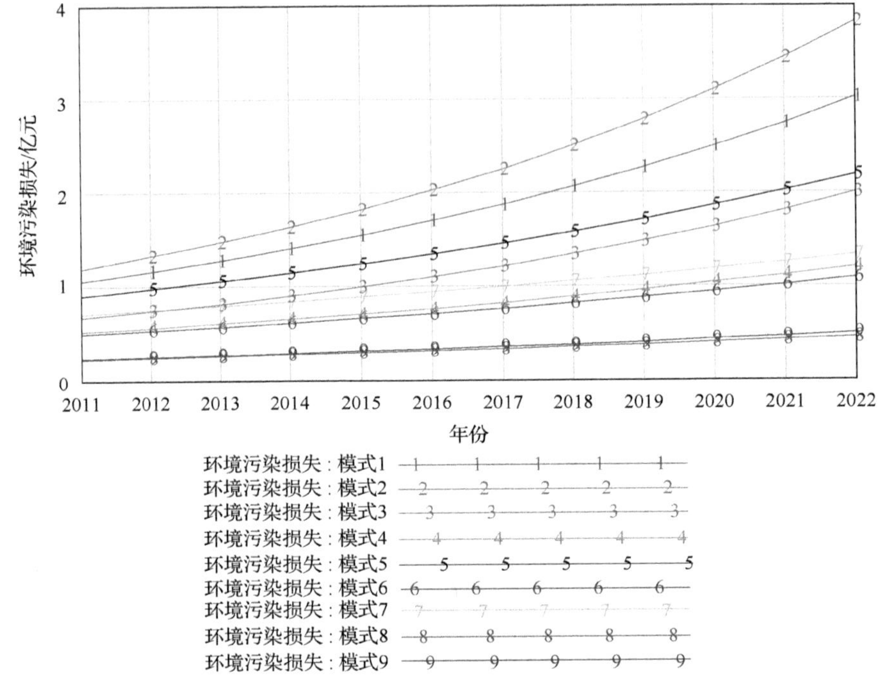

图 5-33　2011～2020 年洱海湖区环境污染损失仿真结果分析

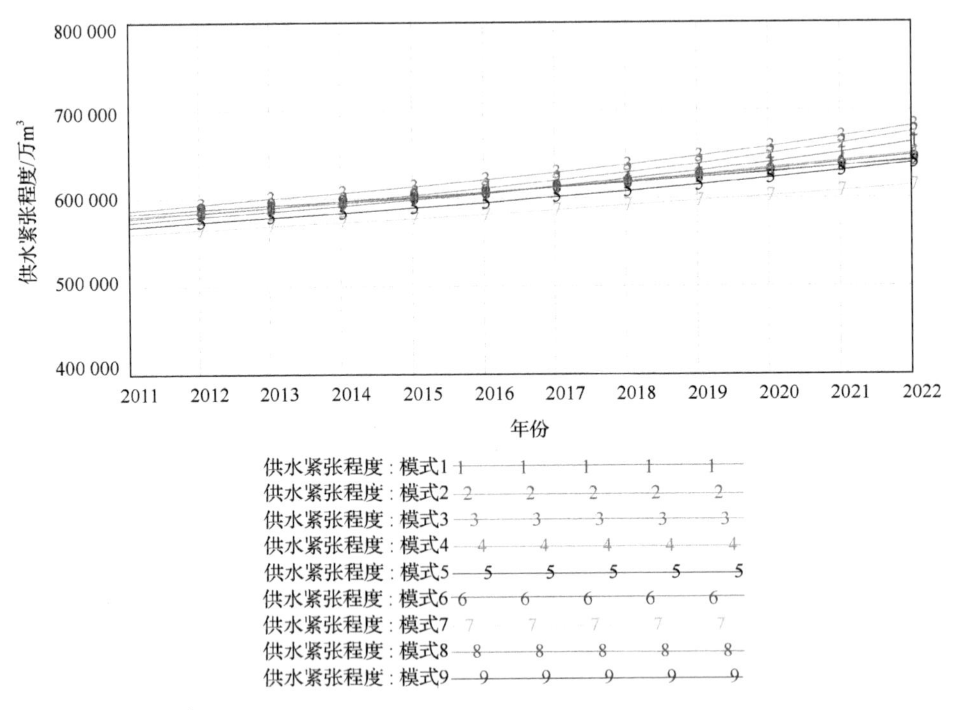

图 5-34　2011～2020 年洱海湖区供水紧张程度仿真结果分析

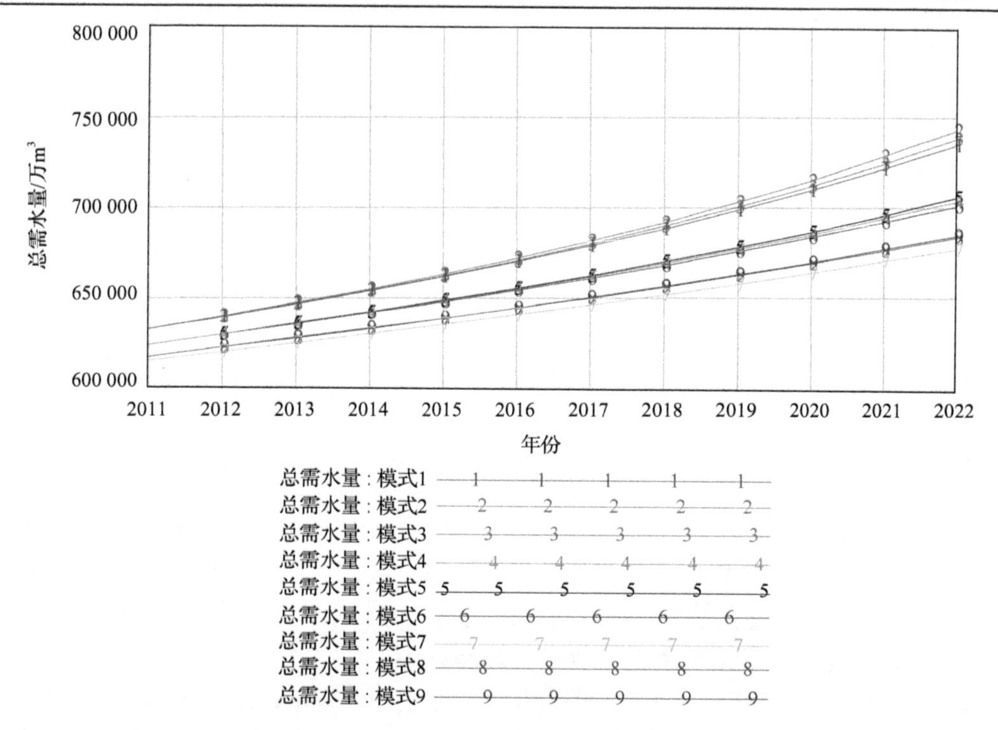

图 5-35　2011～2020 年洱海湖区总需水量仿真结果分析

在模拟 2011～2022 年这 12 年间不同数值时，按照对于越小越好的指标，同类指标集合中最小指标取值为 100，最大者取值为 0，依据公式 $M_{ij}' = \frac{M_{\max} - M_{ij}}{M_{\max} - M_{\min}}$ 进行计算，对于越大越好的指标，同类指标集合最大指标取值为 100，最小者取值为 0，依据公式 $M_{ij}' = \frac{M_{ij} - M_{\min}}{M_{\max} - M_{\min}}$ 进行计算。

通过公式可以得到不同模式下的水资源可持续发展能力和湖区可持续发展能力变化(图 5-36)。从中可以看出，湖区可持续发展能力大部分的分值都在 30 以上，表明都在弱不可持续以上区域，模式 2、模式 5、模式 7、模式 8 开始时水资源数值提升不大，但是随时间变化，可持续能力在逐渐加强，是优选方案。

从图 5-36 中可以看出模式 2、模式 5、模式 7、模式 8 平均可持续发展能力分数较其他方案来说比较好，体现水资源可持续利用。模式 9 虽然有上升趋势，但是到 2016 年前后就出现下滑趋势，而且下滑速度还非常快，这违背了可持续发展能力建设要求和建模目的。模式 1、模式 3、模式 4、模式 6 虽然都有短暂年份提升，但是长时间看来还是有下降趋势，而且下降速度比较大。

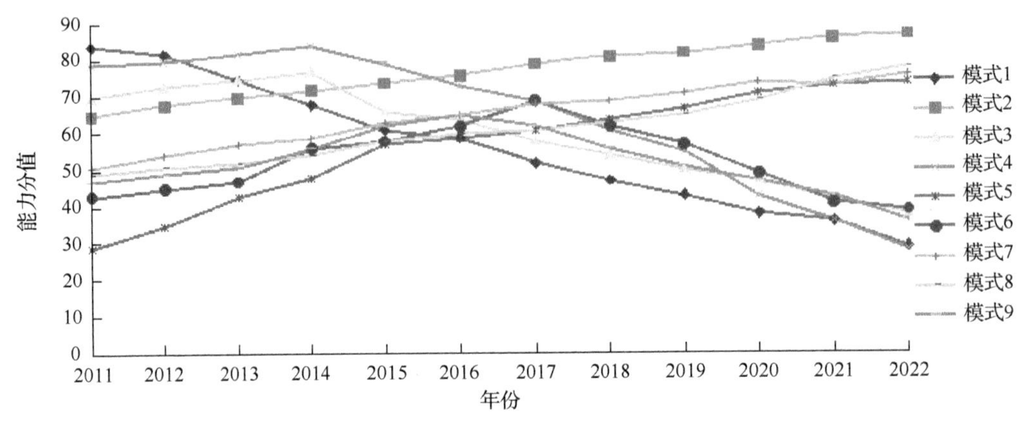

图 5-36 不同模式下湖区水资源可持续发展能力分析

所以确定洱海湖区水资源可持续利用模式设计中的模式 2、模式 5、模式 7、模式 8 为优选方案。它们从弱可持续和中等可持续状态逐渐变成可持续能力强的状态，表明理想状态的趋近，水资源作为战略资源和不可再生资源受到充分重视，其中模式 2 为最优，基本上已经接近于理想状态。

从表 5-8 中，根据优选方案仿真结果可以看出最优方案是模式 2，这符合我国走一条资源节约型和环境友好型发展道路，到 2022 年，洱海湖区经济总量为 764.78 亿元，环境污染损失为 38 亿元，供水紧张程度为 67 455 万 m^3，总需水量 74 302 万 m^3。水资源承载力为 301.904，水资源处理投资约 11 亿元，工业污水排放量 6726 万 m^3。

表 5-8 洱海湖区水资源可持续利用优化模式方案对比分析

模式	指标特征	仿真效果	模式名称
2	高经济增长，高环保投资，中度耗能排放	经济总量提升，环境污染损失较少，水资源紧张程度降低	经济发展，环境友好发展模式
5	中经济增长，高环保投资，中耗能排放	经济发展平稳，环境污染损失减少，水资源紧张程度中等	节水环保经济均衡协调发展模式
7	低经济增长，高环保投资，低耗能排放	经济发展较慢，生态环境优良，水资源紧张程度低	高环保经济资源协调发展模式
8	低经济增长，低环保投资，低耗能排放	经济发展缓慢，水资源充分，人居环境得到改善	高节水、低经济原始发展模式

可以看到，比较特殊的模式是模式 8(低经济增长、低环境保护投资和低耗能排放)，可见大理经济发展与环境资源保护相比，环境保护和资源可持续利用是关键因素。没有美丽天空和碧绿的洱海，大理发展无法达到可持续最优状态，在这种模式下可以重点发展生态旅游和循环经济产业、生态农业和食品加工行业，从而实现工业经济虽然没有跟上经济发展，人民生活水平却不会滞后。

第七节 洱海湖区系统可持续利用系统仿真

在充分了解洱海湖区自然状况和经济社会建设，以及按照现实状态进行模拟和对水资源方案设计的基础上，可以利用“决策实验室”原始模型进行参数改变，增加参数控制，进而预测在不同方案设计下的洱海城市湖区整个系统可持续发展能力变化，从而寻找到适合洱海湖区长远规划和发展的全面发展方案。尽可能在多个方案中寻找比较适合的方案，然后通过专家组讨论，确定参数变化区间，在可行性方案中寻找到最优方案，便于政府综合决策和湖区可持续保护实施。在对现实模拟过程中发现水资源是关键因素，在整体考察中仍然把水资源状态放在关键环节上，加上对其他参数考虑，实现对湖区资源环境、经济社会的全面把握。当然在选取具体参数时，必须结合考察调研和政府关注的实际问题。

根据整体性协调原则、可行性和科学性考虑，选取 GDP 增长率、城镇化率、固定资产投资比、万元工业增加值需水量、农田灌溉定额、绿地面积变化率、废水处理投资比例、环保投资比例、中水回收系数、水土保持投资比例这 10 个综合指标系数来进行调控，如表 5-9 所示。变量取值参照《中华人民共和国环境保护法》、《云南省大理白族自治州洱海管理条例》、《城市污水处理及污染防治技术政策》等法律法规以及大理市和洱源县统计年鉴、水土资源公报和洱海“十二五”规划等数据资料。

表 5-9 洱海湖区整体系统可持续利用可控变量选取

参数	GDP 增长率/%		万元工业增加值需水量/m^3		农田灌溉定额/(m^3/hm^2)		废水处理投资比例/%		环保投资比例/%		中水回收系数/%		城镇化率/%		固定资产投资比例/%		水土保持投资比例/%		绿地面积变化率/%	
值域	范围	取值	范围	取值	范围	取值	范围	取值	范围	取值	范围	取值	范围	取值	范围	取值	范围	取值	范围	取值
高	≥9	11	≥15	16	≥150	160	≥0.5	0.5	≥0.5	0.5	≥40	50	≥60	70	≥50	60	≥0.05	0.07	≥10	12
中	7~9	8	13~15	14	100~150	120	0.1~0.5	0.3	0.1~0.5	0.3	30~40	40	50~60	50	40~50	50	0.03~0.05	0.05	8~10	10
低	≤7	6	≤13	12	≤100	80	≤0.1	0.1	≤0.1	0.1	≤30	30	≤50	30	≤40	40	≤0.03	0.03	≤8	8

一、洱海湖区系统可持续利用模式设计

通过对现实状态下洱海湖区可持续发展能力预测和评价，对现行模式有全面把握。结合洱海湖区状态、相关统计年鉴和规划方案数据，把 10 个与洱海湖区可持续发展系统密切相关的参数值进行改变，其他关系式不变，实验与系统可持续发展能力相关数值变化。在设计之初由于可能性太多，必须进过尝试性选择，在

总多方案中通过经验判断和多次尝试选择出比较可行实验结果，只有这样才可以全面了解所有方案的变化和对方案进行科学设计。

选取的参数也是可持续能力评价指标体系当中权重比较大的，它们的改变会使得湖区可持续系统整体效果发生剧烈震荡，是关键点，当然并不是说其他参数并不重要。通过相关文献确定方案名称，便于最终模式的解释和演示。在设计方案时，为简化方案设计，我们只取定值，如经济 GDP 增长率在 7 以下为低，7～9 为中等，9 以上为高经济增长。

把 GDP 增长率、城镇化率、固定资产投资比例、万元工业增加值需水量、农田灌溉定额、绿地面积变化率、废水处理投资比例、环保投资比例、中水回收系数、水土保持投资比例这 10 个指标分别分为高、中、低，如表 5-9 所示，可以简单分为三类，即经济社会发展、节约水土资源、生态环境保护三部分。

通过高、中、低组合一共有 27 种可能性，结合洱海湖区实际和通过经验判断，加上对原始模型的反复验证和对结果不符合要求的设计进行删减，从中选取 12 种进行检验和判断，如高高高(即高经济发展、高节水保地、高生态环保)、高中高、高高中、中高高、中中高、中高中等，尝试寻找到最佳方案。

二、洱海湖区整体系统可持续利用仿真分析

根据原始模型中对现实状态的恢复，再次把大理市和洱源县原始数据输入，运用 Vensim-PLE 软件中的仿真模拟和复合模拟命令，在原始状态总流程图中分别调整可控制变量，对可能出现的情况进行分别模拟，考察不同模式设计下整个系统参数变化趋势和具体数值，这同样需要对模型进行反复模拟和尝试，因为在很多设计中，很多变量会出现突变或者重合现象，结合现实经验予以剔除，从而最终寻找到比较合理、科学的湖区整体系统可持续发展利用模式，在不断完善的基础上选出 12 种仿真模拟设计，如表 5-10 所示。

表 5-10 洱海湖区系统可持续利用模式设计

模式	GDP 增长率/%	城镇化率/%	固定资产投资比例/%	万元工业增加值需水量/m^3	农田灌溉定额/(m^3/hm^2)	水土保持投资比例/%	中水回收系数/%	废水处理投资比例/%	绿地面积变化率/%	环保投资比例/%
1	11	60	65	16	160	0.07	40	0.5	12	0.5
2	11	60	65	16	160	0.05	40	0.3	12	0.3
3	11	60	65	14	120	0.05	40	0.3	10	0.3
4	11	60	65	12	80	0.03	40	0.3	8	0.5
5	8	50	55	16	160	0.07	50	0.5	12	0.5
6	8	50	55	14	120	0.05	50	0.5	10	0.5

续表

模式	GDP 增长率/%	城镇化率/%	固定资产投资比例/%	万元工业增加值需水量/m^3	农田灌溉定额/(m^3/hm^2)	水土保持投资比例/%	中水回收系数/%	废水处理投资比例/%	绿地面积变化率/%	环保投资比例/%
7	8	50	55	12	80	0.03	40	0.3	10	0.3
8	8	50	55	14	120	0.05	40	0.3	10	0.3
9	8	50	55	12	80	0.07	50	0.5	12	0.5
10	6	40	45	12	80	0.03	30	0.3	8	0.3
11	6	40	45	14	120	0.05	30	0.5	12	0.5
12	11	60	65	12	80	0.05	50	0.5	12	0.3

每个模式的参数数值带入后都需要用数据输出保存，后续数值计算需要用到这些大数据，这样就可以继续进行下一个模式输入，当所有设计模式全部进行模拟以后就可以进行分析、计算和选取。选取经济总量、环境污染损失、供水紧张程度、总需水量、水环境容量承载度、废水处理投资、工业污水排放量、水土资源治理效益等变量参与计算，得到不同水资源利用模式下各个指标仿真结果。

湖区可持续发展中水土资源是湖区最重要的战略资源，研究不同城镇化水平下和不同水土资源投资比例下湖区经济社会变化时洱海流域可持续发展的影响因素。同时，作为洱海治理重要工程，水资源的可持续利用可以使得水资源为经济总量更好地服务。分析结果如表 5-11 和图 5-37～图 5-44 所示。

洱海湖区整体系统可持续发展水资源利用模式及仿真结果分析如下。

(1) 模式 1：高经济增长速度，高城镇化建设，高环境保护投资，高生态建设，高耗能排放和资源利用。

按照模式 1 发展，到 2030 年，经济总量为 1938.55 亿元，环境污染损失为 31.0169 亿元，供水紧张程度为 787 869 万 m^3，总需水量为 1.14×10^6 万 m^3，污水处理量为 181 388 万 m^3，水土治理效益为 640.983 亿元，城镇人口达到 54.8424 万人，水资源承载力为 484.202，城市绿地面积 191.262 万亩。

(2) 模式 2：高经济增长速度，高城镇化建设，中环境保护投资，高生态建设，高度耗能排放和资源利用。

按照模式 2 发展，到 2030 年，经济总量为 2217.03 亿元，环境污染损失为 35.4725 亿元，供水紧张程度为 857 860 万 m^3，总需水量为 1.15×10^6 万 m^3，污水处理量为 176 739 万 m^3，水土治理效益为 1686.4 亿元，城镇人口达到 65.389 万人，水资源承载力为 471.793，城市绿地面积 218.737 万亩。

表 5-11　洱海湖区水资源可持续利用主要经济指标仿真结果

主要指标	模式	2016 年	2017 年	2018 年	2019 年	2020 年	2021 年	2022 年	2023 年	2024 年	2025 年	2026 年	2027 年	2028 年	2029 年	2030 年
经济总量/亿元	1	422.308	470.874	525.024	585.402	652.723	727.786	811.482	904.802	1008.85	1124.87	1254.23	1398.47	1559.29	1738.61	1938.55
	2	453.649	508.087	569.057	637.344	713.826	799.485	895.423	1002.87	1123.22	1258	1408.97	1578.04	1767.41	1979.49	2217.03
	3	404.491	449.794	500.17	556.19	618.483	687.753	764.781	850.437	945.686	1051.6	1169.38	1300.35	1445.99	1607.94	1788.03
	4	393.006	436.237	484.223	537.487	596.611	662.238	735.084	815.944	905.698	1005.32	1115.91	1238.66	1374.91	1526.15	1694.03
	5	253.52	273.801	295.705	319.362	344.911	372.504	402.304	434.488	469.247	506.787	547.33	591.117	638.406	689.478	744.637
	6	268.968	291.561	316.052	342.601	371.379	402.575	436.391	473.048	512.784	555.858	602.55	653.164	708.03	767.504	831.975
	7	285.295	310.401	337.716	367.435	399.769	434.949	473.225	514.868	560.177	609.472	663.106	721.459	784.948	854.023	929.177
	8	276.611	300.372	326.173	354.192	384.617	417.655	453.532	492.49	534.795	580.734	630.619	684.79	743.613	807.489	876.853
	9	284.876	309.916	337.158	366.794	399.035	434.11	472.269	513.781	558.943	608.074	661.523	719.671	782.93	851.75	926.619
	10	211.7	226.075	241.425	257.818	275.324	294.018	313.982	335.301	358.068	382.381	408.345	436.071	465.681	497.3	531.067
	11	182.115	192.659	203.814	215.615	228.099	241.306	255.278	270.059	285.695	302.237	319.736	338.249	357.834	378.552	400.47
	12	427.121	476.578	531.76	593.333	662.035	738.692	824.225	919.662	1026.15	1144.97	1277.54	1425.47	1590.53	1774.69	1980.18
环境污染损失/十亿元	1	6.756 93	7.533 98	8.400 39	9.366 43	10.4436	11.6446	12.9837	14.4768	16.1417	17.998	20.0677	22.3755	24.9487	27.8178	31.0169
	2	7.258 39	8.129 39	9.104 92	10.19 75	11.4212	12.7918	14.3268	16.046	17.9715	20.1281	22.5434	25.2487	28.2785	31.6719	35.4725
	3	7.119 03	7.916 37	8.803	9.788 93	10.8853	12.1044	13.4601	14.9677	16.6441	18.5082	20.5811	22.8862	25.4495	28.2998	31.4694
	4	5.659 29	6.281 81	6.972 81	7.739 82	8.5912	9.536 23	10.5852	11.7496	13.042	14.4767	16.0691	17.8367	19.7987	21.9766	24.394
	5	4.461 95	4.8189	5.204 42	5.620 77	6.070 43	6.556 06	7.080 55	7.646 99	8.258 75	8.919 45	9.633 01	10.4037	11.2359	12.1348	13.1056
	6	5.594 53	6.064 47	6.573 89	7.126 09	7.724 68	8.373 56	9.076 94	9.8394	10.6659	11.5618	12.533	13.5858	14.727	15.9641	17.3051

续表

主要指标	模式	2016年	2017年	2018年	2019年	2020年	2021年	2022年	2023年	2024年	2025年	2026年	2027年	2028年	2029年	2030年
环境污染损失/十亿元	7	2.716 01	2.955 02	3.215 06	3.497 98	3.805 81	4.140 72	4.5051	4.901 55	5.332 88	5.802 18	6.312 77	6.868 29	7.4727	8.1303	8.845 77
	8	3.4521	3.748 64	4.070 65	4.420 31	4.800 02	5.212 34	5.660 08	6.146 28	6.674 25	7.247 56	7.870 13	8.546 17	9.280 29	10.0775	10.9431
	9	5.378 45	5.851 22	6.365 54	6.925 07	7.533 79	8.196 01	8.916 43	9.700 19	10.5528	11.4804	12.4896	13.5874	14.7817	16.081	17.4946
	10	2.371 04	2.532 03	2.703 96	2.887 56	3.083 62	3.293	3.5166	3.755 37	4.010 36	4.282 67	4.573 46	4.884	5.215 62	5.569 76	5.947 95
	11	3.3684	3.563 43	3.769 75	3.988 02	4.218 93	4.4632	4.721 62	4.995	5.284 21	5.590 17	5.913 84	6.256 25	6.618 49	7.0017	7.4071
	12	4.783 76	5.337 67	5.955 72	6.645 33	7.414 79	8.273 35	9.231 32	10.3002	11.4929	12.8236	14.3085	15.9653	17.8139	19.8766	22.1781
供水紧张程度/10^3t	1	383 528	397 099	412 049	428 554	446 813	467 042	489 483	514 402	542 098	572 899	607 172	645 326	687 813	735 140	787 869
	2	410 962	425 445	441 469	459 237	478 977	500 940	525 410	552 698	583 154	617 171	655 183	697 679	745 205	798 371	857 860
	3	361 014	371 797	383 585	396 502	410 685	426 284	443 463	462 404	483 305	506 387	531 893	560 091	591 278	625 782	663 967
	4	347 614	356017	365 137	375 060	385 883	397 710	410 653	424 838	440 403	457 496	476 283	496 947	519 688	544 726	572 307
	5	367 472	379 622	392 903	407 458	423 443	441 030	460 412	481 798	505 423	531 549	560 464	592 491	627 988	667 353	711 033
	6	346 213	354 082	362 481	371 468	381 107	391 464	402 611	414 623	427 584	441 580	456 706	473 063	490 762	509 921	530 666
	7	364 058	374 890	386 666	399 500	413 514	428 843	445 635	464 051	484 269	506 483	530 907	557 778	587 355	619 925	655 804
	8	347 374	357 176	367 855	379 517	392 274	406 250	421 581	438 415	456 916	477 265	499 659	524 319	551 484	581 422	614 425
	9	372 227	384 181	397 287	411 690	427 549	445 040	464 358	485 716	509 356	535 542	564 569	596 765	632 496	672 169	716 235
	10	314 814	320 396	326 299	332 560	339 216	346 305	353 869	361 952	370 600	379 862	389 790	400 439	411 870	424 145	437 333
	11	367 741	378 372	389 943	402 574	416 399	431 563	448 229	466 577	486 806	509 139	533 825	561 140	591 393	624 927	662 128
	12	337 158	347 196	358 221	370 356	383 736	398 510	414 842	432 912	452 922	475 091	499 667	526 921	557 154	590 701	627 933

续表

主要指标	模式	2016 年	2017 年	2018 年	2019 年	2020 年	2021 年	2022 年	2023 年	2024 年	2025 年	2026 年	2027 年	2028 年	2029 年	2030 年
总需水量/10^3t	1	710 119	724 838	741 024	758 868	778 581	800 395	824 569	851 388	881 170	914 268	951 072	992 019	1.04×10^6	1.09×10^6	1.14×10^6
	2	701 633	716 277	732 473	750 429	770 373	792 561	817 275	844 834	875 588	909 933	948 310	991 209	1.04×10^6	1.09×10^6	1.15×10^6
	3	686 875	698 677	711 559	725 657	741 117	758 103	776 792	797 381	820 086	845 145	872 822	903 408	937 223	974 625	1.02×10^6
	4	663 286	672 388	682 256	692 984	704 675	717 442	731 405	746 701	763 476	781 893	802 130	824 382	848 867	875 823	905 514
	5	705 070	718 340	732 790	748 568	765 838	784 778	805 587	828 485	853 712	881 540	912 265	946 221	983 775	1.03×10^6	1.07×10^6
	6	672 780	681 509	690 806	700 737	711 369	722 776	735 034	748 226	762 441	777 774	794 326	812 209	831 539	852 446	875 067
	7	691 169	702 901	715 622	729 451	744 517	760 961	778 939	798 618	820 185	843 842	869 813	898 344	929 705	964 195	1.00×10^6
	8	674 670	685 298	696 842	709 411	723 124	738 109	754 508	772 477	792 185	813 820	837 587	863 713	892 449	924 069	958 878
	9	690 701	703 352	717 191	732 364	749 037	767 390	787 621	809 953	834 630	861 925	892 138	925 606	962 701	1.00×10^6	1.05×10^6
	10	649 334	655 714	662 437	669 541	677 066	685 057	693 556	702 611	712 271	722 590	733 624	745 431	758 076	771 626	786 155
	11	684 880	696 068	708 207	721 422	735 845	751 625	768 927	787 932	808 842	831 881	857 300	885 378	916 424	950 787	988 852
	12	676 386	687 718	700 134	713 772	728 780	745 325	763 588	783 771	806 095	830 808	858 182	888 518	922 154	959 460	1.00×10^6
污水处理量/10^3t	1	105 422	108 289	111 380	114 726	118 362	122 325	126 658	131 408	136 624	142 364	148 691	155 675	163 393	171 932	181 388
	2	104 140	106 805	109 686	112 815	116 225	119 956	124 049	128 550	133 513	138 996	145 061	151 783	159 242	167 527	176 739
	3	103 595	106 143	108 879	111 829	115 022	118 490	122 265	126 387	130 896	135 839	141 266	147 234	153 805	161 048	169 040
	4	100 803	103 058	105 472	108 068	110 868	113 900	117 191	120 773	124 680	128 949	133 624	138 749	144 375	150 560	157 366
	5	102 259	104 414	106 661	109 014	111 484	114 086	116 832	119 738	122 819	126 092	129 573	133 282	137 239	141 464	145 981
	6	100 342	102 389	104 529	106 776	109 142	111 641	114 287	117 095	120 082	123 264	126 661	130 291	134 176	138 339	142 804

续表

主要指标	模式	2016 年	2017 年	2018 年	2019 年	2020 年	2021 年	2022 年	2023 年	2024 年	2025 年	2026 年	2027 年	2028 年	2029 年	2030 年
污水处理量/10^3t	7	101 638	103 781	106 030	108 399	110 904	113 560	116 383	119 391	122 603	126 040	129 723	133 675	137 923	142 493	147 416
	8	974 39.2	99 316	101 280	103 342	105 514	107 809	110 238	112 817	115 559	118 481	121 600	124 934	128 503	132 328	136 432
	9	100 148	102 202	104 356	106 622	109 015	111 548	114 237	117 099	120 151	123 411	126 900	130 640	134 653	138 966	143 606
	10	927 71.6	942 50.2	95 767.3	97 328.7	98 940.5	100 609	102 340	104 139	106 015	107 973	110 020	112 164	114 413	116 774	119 257
	11	962 23.3	97 861	99 534.1	101 248	103 009	104 821	106 691	108 624	110 626	112 702	114 859	117 102	119 438	121 873	124 415
	12	101 492	103 887	106 463	109 245	112 261	115 540	119 117	123 029	127 316	132 025	137 206	142 916	149 217	156 179	163 879
水土治理效益/亿元	1	43.584	51.9953	62.208	74.633	89.778	108.271	130.888	158.591	192.572	234.304	285.617	348.776	426.593	522.553	640.983
	2	99.9315	120.329	145.328	176.034	213.82	260.402	317.924	389.061	477.16	586.402	722.018	890.553	1100.2	1361.2	1686.4
	3	36.717	43.0868	50.6799	59.7478	70.5959	83.595	99.1958	117.946	140.514	167.71	200.523	240.159	288.085	346.09	416.359
	4	30.5382	35.1825	40.5979	46.9215	54.3157	62.9738	73.1247	85.0411	99.0468	115.528	134.942	157.838	184.865	216.802	254.574
	5	129.143	150.388	175.675	205.829	241.845	284.928	336.537	398.438	472.766	562.11	669.605	799.047	955.035	1143.14	1370.12
	6	74.8086	84.4986	95.6137	108.382	123.071	139.992	159.509	182.049	208.11	238.277	273.233	313.78	360.857	415.564	479.193
	7	71.0473	82.5015	96.069	112.169	131.307	154.092	181.259	213.696	252.471	298.878	354.478	421.153	501.183	597.318	712.884
	8	75.2892	87.2586	101.412	118.179	138.076	161.722	189.868	223.413	263.442	311.264	368.454	436.914	518.935	617.282	735.288
	9	32.3279	37.8984	44.5669	52.5648	62.1736	73.7363	87.6702	104.484	124.797	149.365	179.107	215.147	258.853	311.893	376.304
	10	18.7085	20.7747	23.108	25.7464	28.7337	32.1203	35.9641	40.3319	45.3003	50.9579	57.4066	64.7639	73.1649	82.7659	93.7467
	11	73.6141	83.9189	95.9637	110.064	126.594	145.997	168.799	195.624	227.213	264.443	308.356	360.189	421.409	493.756	579.296
	12	244.329	288.304	341.019	404.33	480.503	572.305	683.117	817.078	979.246	1175.82	1414.38	1704.24	2056.77	2485.96	3008.94

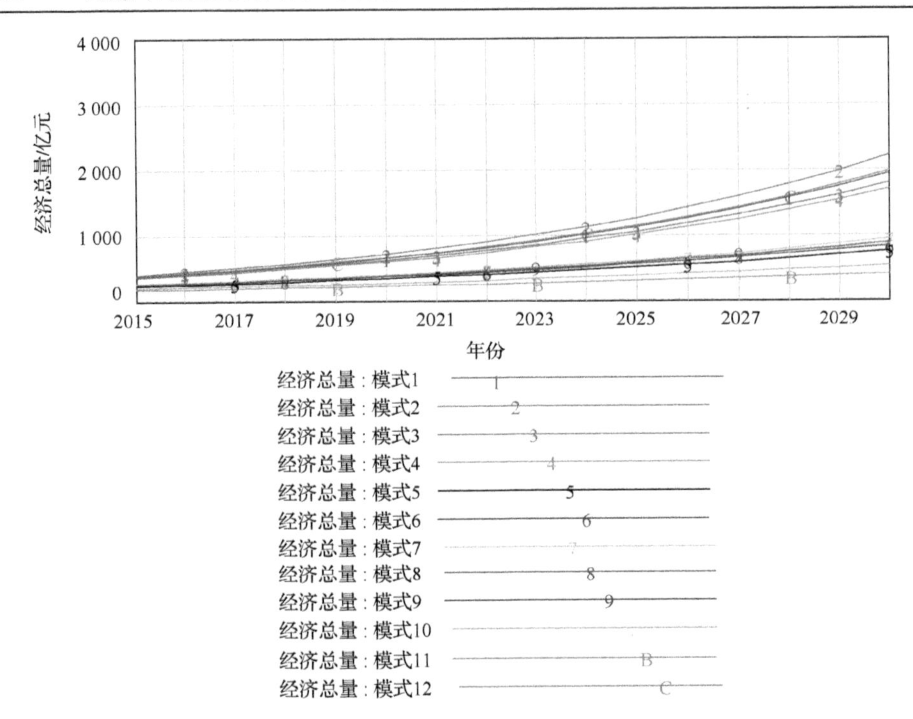

图 5-37　2015～2030 年不同模式下经济总量变化趋势

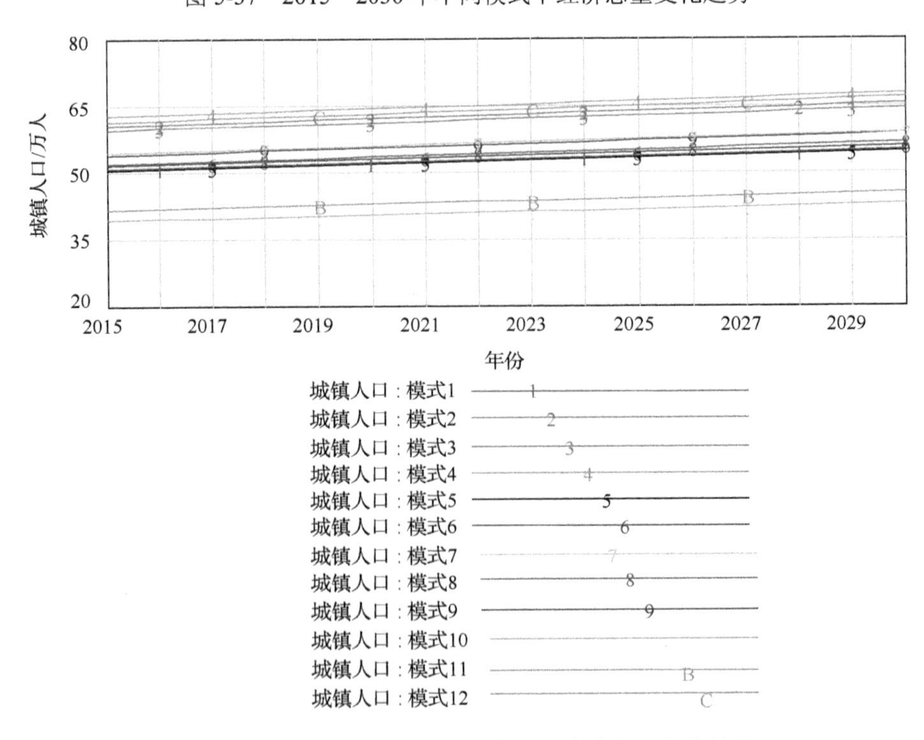

图 5-38　2015～2030 年不同模式下城镇人口变化趋势

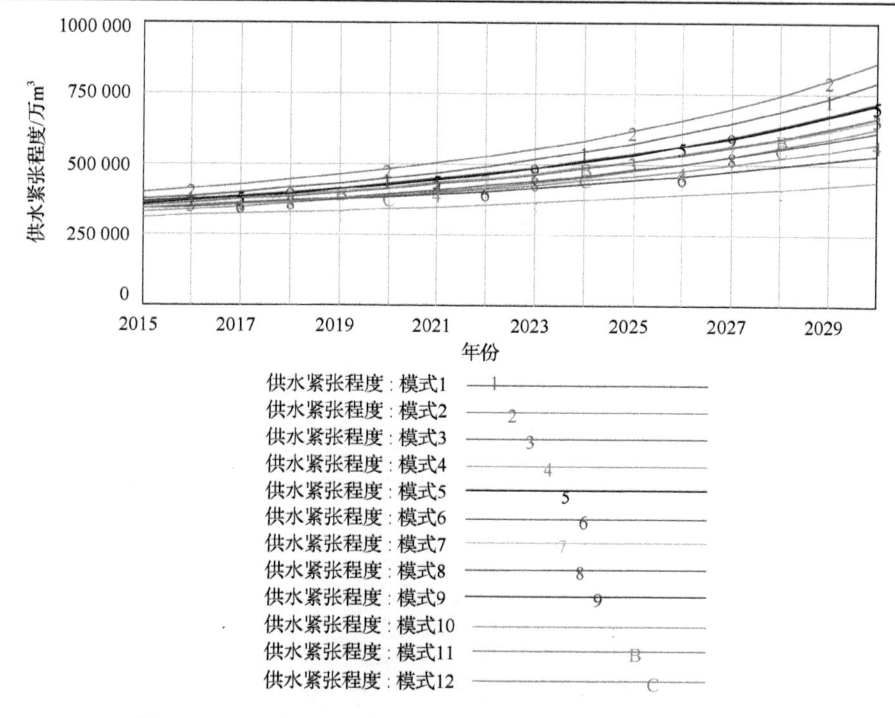

图 5-39　2015～2030 年不同模式下供水紧张程度变化趋势

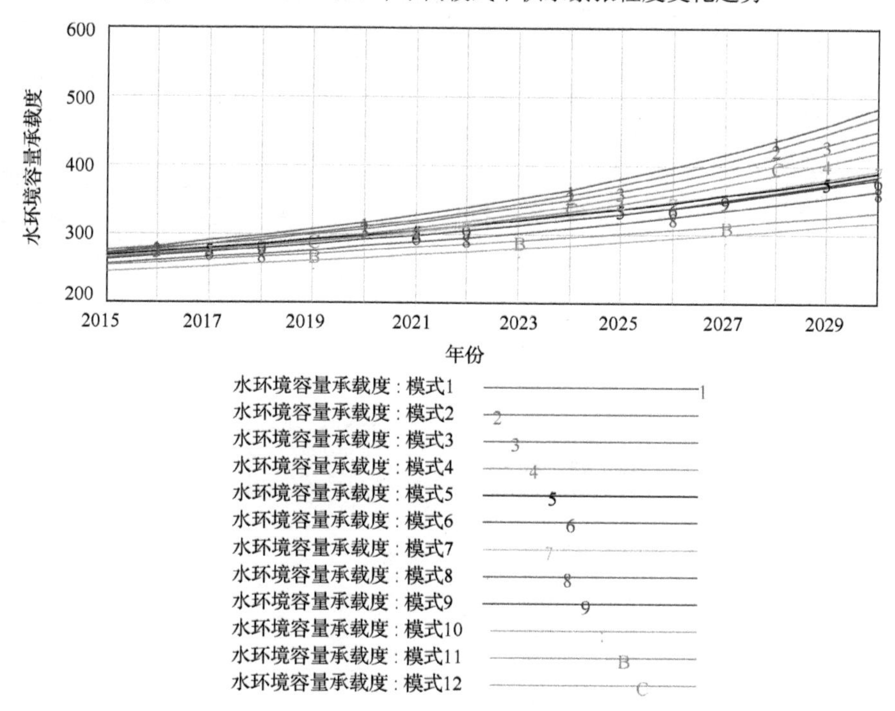

图 5-40　2015～2030 年不同模式下水环境容量承载度变化趋势

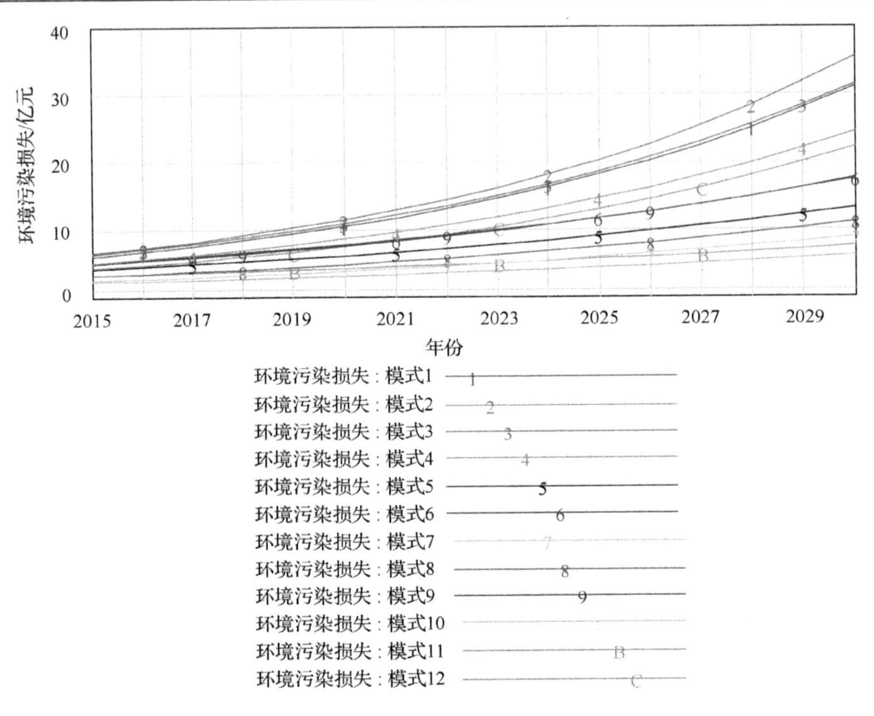

图 5-41　2015～2030 年不同模式下环境污染损失变化趋势

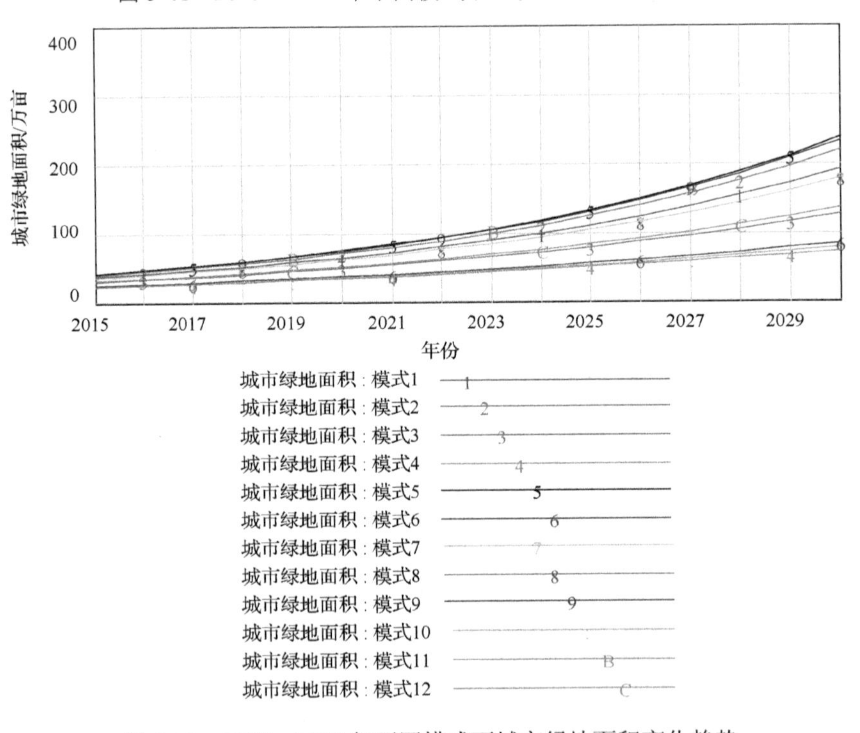

图 5-42　2015～2030 年不同模式下城市绿地面积变化趋势

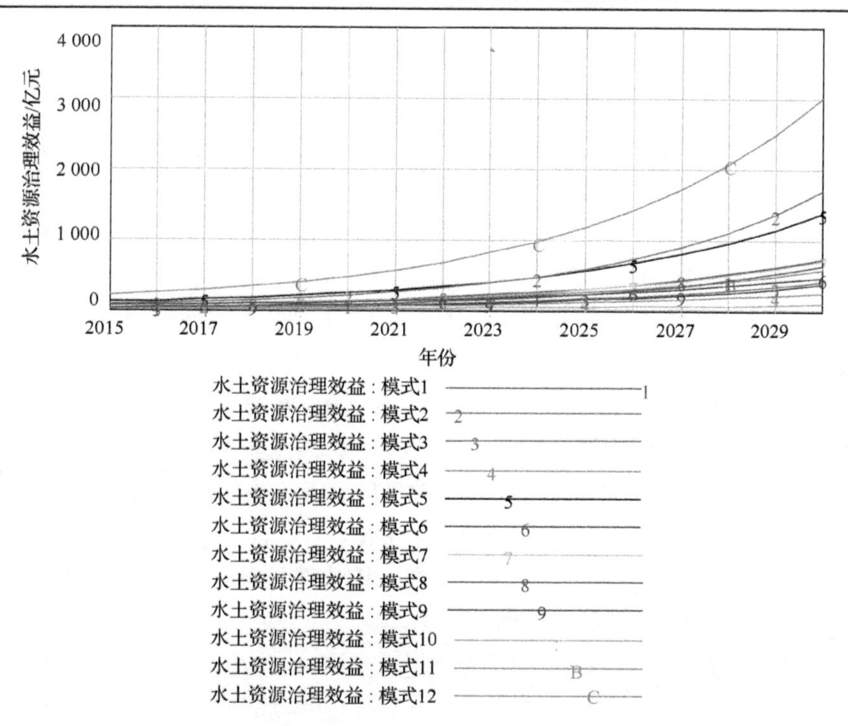

图 5-43　2015～2030 年不同模式下水土资源治理效益变化趋势

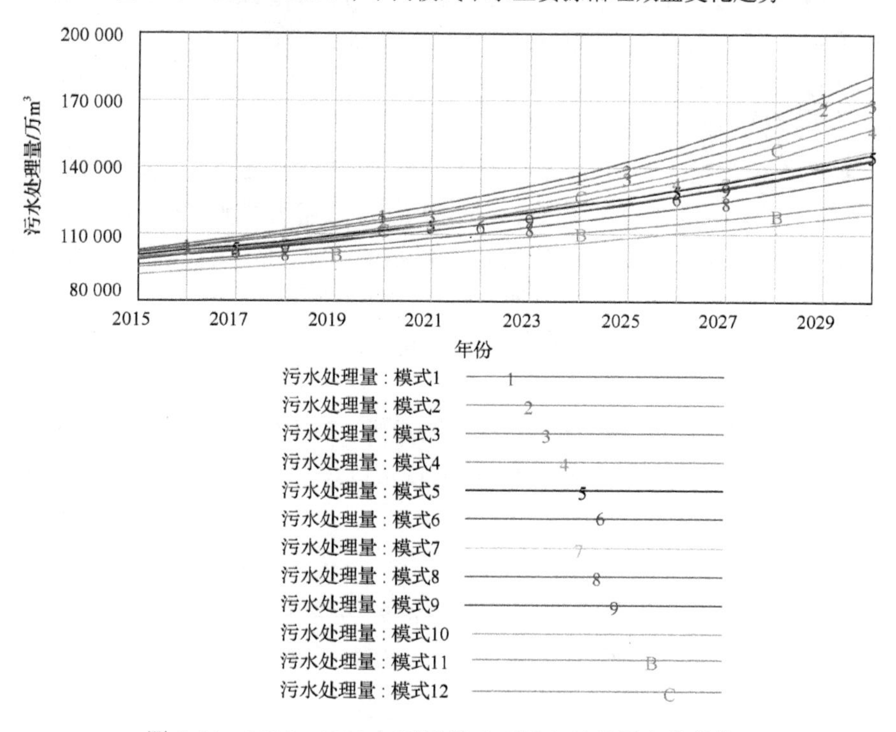

图 5-44　2015～2030 年不同模式下污水处理量变化趋势

(3) 模式 3：高经济增长速度，高城镇化建设，中环境保护投资，中度生态建设，中度耗能排放和资源利用。

按照模式 3 发展，到 2030 年，经济总量为 1788.03 亿元，环境污染损失为 31.4694 亿元，供水紧张程度为 663 967 万 m^3，总需水量为 1.02×10^6 万 m^3，污水处理量为 169 040 万 m^3，水土治理效益为 416.359 亿元，城镇人口达到 64.3343 万人，水资源承载力为 451.24，城市绿地面积 127.398 万亩。

(4) 模式 4：高经济增长速度，高城镇化建设，中环境保护投资，低度生态建设，低度耗能排放和资源利用。

按照模式 4 发展，到 2030 年，经济总量为 1694.03 亿元，环境污染水损失为 24.394 亿元，供水紧张程度为 572 307 万 m^3，总需水量为 905 514 万 m^3，污水处理量为 157 366 万 m^3，水土治理效益为 254.574 亿元，城镇人口达到 67.7093 万人，水资源承载力为 420.078，城市绿地面积 73.4674 万亩。

(5) 模式 5：中度经济增长速度，中度城镇化建设，高环境保护投资，高度生态建设，高度耗能排放和资源利用。

按照模式 5 发展，到 2030 年，经济总量为 744.637 亿元，环境污染水损失为 13.1056 亿元，供水紧张程度为 711 033 万 m^3，总需水量为 1.07×10^6 万 m^3，污水处理量为 145 981 万 m^3，水土治理效益为 1370.12 亿元，城镇人口达到 54.6315 万人，水资源承载力为 389.685，城市绿地面积 237.015 万亩。

(6) 模式 6：中度经济增长速度，中度城镇化建设，高环境保护投资，中度生态建设，中度耗能排放和资源利用。

按照模式 6 发展，到 2030 年，经济总量为 831.975 亿元，环境污染水损失为 17.3051 亿元，供水紧张程度为 530 666 万 m^3，总需水量为 875 067 万 m^3，污水处理量为 142 804 万 m^3，水土治理效益为 479.193 亿，城镇人口达到 55.6861 万人，水资源承载力为 381.205，城市绿地面积 84.3868 万亩。

(7) 模式 7：中度经济增长速度，中度城镇化建设，中环境保护投资，中度生态建设，低度耗能排放和资源利用。

按照模式 7 发展，到 2030 年，经济总量为 929.177 亿元，环境污染水损失为 8.845 77 亿元，供水紧张程度为 655 804 万 m^3，总需水量为 1.00×10^6 万 m^3，污水处理量为 147 416 万 m^3，水土治理效益为 712.884 亿，城镇人口达到 58.8501 万人，水资源承载力为 393.515，城市绿地面积 178.229 万亩。

(8) 模式 8：中度经济增长速度，中度城镇化建设，中环境保护投资，中度生态建设，中度耗能排放和资源利用。

按照模式 8 发展，到 2030 年，经济总量为 876.853 亿元，环境污染水损失为 10.9431 亿元，供水紧张程度为 614 425 万 m^3，总需水量为 958 878 万 m^3，污水处理量为 136 432 万 m^3，水土治理效益为 735.288 亿元，城镇人口达到 56.523 万人，水资源承载力为 364.195，城市绿地面积 178.229 万亩。

(9) 模式 9：中度经济增长速度，中度城镇化建设，高环境保护投资，高度生态建设，低度耗能排放和资源利用。

按照模式 9 发展，到 2030 年，经济总量为 926.619 亿元，环境污染水损失为 17.4946 亿元，供水紧张程度为 716 235 万 m^3，总需水量为 1.05×10^6 万 m^3，污水处理量为 143 606 万 m^3，水土治理效益为 376.304 亿元，城镇人口达到 58.664 万人，水资源承载力为 383.345，城市绿地面积 233.12 万亩。

(10) 模式 10：低度经济增长速度，低度城镇化建设，低环境保护投资，低度生态建设，低度耗能排放和资源利用。

按照模式 10 发展，到 2030 年，经济总量为 531.067 亿元，环境污染水损失为 5.947 95 亿元，供水紧张程度为 437 333 万 m^3，总需水量 786 155 万 m^3，污水处理量为 119 257 万 m^3，水土治理效益为 93.7467 亿元，城镇人口达到 42.8205 万人，水资源承载力为 318.347，城市绿地面积 78.4829 万亩。

(11) 模式 11：低度经济增长速度，低度城镇化建设，中环境保护投资，中度生态建设，中度耗能排放和资源利用。

按照模式 11 发展，到 2030 年，经济总量为 400.47 亿元，环境污染水损失为 7.4071 亿元，供水紧张程度为 662 128 万 m^3，总需水量 988 852 万 m^3，污水处理量为 124 415 万 m^3，水土治理效益为 579.296 亿元，城镇人口达到 45.3897 万人，水资源承载力为 332.115，城市绿地面积 233.12 万亩。

(12) 模式 12：高度经济增长速度，高度城镇化建设，高环境保护投资，中度生态建设，低度耗能排放和资源利用。

按照模式 12 发展，到 2030 年，经济总量为 1980.18 亿元，环境污染水损失为 22.1781 亿元，供水紧张程度为 627 933 万 m^3，总需水量 1.00×10^6 万 m^3，污水处理量为 163 879 万 m^3，水土治理效益为 3008.94 亿元，城镇人口达到 66.7999 万人，水资源承载力为 437.462，城市绿地面积 135.932 万亩。

三、洱海湖区可持续发展能力评价与方案选择

对上述 12 种水资源模式中 2015～2030 年的经济总量、环境污染损失、供水紧张程度、总需水量、水环境容量承载度、水土治理效益、城镇总人口数、污水处理量这些指标模拟结果图像化，如上面 Vensim-PLE 模拟所得图 5-37～图 5-44 所示，这样可以更加直观、形象地选择方案。结合图形分析和经验判断，利用前面介绍的公式对大数据进行无量纲化，通过欧氏距离计算公式和洱海湖区可持续

发展能力评价体系计算洱海湖区可持续发展能力大小。假设整体系统其他条件都不改变，运用决策实验就可以得到想得到的指标体系中 30 个指标具体数值，就可以计算出不同方案下可持续发展能力大小，从而可以从中进行选择判断(图 5-45)。

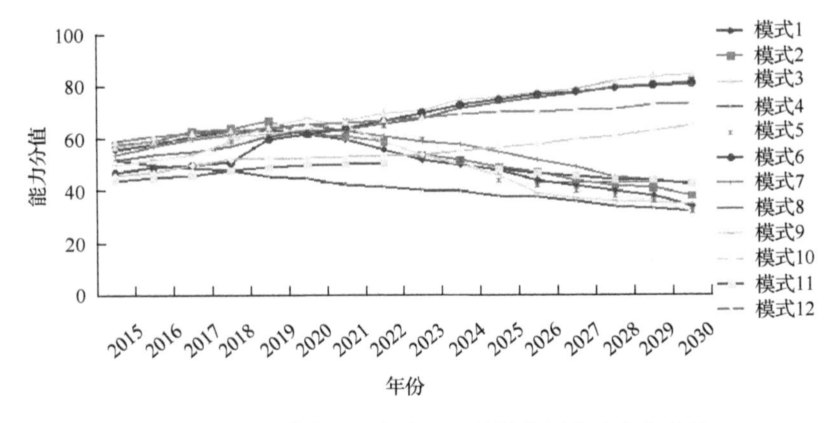

图 5-45 不同模式下洱海湖区可持续发展能力变化趋势

从大量数据直观化图像可以看出不同模式下不同参数在不同年份的数值变化，即不同模拟结果。系统内不同指标单位和数值大小不一样，在模拟 2015～2030 年这 16 年间不同数值时，对于越小越好的指标，同类指标集合中最小者指标取值为 1、最大者取值为 0，依据公式 $M'_{ij} = \dfrac{M_{\max} - M_{ij}}{M_{\max} - M_{\min}}$ 进行计算；对于越大越好的指标，同类指标集合最大者指标取值为 1、最小者取值为 0，依据公式 $M'_{ij} = \dfrac{M_{ij} - M_{\min}}{M_{\max} - M_{\min}}$ 进行计算；可以得到不同模式下洱海湖区可持续发展能力变化图，这时候对于数值可以通过 MATLAB 设计程序进行简单程序设计，只要带入原始数值就可以得到某年份整体参数数值。

从图 5-45 中可以看出，湖区可持续发展能力大部分的分值都在 30 以上，表明都在弱不可持续以上区域，模式 3、模式 6、模式 8、模式 10 和模式 12 是可行方案。在 2015 年所有模式都处于 40 分以上，说明洱海湖区本身的可持续发展能力比较好，开始时水资源数值提升不大，但是随时间变化，优选方案中的湖区可持续能力在逐渐加强，是优选方案。该图中可以看出它们在未来都有上升趋势，而且时间越长比其他的方案都要优化，平均可持续发展能力分数较其他方案来说比较好，体现了洱海湖区可持续发展的内涵和意义。

模式 4 的发展模式应该得到排除，因为它从一开始就处于下降状态，这体现了湖区可持续发展能力在逐渐下降，不符合系统建模要求。模式 1、模式 2、模式 5、模式 7 和模式 9 虽然都有短暂年份提升，但是长时间看来还是有下降趋势，而且下降速度比较大。所以确定洱海湖区水资源可持续利用模式设计中的模式 3、模式6、模式8、模式10和模式12为优选方案。它们从弱可持续和中等可持续状态逐渐变成可持续能力强的状态，表明理想状态的趋近，体现出湖区生态环境和资源利用程度都得到很好地提升，可持续发展能力得到强化。

模式3、模式6、模式8和模式12分别命名为经济型、环保型、中庸型和节约型，它们的分数值起点都比较高，符合系统建模目的和现实要求，伴随着这些模式实施，洱海湖区可持续发展能力将会变强，趋近于理想状态。它们各自特点与模拟结果分析如表5-12所示。

表5-12　洱海湖区系统可持续发展优化方案对比分析表

模式	指标特征	仿真模拟结果	模式名称
3	高经济增长速度，高城镇化建设，中环境保护投资，中度生态建设，中度耗能排放和资源利用	经济总量增长快速，环境污染损失少，水资源紧张程度降低，城镇人口增多，中度水土流失，城市绿化改善，中水处理增多	高经济资源环境协调发展模式（经济型）
6	中度经济增长速度，中度城镇化建设，高环境保护投资，中度生态建设，中度耗能排放和资源利用	经济发展平稳，环境污染损失快速减少，水资源紧张程度中等，城镇人口增多，水土流失减少，城市绿化改善，中水处理增多	高生态节水节地发展模式（环保型）
8	中度经济增长速度，中度城镇化建设，中环境保护投资，中度生态建设，中度耗能排放和资源利用	经济发展平稳，生态环境优良，水资源紧张程度降低，城镇人口增长慢，水土流失减少，城市绿化改进，中水处理增多	经济资源环境协调发展模式（中庸型）
10	低度经济增长速度，低度城镇化建设，低环境保护投资，低度生态建设，低度耗能排放和资源利用	经济发展缓慢，水资源充分，人居环境得到改善，城镇人口增长慢，水流保持良好，城市绿化生态建设加快，环境改善	资源环境保护式开发模式（保守型）
12	高度经济增长速度，高度城镇化建设，高环境保护投资，中度生态建设，低度耗能排放和资源利用	经济快速发展，环境污染损失少，水资源紧张程度平稳，城镇人口增多，水土流失减少，生态环境改善，中水处理增多	高经济节水节地生态发展模式（节约型）

模式10被命名保守型，发展能力在开始时处于比较落后位置，但是伴随着时间的推移，该种原始发展的保守模式体现出来的可持续发展能力也越来越强，处于比较平稳阶段。研究组大胆提出，洱海湖区这种天然资源和环境资源禀赋优美的地方可以采用原始状态发展下去，不必过分强调经济建设，用低度经济建设换来资源环境的保护和生态恢复与建设。处于西南边陲的云南，其发展本身就落后于东部发达地区，可以利用良好的生态环境和资源禀赋发展绿色产业、旅游产业和高原特色农业，保护洱海原始资源环境，这本身也是一种可持续发展模式。花更多精力投入在民生改善和绿色产业发展上将更有利于长远发展。

第八节　洱海湖区可持续发展中保护与治理经验总结

洱海湖区可持续发展取得较好成效，湖区流域步入人与自然和谐发展、经济社会进步可持续发展轨道，人口、资源、环境和经济协调发展。洱海现已成为全国城市湖区保护的最好的湖泊之一，在全国已多次介绍和总结保护洱海、治理洱海和湖区经济发展过程中取得的成功经验和管理办法，洱海保护治理成绩得到充分肯定。各大主流媒体也纷纷汇聚大理，从不同视角共同分享洱海发展经验和湖区协调发展模式。洱海湖区自然生态环境逐步修复使湖区内水产类产量提升，同时大理旅游人数明显增多，旅游收入大幅度提升。越来越多外商和客户愿意到风花雪月的大理来投资置业，这为大理的经济社会事业发展注入新鲜血液，“洱海清、大理兴”正在成为现实。

1. 重视环境保护，用法律法规和政策手段保障治理与保护更加规范

洱海是大理人民的“母亲湖”，保护洱海就是保护大理州的眼睛，刻不容缓，政府对洱海保护高度重视，始终坚持科学发展观和生态文明建设理念，积极开展湖区综合治理，并取得显著成绩。大理州是自治州，利用《民族区域自治法》赋予的自治权利，按照“保护第一，统一管理，科学规划，永续利用”原则，运用立法手段依法对洱海实施保护治理，做到有法可依、有章可循。利用法律刚性手段加大对违法违规污染和破坏生态环境行为进行严肃处理与打击。

近年来大理州政府通过法律建设约束湖区经济社会发展规范，《大理白族自治州洱海管理条例》、《大理白族自治州洱海滩地管理实施办法》、《大理白族自治州洱海水污染防治实施办法》、《大理白族自治州洱海流域垃圾污染物处置管理办法》等法律法规的出台更是从多个方面推动湖区生态环境保护和污染治理。大理市从实际出发先后颁布配套的政策，出台了水污染防治、水政、渔政、航务、流域村镇及入湖河道垃圾径流区农药化肥使用管理办法，在各部门配合下加大依法管海、依法治海力度。

为保障洱海湖区经济社会可持续发展规划实施，大理州政府先后通过合作出台《关于加强洱海北部生态经济示范镇建设实施意见》、《进一步加强洱海综合治理保护实施意见》、《大理市人民政府关于洱海综合治理保护重点工程项目实施意见》等规定，保障工程建设和规划实施；与此同时，积极与相关规划单位和环保单位组织实施《洱海北部生态经济示范镇建设规划》、《洱海水污染防治规划》、《海西田园风光保护规划》等系列生态环境专项规划及研究。

系列政策法规和规划方案确立以保护洱海为中心的城市建设、产业布局和生态产业建设，利用完整治理思路和综合治理办法，树立在保护中发展、在发展中保护的生态文明建设理念，强化湖区生态湿地恢复和生态经济示范试验小镇建设，通过湖区环境改善促进区域经济发展，实现资源环境经济社会协调发展。完备的法律法规和政策规划为全国湖泊保护与治理提供借鉴，更为湖区经济社会发展提供崭新的发展思路。

2. 坚持科学治理，通过融资平台和科技手段推进治理工程加速建设

大理市大胆创新，以筹资社会化、运行社会化、管理专业化模式推进洱海保

护和工程项目建设。大理市政府加大引进科技人才、科研项目和资金投入，使洱海湖区保护和发展与科技相伴，洱海湖区率先在全国范围内实施对洱海湖区的“数字画图”，简称“数字洱海”信息管理系统，随时监测湖水水质变化和浮游生物状态，为洱海保护与治理提供科学有效的决策思路。在洱海湖区周围建立洱海水生野生动物自然保护区，配套苍山自然保护区、高原草甸和森林保护区建设，建设洱海水生生物物种库，实施洱海原始土生贝类恢复实验，积极探索洱海生态系统恢复和重建办法，保护洱海湖区生物资源和生物多样性。与此同时，积极与宾川县协调，建设科学调度机制，保障洱海湖区水资源科学运用，确保洱海生态用水。

针对乡村人居环境恶化、农药污染和牲畜粪便排入河流造成洱海湖区的面源污染问题，洱源县在市政府号召下积极调研发展状况，把环境保护档案已经建立到自然村门口，确实解决源头污染问题。对于奶牛多、粪便难以控制等问题，市政府还专门为所有奶牛建立档案，方便全面管理，与此同时建立顺丰实业有限公司等把奶牛、山羊等牲畜粪便进行发酵和生态化肥生产的企业，运用绿色生态效应解决牛粪入湖问题。先科的科技进入生态保护当中，可以提高管理科学化和智能化。

湖泊保护投入多，现实效果不明显，社会资本不愿意参与到保护行动当中，融资困难成为阻碍湖区经济社会发展的重点和难点。大理市搭建的洱海保护建设投资平台破解了该问题。政府建立大理洱海保护投资建设有限公司，其主要经营洱海湖区内已经建成的滨湖带、洱海码头、旅游基础设施，运用社会资本拓宽融资渠道，带动湖区保护治理，社会资本的参与可以提升企业资本利用效率。同时在污水处理方面，具有代表性的庆中科技污水处理厂，率先使用 BOT 模式进行外资引进建设，建设—运营—转移的发展思路可以有效利用社会资本参与治理，形成成本低、效率高、效果好的湖区治理模式。

3. 倡导生态建设，利用工程治理和项目管理手段加强湖区生态恢复

党的十八大和十八届三中全会以来，政府把生态文明建设摆在很高的高度，“美丽中国”概念的提出为地方政府建设区域经济提供了完整思路，大理白族自治州政府在响应号召的基础上加强湖区生态建设，努力使湖区老百姓过上幸福安康的生活。在湖区实施“双取消”(取消洱海激动船动力设施，取消网箱养鱼设施)和“三退三还”(退田还林、退塘还湖、退房还湿地)基础上，继续实施洱海保护治理工程，确保洱海湖区 16 个乡(镇)污水收集率、污水处理率、垃圾收集率和处置率都达到 80%以上，农村污水处理率达到 30%以上，垃圾处置率在 50%以上，以实现洱海水质未来保持在地表水Ⅲ类以上，努力实现Ⅱ类水质。

洱海保护和湖区治理是个复杂系统工程，在“十一五”规划期间实施的流域城镇治污截污工程、农业和农村面源污染治理工程、流域实地和滩涂地生态恢复建设工程、主要入湖河流水环境综合整治工程、流域水土保持治理工程和环境管

理与能力建设工程这 6 大工程建设为洱海保护提供坚实基础，为保护洱海生态环境、促进人与自然和谐发展提供保障。与此同时，多年来的湖底污染治理起到很好效果，完成 1000 万 m^3 底泥疏浚，使洱海自我净化能力加强。

洱海湖区生态滨湖带在世界范围内都有较好影响，吸引了来自世界各地的专家学者前来考察学习。生态湿地可以对污染物进行吸收、代谢、分解和净化水资源，是湖泊的“肾脏”。大理市实施生态小镇建设为基础，加强洱海源头洱源县的生态基础设施、生态农业、生态工业、生态旅游、生态屏障、生态家园、生态文化七大体系建设。通过建立世界最长滨湖带——58km 洱海西岸滨湖带，引进以点带面、连段成片治理思路，强化入湖河口生态植物种植，完善入湖区域生物多样性，增强对湖口截污控制能力。

大理白族自治州在洱海湖区建设的环湖污水收集管网无疑可以彻底解决湖区生活污水排放问题，通过管网设施把湖区生产生活污水进行集中，然后把污水排放到污水处理厂中进行处理，新建 4 家污水处理厂中部分已在运营，日处理污水 16 万 m^3，城市污水数理系统已经初具规模，为洱海水质改善起到重要的缓解作用。

4. 转变发展理念，又好又快地发展具有地区特色的生态经济绿色经济

发展生态产业和绿色产业是一项群众性、社会性、公益性很强的事业，是一件利国利民大事。大理市政府转变“靠山吃山、靠水吃水”的理念为“养山吃山、养水吃水、养林吃林”，把发展生态产业、绿色产业当作湖区经济社会可持续发展的前提和保障。生态产业和绿色产业是以保护自然资源、防治环境污染、改善生态环境为目的，所进行的资源开发、科学研究、技术改造、产品生产、商品流通、信息服务、工程建设等系列社会再生产过程的总称，湖区生态经济建设就是要建设适宜人类生存和生活、可持续发展的循环经济。

湖区农业部门以高新技术改造传统农业，着力发展高新技术的特色生态农业和高原特色农业，并强调产品深加工。烟叶种植已经进入生态化肥试用阶段，同时具有特色的云南高原药材种植也初具规模。县(镇)上推广先进农业耕作技术，采用高效、无毒、低残留农药化肥，合理配方施用化肥农药，使用生物农膜和回收已用农膜，以减轻农业的自身污染。林业部门从采伐林业转向森林生态工程林业，用灌、草、林结合绿化宜林地，提高绿色植被覆盖率，切实保护生态生物多样性。

发展生态工业是湖区经济发展和产业设计的重要举措，以洱源县为试点的生态产业建设园区发展势头强劲，收到较好的经济社会效益。邓川生态工业园区是洱源县重要生态工业基地，骏马集团、邓川希望蝶泉乳业、锦洋血清等重要企业落户入园，现在已有 50 多家企业注册，以拖拉机装配、乳制品和农特产品加工为主要产业，带动区域产业经济发展，产业园区中管理办法将以国家产业政策的环

保、无污染节能减排作为进驻园区首要条件，这既带动了区域经济建设，也为洱海保护源头作出贡献。

大理作为洱海湖区重要行政单位，伴随洱海湖区水资源和环境恢复，旅游事业蒸蒸日上，取得长足进步。大量旅游集团公司、地产商都纷纷进驻大理，共享发展成果。旅游产业作为绿色工业成为大理市重要发展产业，成为改善民众生活水平的重要手段。游客前来大理观光游览的同时，可以带动当地住宿业、餐饮业和服务业快速发展，从而实现湖区经济快速发展。越来越多旅客甚至愿意迁居大理，享受休闲度假，因此度假山庄和旅游房地产建设发展快。

5. 创新机制体制，强化领导和部门之间的沟通、协调、配合和监管

湖区虽然都在大理白族自治州管辖区域内，但是由于市(县)行政区划存在不同，综合管理上有难度。为此，大理白族自治州在 2003 年将原来隶属于洱源县的江尾(现在的上关镇)和双廊镇划归为大理市，实现大理市对洱海环湖区域的统一管理，这一机制体制改变为洱海保护提供了基础保障。政府有关部门直接与湖区各镇主要领导进行对接，形成洱海湖区治理专项小组统一指挥、综合协调的湖区综合管理保护组织领导机制，强化领导和部门之间的配合和协调，这有利于强化保护意识，确保政策实施和检查监督。

在领导小组制订的工作任务和措施安排下，政府实施目标责任制，按照“纵向到底、横向到边”要求，与各级部门签订目标责任书，将任务目标层层分解，实现风险金抵押和一票否决制，以防止部分领导存在错误政绩观和责任不明，基本上形成分级负责、分块管理、属地治理、群防群治、齐抓共管、全民参与的洱海湖区保护和治理工作格局。

在基层湖区管理上建立沿湖环境保护江安网络化管理制度，在与洱海保护相关的 13 个区(镇)建立洱海环境管理所，配有专门负责人员 3～5 名，给予一定编制安排保障待遇。他们专门负责辖区内洱海环境保护与管理工作，负责实施政府相关部门关于洱海保护的相关规定。针对洱海湖岸线长、入湖河道多、环湖村落多、农村卫生管理难度大的具体情况，政府沿湖聘请 1500 多名滩涂地管理员、河段管理员和垃圾收集员，负责洱海湖区日常保洁，部分镇在具体河段还设立警示牌，标明河段责任人名字，便于群众监督。河道管理员、河段管理员、环境管理所、市级主管部门为主题的多层次湖区管理体系的建立，切实保障了湖区生态环境恢复和良好运转。

6. 发挥主人翁意识，积极引导和充分发挥舆论媒体的宣传引导作用

大理市把洱海保护与治理内容写入小学生课本当中，从小教育学生应该保护洱海母亲湖。大理同胞热爱洱海就像热爱自己生命一样，每个人的主人翁意识强、保护意识强，这在全国范围内也是值得借鉴的。大理市长期在电视台、电台、网

络、报刊杂志等多种媒体上开辟专题、专访、专刊、专栏，跟踪报道洱海保护和治理工作。市政府制作专题片加强宣传；积极组织公众参与到洱海保护行动当中，用志愿者实际行动提醒群众保护洱海。义务植树造林活动、七彩云南环保行动、环保世纪行等大型公益活动吸引无数年轻人和旅游者参与到洱海保护行动当中。

洱海保护教育进机关、进校园、进社区、进农村的“四进”活动，强化了湖区老百姓对保护洱海的认识和重视。政府每年发放《大理市农村常用法律法规教育读本》、《洱海保护法律法规尝试》等法律读本给市民，普及洱海保护知识。洱海每年的开渔节实际上是对洱海保护的另类宣传，因为只有共同保护洱海水资源和生物资源，才能享受大自然的馈赠和给予。每年开渔节场面轰动，政府在宣传保护意识和生态意识的同时，可以强化政府责任意识。近年来，洱海音乐节更是在全国都有知名度，全世界的音乐爱好者齐聚大理，享受大理美好风光环境和生态环境，宣传效果明显，人们对洱海在大理经济社会发展中重要地位的认识越来越深刻，洱海的地位更加凸显。

洱海保护离不开湖区周围老百姓，随处可见关于保护洱海重要性的宣传，可以看到有人在清澈见底的洱海里面游泳的场面，这是人人关心洱海、人人保护洱海的良好局面。洱海是每个大理人的心灵之窗，洱海保护与治理、湖区经济社会可持续发展最终还是靠民众的齐心协力。

第六章　洱海湖区流域可持续发展的自适应成长模式

自然界中很多生物系统(包括人体)在进化过程中都在不同程度上形成了自适应能力，以适应环境的变化，未受到人类活动干扰的天然湖泊系统也具有这种能力。洱海及其湖区作为一个由生态、经济、社会诸多因素共同构成的复杂动态系统，人类的经济、社会活动已使湖泊原始的天然平衡适应能力被破坏。然而动态环境中事物的发展还常常会呈现出一种“适应→不适应→新的适应”的动态演化过程，即产生类似生物体的自适应能力。因此，为实现湖区的可持续发展，有必要把整个湖泊及其流域的生态经济社会系统作为被控对象，借鉴自适应系统的运行规律，找出适当的方法，建立能自我调节和自我适应的机制，系统内各要素能根据人类活动的影响及环境的变化调节自身的行为方式，使由生态、经济、社会共同构成的湖区系统重新成为具有适应能力的主体，把人类的经济活动引导向促进生态经济平衡、社会协调发展的良性循环，从而达到整个湖区生态经济社会的系统协调发展和不断优化。

第一节　自适应系统的内涵及功能

一、自适应系统的内涵

“自适应”原本是控制理论中的一个概念，自适应控制是一种最优控制，它能够根据被控对象的输出状态而自动对系统进行调节，使系统随时处于最佳状态。具有自适应特征的系统在运行期间，能及时辨识出被控对象当前状态的信息，将所测得的指标与规定的指标相比较，正确地感知环境的各种变化，由自适应机制来修正可调节参数，以保持系统的性能指标达到或接近于规定的指标。自适应系统内部的各要素之间是稳定有序的协调互动状态，系统和外部环境之间也是以稳定有序的方式进行物质、能量和信息的交换。理想状态下，良好的自适应系统能在内外部条件发生变化时，自发地作出反应，通过调整适应新的环境。系统的自适应能力是系统所具有的与环境达到良好互动的能力，它是一种相对于环境的积累性能力。

二、自适应系统的功能

具备自适应能力的系统在对动态环境自适应的过程中，其功能主要体现在两个方面：一方面，自动维护系统内部的平衡，当环境变化的影响未超过感知应变临界值时，系统能够自动调整以维护自身原有的内部关系和秩序，以使自身结构和功能保持相对的平衡与稳定，即系统能承受环境一定程度上的变化，在这一变化范围内系统有维持其运作效能的缓冲能力或容忍能力；另一方面，自动调整自身与环境之间的动态平衡，当环境变化的影响超过了感知应变临界值时，系统原有的结构、运行状态已经明显不能满足环境变化，此时系统能根据环境条件的变化重新调整其内部组合和秩序，与环境达到动态的平衡与协调，即系统在环境变化超出其承受范围，需要调整才能维持自身的高效运作时，有能够快速调整、平滑过渡(现有系统要素到新系统要素的形成)的变革能力或应变能力。自适应系统可以充分调动自身的内部资源和能力，增强系统的预见性和主动应变能力。当环境变化较小的时候，系统内部结构无需作出很大的调整，甚至可以不变，自适应机制相当于一个实时监控的预警系统；而当情况变化较大的时候，因为有了前期的预警和准备，这时可以缩短调整时间，更快地适应新的环境。因此，这两个方面的功能相互依存、相互作用，彼此缺一不可。

第二节　洱海湖区可持续发展自适应成长模式的设计目标

洱海湖区可持续发展的自适应成长模式可以理解为在一定时空下，湖区内的经济和社会发展能在洱海湖泊及流域生态环境的可承载范围内得到持续增长的系统运行方式，即能形成鲜明特点的区域生态、经济、社会的和谐发展方式。

湖区是涉及湖泊及其流域生态、经济和社会多因素的复杂巨系统，其可持续发展问题涉及大量相互作用的行为主体。各要素之间相互关联，某一要素的变化会影响其他多个要素的变化，甚至整个系统的变化。各要素之间呈现非线性关系，而且作用于系统上的外界干扰往往是随机和难以测量的。系统的复杂性使得该系统要良性运行必须依靠自学习、自组织来形成一个具有自适应能力的有机结构，因此有必要把整个洱海及其流域的生态经济社会系统作为被控对象，而这也正是人类遵循生态规律发展经济社会的内在要求。

基于自适应控制理论的洱海湖区可持续发展模式，将洱海及其流域作为一个系统整体，通过借助自适应理论，使湖泊及其流域具有较好的自适应能力，能根据人类活动的影响及自身的发展变化自发地进行调节。其基本控制目标就是通过控制系统将湖区经济社会的发展限在资源、生态环境承载力阈值之内，以达到整个流域生态经济社会协调发展的目的，即控制人类生产生活产生的污染物排放速度和数量不能超过环境的自净能力，一旦人类的活动导致区域生态经济系统不协调时，能采取相应的措施，让区域生态经济系统恢复协调、稳定、持续发展的状态。

第三节　构建洱海湖区可持续发展自适应成长模式的依据和原则

自适应能力是系统发展的根本动力，自适应能力强的系统表现出对环境变化的前瞻性、适应环境的敏捷性和内部要素的协同性，能主动而迅速地适应环境变化。

一、构建自适应成长模式的必要条件

每一种模式都有其存在和得以有效运行的条件。湖泊环境资源的有限性和生态系统的先天脆弱性，使得湖泊及流域经济的可持续发展必须以湖泊的环境容量和环境承载力为基础，以湖泊及流域的环境保护为必要条件，在环境约束下实现经济增长。系统相对于动态环境的自适应演化不是一次就完成的，而是一个个循环往复的过程，即“适应→不适应→新的适应”的动态过程。自适应成长模式能够使系统各要素在内外环境条件变化的情况下，通过修正系统的结构或参数，及时调整自身的各项运行参数和资源信息，以保持与运行环境的相适应。因此，为构建湖区自适应成长模式，环境中的各类参数必须要能够被实时监控和准确量化，决策主体必须有能力根据环境变化的各种信息，及时评估、调整规则或采用其他有效措施，对系统内部的控制变量进行调整和优化，以适应环境变化。

二、构建洱海湖区可持续发展自适应成长模式的依据

1. 可持续发展已成为我国的发展战略

早在 1996 年通过的《中华人民共和国国民经济和社会发展“九五”计划和 2010 年远景目标纲要》中就正式把可持续发展确定为国家的发展战略。从 1997 年开始,中央和各级地方政府每年召开人口资源环境工作座谈会，可持续发展战略日益受到重视，并且持续发展战略也体现在各级规划计划之中，全国各地也都在积极推进可持续发展战略的实施。

2. 污染物总量控制制度成为一项重要的环境管理制度

国家环境管理部门“九五”期间在对过去主要以浓度标准为依据的环境管理制度进一步完善的基础上，开始在全国执行主要污染物排放总量控制计划，我国的环境管理力度逐步加大。

3. 《中华人民共和国清洁生产促进法》的出台有利于实现资源的有效利用

《中华人民共和国清洁生产促进法》于 2003 年 1 月 1 日起施行。这标志着我国的清洁生产促进工作走上了法制化的轨道。与“先污染、后治理”的末端治理

相比，清洁生产关注的是污染物的源头控制及生产与消费的过程控制，努力实现污染物产生减量化和最小化，从而实现资源的有效利用，这与可持续发展的要求是完全一致的。

三、构建洱海湖区可持续发展自适应成长模式的原则

1. 发展性原则

可持续发展的中心是发展，贫穷和落后不可能达到可持续发展。而目前云南落后的经济社会发展水平决定了湖区发展的必要性和紧迫性。面对湖区脆弱的生态系统，单纯地保护是不现实的。把发展放在首位，通过发展实现环境保护与经济发展的动态协调，才能在保证洱海现有环境资源永续利用的前提下，实现经济发展与生态环境优化的良性循环，最终达到湖区的全面可持续发展。

2. 持续性原则

水资源是湖区赖以存在和发展的最为重要的资源，但水资源的再生具有相对性，如果湖内水体所受到的污染大于其环境容量和承载能力，导致水体丧失自净能力时再来进行保护和治理，不仅成本高，而且会收效甚微。持续性原则要求把经济发展对水体的污染和破坏控制在环境资源的承载范围内，以有效维持自然生态系统对经济社会发展的持久支撑能力。

3. 适宜性原则

可持续发展模式应是与特定的资源和环境约束条件相适应的，并且与湖区当地社会经济的发展要求是相符合的。洱海湖区大部分尚处于工业化前期，工业化仍是促进湖区经济发展的重要选择。然而，工业对资源的依赖性较强，对环境的污染相对于其他产业来说最为严重，因此需要在适宜性原则指导下，结合流域各地区经济和环境的压力，谋求合适的工业化模式和产业结构，尽可能使所有的生产投入对生态系统不产生不良影响，不仅维持生态系统的物质与能量的动态平衡，而且也促进地区经济社会的发展。

4. 动态性原则

可持续发展模式不是一成不变的，其应与生态资源的承载能力有关。人类技术的进步可导致环境承载力提升，而且可持续发展模式随环境、技术、战略的变化而不断地延伸拓展。随着湖区的经济发展或政府的相关政策实施，或生态环境的变化，可持续发展模式也应是动态可调的。人类作为湖区经济、社会和环境系统中最主要的参与者，一方面需要根据动态性原则不断调整自己的生活方式，在生态可能的范围内确定自己的消耗目标；另一方面，随着实践活动的深入，在逐步认识和掌握越来越多的人与自然和谐共生的规律的基础上，人们的决策也应趋于理性。

第四节　洱海湖区可持续发展自适应成长模式的总体框架

洱海湖区可持续发展自适应成长模式的总体框架是在自适应控制思想的基础上，把整个湖泊及流域生态经济系统作为被控对象；流域内居民、企事业单位和旅游者是系统活动的主要参与者，其对生态系统的破坏作用被看成是系统所受的干扰；政府或其他决策团体作为决策机构；相关政策法规、经济或科技手段等措施作为调节机制。通过辨识机制对洱海流域生态、经济、社会系统的输出值中的相关指标，主要是生态指标进行测定，与事前设定的规定指标进行比对评价，及时发现不协调因素，由决策机构根据具体情况调用政策或科技等措施，尽可能在输入端进行前馈控制，主动调节人类的社会经济活动，从而形成能调节湖泊及流域生态经济社会协调发展的自适应成长模式。

洱海湖区自适应成长模式的总体框架由 4 个部分构成，即辨识、决策、调节和学习，见图 6-1。

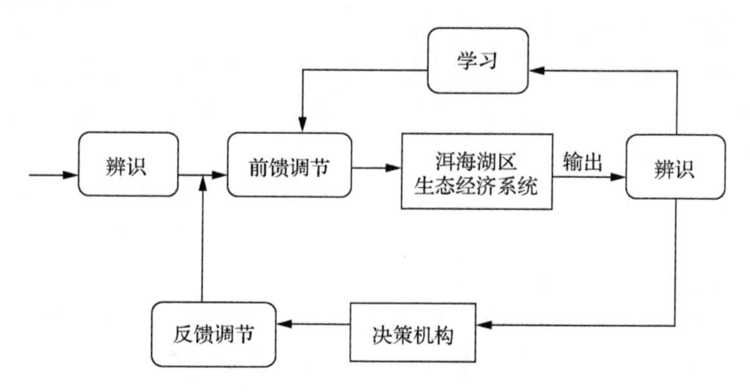

图 6-1　可持续发展自适应成长模式的总体框架

第五节　洱海湖区可持续发展自适应成长模式的运作机制

系统自适应模式主要是集成内部资源来适应环境，系统对环境的适应水平取决于系统调节内部资源的灵活性和及时性。

一、洱海湖区自适应成长模式各构成部分的职能

(1)辨识：其职能主要是对系统的输入和输出进行测量。由负责湖泊及流域生态环境监测和保护的设备、技术、人员组成。通过辨识获取系统状态的实时准确数据，并与期望指标进行比对，了解系统的动态变化信息，作为决策和调节的依据。

(2) 决策机构：主要是指流域所在地的地方政府或其他能代表国家利益管理湖泊水资源的决策团体。其负责根据辨识机制所测定的系统状态，确定变化的特征和性质，制订、调用或修正调节机制中的相关政策或措施。

(3) 调节：帮助系统寻求从现状态到期望状态之间的最佳途径，是"自适应"行为的关键。调节包括前馈调节和反馈调节组成，主要涉及与环境综合治理相关的措施，主要为各种相关经济管理政策、法律法规，以及决策机构为确保各项政策法规得以实施所需调配的财力、物力和人力资源等，其中关键性资源的丰富程度与调控能力的大小是正相关的。

(4) 学习：具有自适应能力的系统还能够对某过程的未知特性的有关信息进行学习，并将所得的经验和规律用于未来的决策和控制，以便系统的性能得到逐步改善。

二、洱海湖区自适应成长模式辨识指标的选定

湖区生态经济社会系统是一个多因素、多层次、多功能、多目标的复杂巨系统，虽然人类可以充分利用不断进步的科学技术手段及不断壮大的经济社会力量去保护、改善和建设生态系统，但自然生态系统对外界影响的变化有一定的滞后性。这也就意味着在自适应控制机制中由输入变化引起相应的输出变化过程有一定的滞后性，因此对指标的选择尤其重要。

洱海属于高原内陆湖泊，既具有一般湖泊的特性，更具有自身的独特特性：湖泊水体容量大，但流动性差、循环周转期长，抵御污染和自净能力是十分有限的，湖泊区域生态十分脆弱；湖区人口分布不均匀，有些地区相对集中，经济发展的资源依附性高，环境代价大，经济发展与环境保护的矛盾尖锐。另外，湖泊基本处于欠发达地区，经济发展相对落后，存在着发展经济的迫切需求。考虑到湖区生态、经济、社会可持续发展必须要控制在生态的承载能力之内，而环境承载力是实施污染物排放总量控制的前提，必须研究该区域的自然环境特征，掌握大气扩散规律和水体自净能力，进而确定区域环境承载力，把单个可能的污染源污染物排放量纳入总量控制，对区域内各污染源控制分担率、处理率作出合理分配，并采取污染物综合集中处理措施，才能获得经济效益和环境效益协调统一的效果。因此，对输出值中指标的选择以生态类指标为主，根据湖区自然生态环境中相应的生态指标变化情况，对人类的经济和社会活动进行相应的调节。例如，在洱海湖区的工业污染基本被控制后，湖区内主要是农业污染和生活污染。那么如何控制农业污染和生活污染？可以通过对系统输出值的测定，如果水资源的承污能力未被突破，则可按原方式继续发展；若接近阈值水平，则要进行成本收益计算，即湖区内农田、畜牧业所带来的收益是否大于由其引起的污染治理成本？或从社会发展的角度考虑测度，人口增加(包括居住人口和旅游人口)带来的环境

成本和负担可否被经济收益补偿？如果不能，则需要政府或相关决策部门调节系统的输入变量，如通过经济或行政手段引导实施产业结构调整、限制人口增长等举措。如果产业发展带来的经济收益能较好地抵偿治污成本，那么也需要通过政府采取相应的经济手段，将单位或个人的原负外部成本转化为内部成本，这部分经济收入用于对环境资源的破坏和污染进行补偿、恢复，以维持环境资源的可持续利用，使经济发展与污染治理同步。因此，通过系统输出值的监控，运用环境资源价格政策及相应制度等经济手段进行调控，个人、企业、政府将各自承担相应的环境责任，最终引导其产生自觉行为，主动适应环境资源的发展要求。与此同时，对于已经超过水资源的污染承载能力的湖区，则首先必须要有足够的财力支撑治污，使之回归到有限的承载能力阈值范围内，再运用可持续发展模式。

洱海湖区自适应系统所需测定的生态指标主要包括以下 4 项。

(1) 大气质量指标：工业废气排放量、工业 SO_2 排放量和工业粉尘排放量。

(2) 水体质量指标：废水排放量、废水中 COD 排放量、工业废水排放达标率。

(3) 固体废物指标：固体废物产生量、固体废物排放量、固体废物综合利用率。

(4) 生态环境指标：耕地面积、森林覆盖率。

三、洱海湖区自适应成长模式调节指标的选定

政府或相关决策部门可调节的系统变量以经济和社会发展两个方面的指标为主，主要包括以下几项。

(1) 经济发展指标：第一、第二、第三产业占 GDP 比重；单位能耗；人均消费水平；固定资产投资规模、结构和发展速度。

(2) 社会发展指标：人口规模、增长率和人口结构；就业结构；居住水平。

第六节　洱海湖区可持续发展自适应成长模式运行的保障机制

运行机制是指为保证实现系统目标而对其内部结构的制度化安排。建立良好的运行机制有利于湖泊及流域生态经济系统各个要素的协调配合，确保可持续发展目标的实现。

一、完善湖泊及流域环境监测的基础数据

及时、准确、全面的信息是自适应系统进行调节的依据，可以说信息能力决定着系统自适应能力的发挥。根据上述洱海湖区可持续发展自适应成长模式的概念模型可以看出，湖区生态、经济、社会系统的输出值是系统进行反馈调节的依据，而生态环境指标数据的变化情况更是系统调节的重要依据。目前与洱海生态

环境治理工作密切相关的调查、污染治理基础数据不全。河道排水监测、城区排水管网现状普查、河道排污等方面虽然进行了一些工作，但仍缺乏完整系统的基础数据，以洱海流域为单元的经济、技术数据统计指标体系尚未建立。基础性工作的薄弱、基础数据的欠缺导致难以定量分析入湖水量及污染负荷，从而导致科学化决策的依据不足。

调查、整合和完善与洱海生态保护相关的农业、水利、林业、城市排水、污水处理等基础资料，形成洱海生态环境的基础数据库体系是保障湖区可持续发展自适应成长模式运行的重要基础。

二、完善流域生态经济管理的各项政策法规

凡是在流域开发中取得成功的国家或地区，无一不建立了一整套完备的法律法规来规范约束流域开发与管理，其内容非常全面，涵盖了流域开发与管理、水土保持、工业布局、农业发展、城镇建设、环境保护、区域综合开发等各个方面，从而为流域开发管理权力赋予长久、稳定的权威保障。完善的相关政策法规也是湖区自适应系统运行的重要保障。政策法规是管理湖泊及流域生态经济社会系统的依据，也是自适应系统的主要调节手段。政策法规的确立不仅要与社会经济的发展目标相适应，而且还要与整个生态经济系统的协调发展相适应。通过建立和完善地方性法律法规体系，做到有法可依、依法行政，加大执法力度。加强执法监督和舆论监督，实行部门监督与社会监督相结合、内部监督与外部监督相结合。常规性政策法规主要涉及对企事业单位、居民和游客的环保生态教育宣传，其主要目的是对流域内社会经济活动的主要参与者进行潜移默化的教育，培养其保护生态的良好行为规范。干预性政策法规是针对危害环境的不良行为进行重点防范和适当的行为干预。

目前湖泊管理及治理的依据包括国家级法律、法规及政策，以及地方性的法规政策和相关制度。但是，随着水污染防治过程中新困难及新问题的出现，以及管理方式和运行模式的不断创新，逐步显现出原有的政策及法规已不能完全适应于洱海保护管理的要求。

三、建立可持续发展的评价体系

由于区域可持续发展中的指标评价尚未完善，特别是环境生态价值难以量化，其价值往往体现在市场之外，人们在进行产业活动时，常常只关注产业的增加值，而忽视生态价值的损失。在指导区域可持续发展过程中，如果缺乏客观可量化的可持续发展标准和有效的约束机制，在利用洱海的过程中，就可能只注重流域产生的直接使用价值或市场价值，以 GDP 为导向，忽略生态价值的损失，其长远结果必然会对人类社会造成更大的损失。因此，科学合理的可持续发展评价体系是

对区域生态经济社会系统运行情况的诊断和说明，也是科学地制定区域发展战略的重要基础。目前国内外都在积极探索和不断完善区域可持续发展的评价体系，大都是采用层次指标体系，从资源、环境、社会、经济、人口等几个方面进一步设立二级指标进行评价。针对洱海的具体情况选取适合的指标，对洱海流域生态经济社会的发展进行定量和定性的评价，获取系统发展状态的动态特性，才能有的放矢、因地制宜地制定符合洱海流域可持续发展的规划决策。

四、通过市场化配置生态资源

市场是有效配置资源的重要手段。要运用市场手段就必须建立环境资源的定价体系，使对水资源及相关环境要素的开发、利用、保护和补偿都能纳入市场经济运行体系，并能正确反映其价值。通过价格政策使环境污染的外部成本内部化。从理论上讲，环境资源的稀缺，以及由此带来的高价格会使环境资源在投入生产和消费使用的过程中得到尽可能的利用，市场价格机制使环境资源流向利用效率较高的部门，实现优胜劣汰。通过对环境资源的产权与使用权的明晰和分离，价格政策使环境污染的外部成本内部化，实现“谁保护、谁受益、谁污染、谁治理”，从而形成长效的利益驱动机制，引导企业自觉选择适宜产业，并主动采用清洁工艺生产，推动生产方式的改革；引导消费者自觉采用绿色环保的生活方式，推动生活方式的变革。

五、发挥政府在湖区可持续发展中的主导作用

湖泊及其流域开发规模大，影响深远，许多是涉及资源、经济与环境持续协调发展的百年大计，处理不当往往会带来不可挽回的环境、经济损失。因此，在开发决策时要充分发挥政府的主导作用，尽可能保持湖区管理机构稳定、政策连续，重视多方案科学论证，确保开发决策正确、措施得当。目前洱海湖区的管理体制与湖泊及流域的管理要求还不相适应。洱海管理局统一协调、指导、监督的重要作用没有充分发挥；现有的涉及洱海治理的各部门之间职能界定不够清晰，由于部门间职能交叉重叠，关系不顺，缺乏协调沟通，部门职责得不到充分发挥，没有有效整合资源，没有形成预期的合力。为充分体现政府在洱海湖区可持续发展中的主导作用，应从宏观调控的角度，对湖区发展中的责、权、利给予政策上的引导和协调。流域内各级政府，包括各职能部门应坚持环境保护和经济发展并重的主导思想，紧密配合、密切协作，可通过适当的经济手段、技术措施和行政干预等进行多渠道、多方位的调节，如确立公平合理的补偿标准，对湖泊生态修复过程中利益受损者进行补偿。另外，过多的人口竞争有限的环境容量资源，导致洱海环境容量的过度侵占，人与湖泊之间不可避免的冲突实质上就是人类对资源的过度占有和使用与自然资源有限再生和修复能力之间的冲突，而这些问题都

需要政府从宏观层面上进行控制。

六、充分发挥科技在可持续发展中的作用

虽然资源要素投入量的增加是有限的，但技术的进步却是无止境的。科技进步可以使等量的资源投入产出更多，而且技术的进步也可以在一定程度上促进生态承载力的提升。基于自适应控制的洱海湖区可持续发展模式的控制目标就是要使人类生产生活产生的污染物排放速度和数量不超过环境的自净能力，经济社会的发展要以生态环境容量为限。因此，提高科技在经济增长中的贡献，有利于充分利用资源和环境的承载力，争取经济社会最大限度的发展。

七、正确处理系统内部各要素的关系

正确处理系统内部各要素的关系，才能取得系统整体效益的最大化。云南现有经济基础薄弱，发展地方经济、提高人民的生活水平的任务十分迫切。对于洱海流域这样一个社会经济快速发展的区域而言，生态环境的压力更是与日俱增。要解决环境与发展的矛盾，不可能简单地寄希望于放慢经济发展的脚步，只能更倾向于在发展经济的同时加强对生态环境的保护与建设。可持续发展的根本是发展，经济发展与环境保护是湖区可持续发展系统的两个要素，它们也是可以相互促进和推动的，因此要坚持促进区域经济发展的主要目标，但是各级政府在决策中要把生态指标纳入到区域经济管理中，综合考虑生态环境与经济发展两方面的因素。洱海流域土地资源、水资源都比较紧张，环境承载能力有限，加之下关作为大理州的中心城市，人口高度聚集，并在社会经济发展方面有巨大的责任，因此，在产业的选择上应特别谨慎。丰富的自然、人文景观和民族文化特色使得洱海湖区成为不可多得的旅游度假胜地，旅游业的发展也可以为当地交通、住宿、饮食等相关行业带来可观收入。湖区发展在眼于整体开发的前提下，应根据湖区各区段要素具体条件，因地制宜，建立起各具特色、整体优化的经济体系。

第七章　洱海湖区资源保护与利用可持续发展对策和建议

认真分析洱海湖区存在的环境问题，充分重视到其中存在的矛盾，加大对现有污染的治理、生态系统恢复与环境保护力度，把湖区资源保护与可持续发展作为湖区治理的限制性因素考虑，严格控制新污染的产生，严防对生态系统新的破坏，促使湖泊流域生态系统走上良性发展和循环的道路。具体从政策保障、污染治理、生态保护、经济发展、社会支持和奖惩监督等几个方面研究制定洱海湖区良性运转的对策，进而实现几个平衡条件，包括经济社会的发展和湖区生态承载力之间的动态平衡、生态资源的供给与需求的平衡、资源使用者的成本-收益平衡，以及地方政府、企业、居民等各方利益的平衡，进而实现湖区资源保护与利用的可持续发展。

第一节　政策保障对策

一、因地制宜制定适合自身发展的制度措施

(1)严格执行现有法律法规。完备的环境政策法律体系是强化环境安全的内在要求，只有推进环境保护法制化进程，严格执行环境保护的法制措施，才能有效促进环境安全和可持续发展。要严格执行现有的《水污染防治法》、《森林法》、《环境保护法》、《水土保护法》、《饮用水水源保护区污染防治管理规定》等有关法律法规，加强水土流失预防、监督、管理工作，坚决控制人为原因产生的水土流失。对于水土流失严重、生态破坏严重的地段，要生物措施与工程措施相结合。

(2)国家要构建和完善相应的法律法规体系。国家要强化法制，积极构建和完善相应的法规体系及规范的管理制度，通过建立限制性政策和鼓励性政策来协调环境保护与区域经济发展之间的矛盾关系，同时建立流域环境污染防治和自然资源保护等方面的单行法律法规体系，以完备的制度保障使湖区资源及其生物多样性得到有效保护，形成可持续发展。

(3)制定、颁布和推行生态环境政策并层层落实。拟订和推行生态保护的指导原则与具体措施，建立一套系统化的、基于平衡思想的管理机制，维护湖区的可持续发展。政府部门要将湖泊生态安全管理纳入市、县、镇、村经济发展和环境

保护规划中，结合各自的职责，层层抓落实，坚持不懈。各级政府要将全流域经济、社会、资源、环境综合发展，形成统一领导、分工协作、各司其职、各负其责、运转协调的管理体制。

(4)制定和颁布湖泊治理与湖区流域发展的法规制度。例如，建立并完善湿地保护法。除了国家立法保护湿地外，还必须通过地方性法规确定开发、利用、治理和保护湖区湿地，成立各湖区协调管理机构，使水利、航运、水产、水资源利用、环境保护、湿生经济作物种植、候鸟及其栖息地保护、生态旅游和文化景观开发等活动都有法可依，依法办事。另外，不断完善有利于水污染防治的各种经济政策。修订完善企业排污缴费后续管理鼓励政策或实施细则，使其进入守法成本低、违法成本高的良性循环；研究制定生物有机肥利用补偿政策，控制湖区周边污染源；制定出台对再生水产业的发展扶持政策，利用多种手段，提高水资源的利用效率；组建云南省城市排水监测网，旨在利用现有监测手段和在线监测等先进技术手段，开展以水质管理为核心的行业管理工作。

(5)优化并不断创新体制机制。有效利用价格杠杆和经济手段，制定地方性节水法规和相关的激励机制，提高企业对治污减污的积极性。从政策、资金、税收、技术、设备等方面给予再生水产业发展扶持，建立规模化企业再生水生产和供水基地。通过价格、税收、排污收费、污水处理费和市场建立等经济手段，调动企业和公众参与水污染防治的积极性。合理配置水资源和实施分水定额制，以总量控制为核心，结合体制机制的改革进程，进一步建立健全环境影响评价、“三同时”、排污收费、排污许可证、限期治理、目标责任制等管理体系，并制定出台推进节约用水、再生水产业发展的扶持政策。

二、加强组织建设，规范行政规划区域体制

管理体制是理顺关系、优化结构、提高效能的关键，有效的管理体制利于形成权责一致、分工合理、决策科学、执行顺畅、监督有力的管理局面。综合考虑现有的高原湖泊环境保护和治理现状，行政规划区域体制是做好治理工作的关键因素。

1. 加强组织建设

第一，建立基层环保机构。为确保规划目标的贯彻执行，应建立乡镇一级的基层环保机构，以强化基层乡镇的生态环境保护监控和查处力度，乡村制订环境保护村规民约，配置环保监督员和卫生保洁员，以确保流域内污染的有效控制。

第二，统筹考虑水污染防治、水资源利用和生态恢复等三方面问题。

计划、经贸、财政、环保、水利、城建、农业和林业等部门共同参与，贯彻防治结合、管治结合、集中治理与分散治理相结合的方针，达到流域经济和社会协调发展。湖泊污染治理涉及环保、工业、农业、水利、建设、旅游等多个部门，只有各部门相互协调，积极配合工作，认真落实湖泊生态环境保护和水污染防治的责任，对点源、面源、内源采取综合治理措施，才能从根本上解决湖泊水环境污染问题，保护好云南高原湖泊。

2. 理顺治理管理体制，实施湖区统一的行政管理制度

对负责洱海湖区治理的专门机构，明确工作任务和实施主体，并提高其行政级别和权威性，给予其执法权，逐步理顺湖区治理的体制机制，落实好各项治理措施。对流域治理和环境保护政策措施进行统筹协调，强化重点区域管理，如在整个流域内有计划地建设污水处理厂等，有效开展流域治理和环境保护工作，有利于降低行政管理成本，进一步优化产业结构和资源配置，提高工作效率。

3. 加强行政规划区域内的责任意识

在湖区的行政区划范围内，坚决贯彻执行“三大”环境政策：预防为主、防治结合政策；“谁污染谁治理、谁开发谁保护”政策；强化管理政策。必须加强生态环境建设，坚持责、权、利相结合的原则。

第二节 污染治理对策

一、检查清理流域内的工业发展现状，杜绝开发污染水质的项目

第一，对于工业发展统一规划，合理布局，贯彻执行污染物排放总量控制要求，增大重点污染源和乡镇企业的环保管理力度，严格控制流域内新建、扩建污染企业。凡新、扩、改建项目，必须严把环保关。

第二，全面复查工业污染源，结合产业结构调整，在食品、塑料制品、非金属矿物制品、纺织、农用化工、日用化工等行业，改造传统产业，重点培育高新技术产业，积极推行清洁生产工艺。

第三，在流域内逐步开展各行业的环境管理体系认证，强化环境管理，从源头减少污染，提高资源利用率。

第四，建设项目须进行生态规划与论证，采取必要的生态保护、生态修复或生态补偿措施。根据流域规划、保护条例等法规全面规划、合理开发。

第五，调整产业结构，尽量采用无污染或少污染工艺，扶持少污染、高产值的产业，严禁新建、扩建水污染严重且难治理的产业。

第六，取缔在饮用水源地搭建生态餐饮、发展生态旅游项目，从事水产农渔养殖等，因为这些旅游、餐饮项目往往很小并具有季节性，“建设得快、经营得

快，倒闭得也快”，而且一般都没有任何污染防治设施、措施。

二、截污治污，加大有机污水处理工程等项目的建设力度

要始终把“截污”作为洱海湖区治理的头等大事，从入湖污染物治理、生态修复与重建、补充流域水资源三个方面构建综合治理工程体系，全力加快“环湖截污和交通、外流域调水及节水、入湖河道综合治理、农业农村面源治理、生态建设和生态修复、生态清淤”等6大工程的实施。通过环湖截污和交通工程、入湖河道治理工程、雨水资源化利用和中水回用工程、农村农业面源治理工程，提高污水处理的标准，从源头上阻断污染物入湖；通过生态修复与重建，包括生态修复与建设工程、生态清淤工程，在阻断入湖污染物后，巩固治理效果、恢复自然生态。

第一，实行雨污分流。对城市排水管网和入湖河道进行彻底改造，使雨水等自然水体与污水系统分割。

第二，督促检查企业污水治理设施的正常运行，必须确保废水达标排放，坚决杜绝应付上级检查的时候才启动污水处理系统的表面现象。

第三，各工业企业严禁将工业固体废弃物和垃圾随意堆放，应建立带防雨设施的工业固体废弃物堆放场地，定期运送至指定地点或垃圾填埋场填埋。

第四，垃圾填埋场要根据地质状况采取有效防渗措施，并对其产生的渗滤液进行有效处理，防止其污染地下水和溪水。

实施环湖截污、环湖交通、环湖生态和环湖城区建设等工程。进行环湖排污干渠整合，集中、统一治理污水；高质量、高水平建设环湖污水管网；认真实施湖泊补水、水体置换工程，并高度重视水下淤泥的清理。

三、减少生活污染和城市面源污染，最大限度削减化学排放和入湖污染物

结合生态环境建设，调整农业、工业产业结构，转变生产方式。利用推广减量化生产形式，科学施用农药和化肥，采用新型生产资料、技术来替代常规生产资料和技术；注重保护，提高湿地、林地、草场等生态和经济价值；推广节水灌溉、无土栽培技术和行之有效的节水灌溉措施；建立农产品产地环境清洁化、生产过程标准化等。大力推进清洁生产，削减化学排放量和入湖污染物。加强对污染行业和企业生产全过程的排污控制，依法对污染物超标排放和超总量的企业强制实施清洁生产审核，积极引导企业有效削减污染物排放量，降低污染物排放强度，促进节能减排。发展低碳经济、可再生资源和吸纳工业废弃物的综合利用产业，发展循环经济。

国家要从大局出发，长远考虑生态安全，禁止生产、销售和使用含磷洗涤用品，进一步发展生态产品，代替现有的含磷洗涤用品，削减氮磷的排放量，并且

制订相应的惩罚和奖励措施，建立健全约束和监督机制。

四、加强水资源管理

第一，大力开展节水工作，开源节流。大力发展节水型农业，在政策上、资金上鼓励推广农业灌溉新技术，适时适量供水，提高用水效益。

第二，在规定的水资源区设立明显标志。明确各水资源区的功能和保护目标、范围，并按明确的功能使用和保护。

第三，对有条件的湖泊区域设立自然保护区，以利于湖泊湿地的保护工作。

第四，以保护农村饮用水源为重点，加强饮用水源的调研工作，健全饮用水源选址建设，坚决取缔饮用水源地一级保护区全部排污口，加大监管力度，建立饮用水污染的应急预案，确保农村饮水安全。强化公众对饮用水的自我保护，引导村民从切身利益出发，养成“讲文明，讲科学、讲卫生、讲环保”的良好风气。

第三节　生态保护对策

一、改善湖泊保护模式

要扩大环湖植树造林面积，增加绿化率，按照“以水为脉，以绿为衣”的思路，做好“水”、“绿”文章，通过理水造绿、亲水近绿、水绿结合，建设“亲水近绿”型人居生态环境。

1. 加强湖泊生态建设力度

第一，利用生态控制技术将水生生物数量控制在一定范围内，可以避免施用药物所产生的副作用和使用机械所需要的高成本，而且具有比较长期持久的效果，包括：利用浮萍、藕、各种水草、芦苇等水生植物，抑制藻类的繁殖，治理湖泊富营养化；适量投放食藻鱼类、微型浮游动物，控制藻类和其他水生植物的繁殖。

第二，采用先进技术对径流进行处理，定期实施底泥生态疏浚工程。采用物理、化学及生物吸附、降解等方法，清除湖泊内大量的淤泥和表层沉积物质。

2. 建设河道和湖滨生态景观带，构建区域生态保护屏障

全面推进河道生态湿地、湿地公园、滨河绿化带规划建设，实现“水清、流畅、岸绿、景美”的目标，截污、护岸、疏浚、引水、绿化、管理、拆违“多管齐下”，对入湖河道进行综合治理，保持水体的完整性、多样性、清洁性和可持续性。湖滨带用基底修复、拆除防浪堤、引种植物和放养水生动物等手段，恢复完整的水陆过渡带生物群落结构，形成从陆地到水体，以乔木、灌木与草甸结合的防护林带和水湿生带等组成的生态隔离带，还原湖泊自然属性。实施荒山绿化、退耕还林、移民搬迁、滩地自然恢复和城市防护林带等水土控制工程。

对湖区现有生态要素(植被、地形、地貌、土壤、水体、景观、建筑、路网、文化等)的现状进行研究和评估，加大对大型自然斑块和湿地的保护及自然恢复工作，保护相对孤立的区域自然生态系统保留地，维护水陆交错带、城市和农村交错带、乔灌草交错带等生态脆弱和敏感区的生态服务功能，构建区域生态保护屏障。

二、加强湖区流域保护

1. 均衡城镇绿地布局

实施绿化精品、绿化景观和绿化生态工程，大力开展城乡、环城生态隔离带和森林公园建设，全面推进城乡园林绿化及人居生态环境建设，做到非建设用地和可造林地绿化全覆盖。到2020年，实现城市森林覆盖率不少于50%；建成区公园绿地的绿化面积不少于公园陆地面积的80%。城市林荫道绿化覆盖面积不少于道路总用地面积的50%，景观道路的绿化面积不低于40%。

2. 构建区域生态系统网络

综合考虑区域生态保护重点、社会经济发展的主导方向、生态服务功能和生态环境敏感性，明确自然生态系统的各功能分区，明确关键及重要生态功能的保护，确定具体区域的土地利用和生态环境保护与恢复的措施。不同生态功能的区域分别重点保护、限制开发、优化开发。构建集生物多样性保护、水源涵养、景观欣赏和“生物跳板”为一体的区域景观自然生态网络，保障区域生态安全。

3. 加大陆地生态建设力度

第一，恢复和重建湖泊滨岸水生植物，建设湖滨带复合生态体系。在沿湖岸水陆界面两侧种植芦苇、莲藕等，有计划地建设湖滨带生态系统，严禁在湖滨带新开垦林坡地兴建农田、果园和茶园等。第二，改革传统耕作方式。流域内的传统顺坡耕作都应改为等高耕作或梯田耕作，尤其是25°以上的坡耕地要限期退耕还林。第三，大力植树造林，进一步加强封山育林和生态公益林建设力度。增加湖泊径流区内植被覆盖率，积极推行“乔、灌、草”结合，减少水土流失量，还可根据旅游功能的要求，增种灌木和地被植物。第四，继续加强河道综合整治，加强防洪堤坝的修建与维护，强化河道生态能力。

4. 不断修复湖区生态环境，确保水源地环境安全

一是采用基底修复、拆除防浪堤、引种植物和放养水生动物等手段进行湖区流域生态环境修复，逐步还原湖泊的自然属性，恢复完整的水陆过渡带生物群落结构。通过植树造林、封山育林、退耕还林、公益林建设，控制采伐量，禁止挖沙、采石、采矿等措施，建设水源涵养林、水土保持林及河流两岸防护林。二是重视人工生态修复工作的长期维护，促进生态修复的可持续发展。建立人工生态修复的长效工作机制，成立专门的工作小组，制订滚动性的工作计划和管理制度，

对人工生态修复工作进行定期的维护，及时反馈维护成果和问题，促进人工生态修复的有效性和可持续性发展。三是以“七河”生态廊道为依托，重点开展水源地保护和生态湿地修复工作。对水库、河流和湿地进行调查研究，分级别建立水源地保护区，并成立机构、明确责任、建立生态补偿和水源地监控机制，加强水源地保护，引导群众自觉保护水源地。加强对主要河道生态湿地、湿地公园、滨河绿化带的建设，保护天然河道岸滩湿地，防止河道的破坏性建设；建设入库河口前置库，采取人工配水、增加停留时间等措施，恢复天然湿地；限制小型坑塘的填垫开发，维护小型坑塘及周边湿地自然状态。

三、制定全流域的土地利用规划

实施生态农业基础建设工程，科学规划生态用地，严格按照规划使用开发土地资源，严格保护耕地和草山资源，严禁以任何形式占用生态用地，建立高产、稳产、优质基本农田保护区 225 万亩，实行严格的耕地管理制度，切实保护好基本农田，确保基本农田总量不减、用途不变、质量不降。

第一，做好与湖泊相关的各项规划工作，并根据湖泊水质保护的需要，不断加以充实和完善。

第二，科学安排流域内土地资源开发利用，按照“一要建设、二要吃饭、兼顾生态”的方针，依法严格审批沿湖地区的土地利用与开发。

第三，通过全面调查和必要的勘测，对全流域的土地进行总体规划，把湖泊、河流的整治和移民安置纳入流域生态系统重建的总体框架，建设生态村镇，合理规划、调整库区农民居住点的布局，因地制宜建立可持续发展的模式。

第四，湖泊污染治理也要与城市发展结合起来，将洱海湖区治理及城市发展与环湖公路、环湖截污、环湖生态、环湖新城的思路结合起来统筹考虑。

第四节　经济发展对策

一、拓宽投融资渠道

在经济管理方面，可以运用财政政策、产业政策、科技政策、收入分配政策、消费政策、税收政策、价格政策等手段对湖区经济活动进行宏观调控，引导和激励湖区保护行为。拓宽投资来源和方式，加大湖区治理的投入力度。

1. 利用政策性收费、信贷融资和经营融资等方式拓宽融资渠道，加大投资力度

第一，积极争取环保补助资金支持。充分运用生态补偿机制等政策制度，积极争取国家、省、市各项生态和环保补助资金支持，加大各项生态工程建设和生态保护机构建设的资金投入。

第二，积极争取政策性收费，主要为污水处理收费、垃圾处理收费等。

第三，经营环境融资。通过水环境的治理，改善城市环境，提升城市的功能和价值，以城市增值盘活城市资产，并以丰富的经济实力反哺环境综合整治，变环境优势为经济优势，实现环境与经济的良性循环。

第四，信贷融资，包括国内银行贷款和国际金融组织、外国政府长期优惠贷款。在继续深化与国家银行合作的基础上，不断与商业银行探索银企、银证合作的新思路、新办法，建立健全借贷、投入、管理、偿还的运作机制和信用制度，吸引利用更多的银行信贷资金。

第五，出台鼓励民间投资的政策措施，促进政府、企业、个人、外商多元投资主体的形成，积极启动民间社会投资。

2. 尽快建立多元化的投融资体制

建立政府投入、银行贷款、企业投资、社会捐助、发行债券等多元化的环保投资主体和融资体系。逐步增加财政投入，把湖区治理资金的投入作为财政的经常性支出，确保财政的环保支出稳定增长。对湖区治理专项资金的使用要突出重点、统筹安排。转变城市原水、排水、垃圾处理由政府投资建设，以及国有事业单位运营管理的格局，采用企业化经营方式运营和管理水库、城市污水处理厂、垃圾清运处置单位等。加快城市供排水、垃圾处理的市场化和企业化运作。

3. 制定合理的水价经济政策

研究有利于节水的水价调节等经济政策，建立和完善以水资源有偿使用制度为核心的水资源利用和节水管理制度，改善管理体制，保证各行业合理用水。水资源利用强度应限制在其最大承载能力范围之内，保证水循环与恢复的功能不被破坏，在工业、农业、城市建设与管理等方面，提高水的循环使用率。

4. 建立生态经济核算制度和生态效益补偿制度

生态保护具有长期性和全局性的特点，国家或地区应建立适合的生态效益补偿制度，对于采取生态保护措施并取得明显成效的生态经济发展项目，在加大财政支持力度、减免部分税费、给予补贴、提供中小额度优惠资金贷款等方面给予扶持。对破坏生态环境的行为加大罚款力度，可以运用政府调控与市场化运作的方式让开发、利用、破坏湖区资源的人们支付成倍的生态环境补偿费。在社会经济发展方面，促进环境—生态效益外部性内在化，使产品生产经营成本反映资源、生态价值，通过湖泊和湖区生态补偿机制，使资源使用者的付出获得相应补偿。另外，政府要补贴在水源地保护区域居住的居民，因为其养殖、种植等活动受到限制，引导其从事新的、无污染的经营和生产活动，改变原有的不良生活方式与习惯。采取多种方式缓和当地人口发展、经济发展与生态环境保护的矛盾，进而实现人口、资源、环境的协调与可持续发展。

5. 建立财政和生态补偿保障机制

第一，探索通过接受国内外热爱和关心环保的人士及组织的援助及捐赠等多种筹资渠道，增加环保基金总量，提高使用效率，主要用于水污染防治工程、科研项目、环境管理、宣传教育等。

第二，尝试发行城市环保债券。为提高城市环保债券的吸引力，建议城市环保债券利率适当高于同期国债利率，并由省级财政担保，在全省范围内发行。

第三，实行有利于水资源保护和水污染防治的税收减免与补偿政策。完善水污染防治税费征收体系，健全水污染补偿机制，鼓励水资源消耗少、污染小的产业在流域发展。科学制订农村农业面源污染控制工程项目的目标、指标、考核体系和办法，控制湖区周边高化肥、高农药的花卉和蔬菜种植、小规模畜牧养殖、湖区流域旅游度假村的过度开发。对城市污水处理及污水综合利用的营业税、所得税和增值税实行税收减免等优惠政策，提高运营单位的效率。

第四，组织制定针对湖区流域范围的严于国家要求的产业政策和技术政策，提高污染型和水资源消耗型产业进入门坎，对GDP贡献率低、浪费水资源、污染严重、产品价值低的产业提高准入标准，限制其进入洱海湖区流域。

二、调整经济发展方式，实现生态安全

要制定符合流域环境特点的产业政策，明确鼓励发展绿色高技术产业、第三产业、种植业、养殖业，限制一般产业，杜绝污染物排放严重的产业。

1. 提升农业产业化水平

切实推行生态家园、农业清洁生产、绿色食品、生态养殖、农产品质量安全和生态农业基础等生态农业6大重点工程建设。推广减量化生产方式、高效生态农业技术和无公害农产品生产技术，逐步实现农产品产地环境清洁化、生产过程标准化，最大限度减少农业对湖泊流域和饮用水源区的污染。

2. 建设农村户用沼气池，提高能源的使用效率

从传统经济发展方式向可持续发展方式转变。利用农村饲养牲畜的粪便及农业废弃物，发展沼气，为农户提供能源，减轻农村砍伐木材的需求，这既保护了森林，又有效地减少了污染物的输出。同时，通过沼气综合技术、太阳能利用技术，提高能源的使用效率，降低农民生活中物质能的消耗水平，同时减少有机污染物的排放，在农业生产中沼液和渣料还可用于农作物施肥，利用沼气发酵后的有机质还田还地，减少化肥用量，提高土壤养分含量，并采用温室、畜棚暖圈等方式充分利用太阳能，形成良性循环，既保护环境，又促进农民发展生态农业增收。

3. 针对作物的类型及种植密度，制定推广科学施肥的技术经济政策

在径流区范围内，科学合理地减少化肥、农药施用量，提倡多用农家肥，推

广使用有机肥、绿色肥料、高效低毒绿色农药和环保型的可降解农膜，优化施肥技术及施肥时间，清洁施肥，实行平衡、配套施肥技术，利用高科技手段进行农作物病虫无害化防治，进一步开发绿色有机的生态产品，发展以人居环境为核心的生态农业，保护环境的同时维护人们的身体健康。

4. 加强湖泊渔业资源管理

首先，根据湖泊区域发展需要调整鱼种结构。从保护水资源重要性的战略眼光来看，对湖泊现有的网箱养鱼规模严格控制，调整鱼种结构，禁止养殖肉食性鱼类，增养吞食水生物鱼类，减少投饵量。其次，控制养殖规模。根据实际情况制订合理的生态规划，明确其功能分区，严格控制养殖规模。第三，恢复和加强对水生植被的保护，促进湖泊生物多样性，恢复良性生态。

5. 调整农林牧业结构，推广绿色生态农业

第一，将生态保护和生态致富有机结合，发展地方特色经济。改良作物品种，调整、优化农业结构和产品结构，大力发展有机农、牧、鱼、果产品等效益农业，提高湖泊流域地区农业整体素质。

第二，充分发挥生态优势，加强有机食品、绿色食品基地建设。扶持龙头企业，由龙头企业统一向农户收购农产品，采用先进生产线对农产品统一加工和销售，当地政府、农户对收购原材料和产品售出价格进行监督，确保农户的合法利益。龙头企业负责对生产废水和其他废弃物的处理，确保符合环保排放要求。

6. 开发生态旅游产业

以循环经济和生态旅游标准对区域内旅游景点、景区和宾馆进行改造，开发生态旅游路线，提供绿色旅游产品，倡导绿色消费。

第一，对所有新建、扩建、改建、技改和旅游开发项目，严格执行先评价后建设的原则，严格执行环境影响评价制度。

第二，推广生态旅游，在湖滨荒山坡地应以园艺型绿化为主，增加橘、桃、苹果、梨等经济果木的种植，增加民俗风情、娱乐度假的氛围，并定期检查治理各景区现有的可能污染源。

第三，加强湖内新建旅游项目和景点的管理。建立和完善景区环境管理体系，规范景点环境管理行为，推进清洁消费、清洁旅游，把游客对水环境的影响降低到最低限度。

第四，把湖泊旅游活动从以水为主逐步分散、转移到湖泊周边地区的景点，分流湖区的游客，相对减少游客在湖内的停留时间，从而减轻对湖泊水体的压力。

第五，相关管理部门要摒弃重开发、重利益、轻保护、轻整治的传统方法，将景区生态环境的保护纳入综合决策体系，减少发展的盲目性，增加环境保护的自觉性，同时要实施游客总量控制。

第六，在景区内通过布置宣传栏、导游讲解环保知识等见缝插针的方式，加强对游客环境保护意识的宣传。

7. 发展静脉产业

组织开展《洱海湖区再生资源回收体系建设专项规划》编制，推动再生资源回收体系建设，加强再生资源市场建设，大力发展静脉加工业，建立起标准化、规范化、资源化、无害化的“三废”综合利用和再生资源加工产业体系。

第五节　社会支持对策

一、加强组织建设和科学研究，建立健全知识库体系

1. 建立健全知识库体系，为科学开展水污染防治提供依据

建立洱海湖区的地理、水系、经济、社会、政策、法规等知识库。建议由大理州统计局牵头，对大理及洱海流域现有的地理、环境、水系与水质等基础资料和历史数据进行整合，并针对洱海流域经济、社会、土地、水文水质、排污管网分布、流域企业、排水分布、湖底地形、底泥沉积等情况展开全面性调查。要扩大调查的范围、细化调查指标、增加调查点位和频率以丰富数据内容，同时要制订滚动性的工作方案，不断地对数据资料进行更新和补充，建立洱海水污染防治的基础数据库体系。建议由大理州环保局牵头负责，建设湖泊及流域数字信息共享和公开化平台，便于洱海保护、治理及管理的决策层、执行层及科研工作者能够及时地获得洱海流域的最新基础数据和资料，为科学、客观地开展水污染防治提供依据。

2. 加强科学研究力度，为环境保护提供数据和理论支撑

第一，加强环保科研，深入开展湖泊流域生态保护基础研究，探明主要污染来源和影响水生态环境的主要因子，为环保管理提供决策依据。

第二，建立基于“3S”（即全球定位系统GPS、遥感技术RS和地理信息系统GIS）技术的湖泊环境监测和管理信息系统，以便对湖泊和流域进行动态观测，及时、快速、准确地把握湖泊的变化情况，实现科学的决策支持。例如，根据洪湖湿地综合科学考察报告，中国科学院测量与地球物理研究所等单位的专家对洪湖湿地保护区进行了生态功能分区，将洪湖湿地保护区分为核心区、缓冲区和试验区等功能区，进行不同程度的保护和恢复。云南高原湖泊也可以借鉴吸收省外先进的做法和经验。

第三，组建湖泊动态预测预报模型和预警系统，用于分析和预测湖泊富营养化的现状、变化趋势及其发展规律和资源利用结构，进而对整个流域进行生态规划、生态管理和生态建设。

二、缓解人口压力，多措施提高人口素质

依靠政府的调控和社区居民的共同支持，也依靠宣传教育提高全社会的生态意识和生态道德水准，以及建立科学的生态安全目标。湖区生态只有在政府和湖区流域内居民真正理解到湖区环境与人类生存、功能与生活质量、湖泊与区域经济发展的休戚关系之后才有可能正常运行。

1. 多渠道措施缓解人口增长压力

随着城市人口的增加，城市垃圾产生量和生活污水的排放量也将与日俱增，这将进一步加大湖泊流域的环境承载压力。总体来看，人口的急剧增加，以及水资源、土地资源、矿产资源日益减少等，造成了资源环境超负荷严重，尤其是水资源承载力已经出现负值，说明水环境问题和资源环境承载力已经成为制约城市发展的最关键问题。

以实现人口合理分流和产业分工转移为目的，科学合理地确定滇中、滇西广大地区各主要城市的功能定位，突出重点、明确等级，依照不同主体功能区的要求，合理调剂和配置资源，努力实现城市功能的个性化、差异化和对位发展，避免重复建设和恶性竞争，实现产业整合壮大和特色互补，缓解生态环境压力。

2. 提高群众可持续发展意识

第一，充分利用广播、电视、报纸、杂志、宣传画、标语、墙报、报告会、设立“湖泊生态环境网”等各种形式和手段大力宣传报道，多途径开展可持续发展思想的教育和宣传工作，实施“环保进村入户”工程，努力提高广大群众生态环境保护的自觉性、积极性和参与程度，积极倡导健康环保的生产、生活习惯，树立良好的生态保护风气。

第二，必须持续开展环境意识教育，使每一个人都自觉维持整个生态系统的平衡健康发展，提高全民的环境法制观念。

第三，对湖区内群众行为进行规范引导，保护环境从每一个人做起。

第四，环保部门要定期公布湖泊环境质量报告，提高透明度，增强公众参与的主动性和自觉性。

第五，教育和引导湖区内公众减少垃圾入湖量，在环湖周边地区实施垃圾固定地点收集和处理，解决面源污染的问题。

3. 打造生态文化理念

围绕打造“人与自然和谐发展”宜居城市的主线，坚持弘扬优秀传统历史文化与培育发展现代城市文化并重，大力宣传、深入解读生态文化理念，进一步增强市民对所生活城市的认知感、自豪感和归属感。采用多种形式、多种渠道，积极培育全民生态理念，加强生态文化宣传，转变城乡居民传统生活方式，提倡绿

色消费和节约生活方式。

第六节　奖惩监督对策

一、督查督办治理和防治污染，加大执法力度

1. 强化法制，依法行政，依法治湖

完善地方管理办法，依法加强生态保护与建设。行政执法部门要加大执法力度，按照“谁开发谁保护、谁破坏谁恢复、谁利用谁补偿”的原则，认真保护自然资源。流域内的管理部门要按照“开发利用与保护增值并重”的方针，合理利用资源。

2. 管理机构加大执法力度

加强法制，强化环境管理，加大执法力度。各级管理机构及领导要带头守法，支持环保部门严格执法，并建立严格的责任追究制度，对工作不负责任、影响治理目标实现、给国家造成损失的，要严肃追究当事人和领导者的责任；对工作认真负责、开拓创新、出色完成任务的，给予表彰和奖励，真正做到有法必依、执法必严、违法必究，不仅勇于执法，而且善于执法。

二、建立目标责任制

(1) 建立入湖河道管理目标责任制。加强入湖河道管护，有效控制河道带来的污染，要“明确职责、层层落实、责任到人、赏罚分明”，对流域生态安全管理工作目标、指标和任务逐层分解到乡镇、村。各级政府、湖区管理部门、各责任人要及时掌握湖区生态安全的现状和变化趋势，上级部门对其负责范围内湖泊流域的环境维护和治理的目标任务执行情况进行定期检查、验收和考评，并将生态安全保护工作考评与各级政府目标责任考核、干部绩效考核挂钩。

(2) 建立和完善环境保护责任制，相关责任部门分别负起相应的责任。建立和完善生态环境保护责任制。将生态市建设目标与任务同各级政府层层签订目标责任状，纳入各级经济和社会发展的长远规划及年度计划，保证各级政府对生态环境保护的投入。生态环境保护和建设规划实行严格的考核、奖罚制度，在政绩考核体系中增加环境保护绩效的比重，以可持续发展的指标体系要求考核干部，作为考核和任用干部的重要依据。

第一，环保部门应定期公布系统、完整的生态环境监测数据，相关管理机构应将环保部门提出的有关污染物总量控制指标纳入国民经济和社会发展计划。

第二，相关规划部门应将污染物总量控制的要求与流域内工农业发展、技术改造计划结合起来。

第三，行业主管部门应对养殖业、生物产品加工业等污染物产生较多的行业，提出总量削减计划，并采取措施监督其实施。

第四，加强湖泊流域机动船的监督管理，严禁燃油废水和旅游废物入湖，加强管理，控制航运污染。

三、完善监督管理权

(1) 建立和健全环境保护部门的统一监督管理权。进一步完善湖泊保护法律与地方标准，建立和健全有效的外部监督和内部制约机制。强化环境保护执法监测，将具有一定规模的排污企业纳入环保统一监督管理，实施总量监控系统、水质与重点企业污染源在线监测系统。建立和完善公众监督机制，采取各种方式自觉接受群众监督，也促使群众及时了解事关群众切身利益、事关可持续发展大局决策的内容，提高公众参与的途径，为社会监督提供条件。

(2) 建立流域治理综合管理机制。单独治理某一个地区或单独治理某一条河流都是行不通的，必须用全局的观点，统筹考虑，合理布局，突出重点，明确目标，分步实施。实行全流域有效的、全局性的统一规划、综合管理、统一治理、逐步实施，增强治理资金的使用效率。

参考文献

阿兰纳·伯兰德, 朱健刚. 2007. 公众参与与社区公共空间的生产——对绿色社区建设的个案研究. 社会学研究, (4): 118-136.

曹洪华, 王荣成, 李琳. 2014. 基于 DID 模型的洱海流域生态农业政策效应研究. 中国人口·资源与环境, 24(10): 157-162.

曹洪华. 2014. 生态文明视角下流域生态——经济系统耦合模式研究. 长春: 东北师范大学学位论文.

曹劲鹄, 李健君. 2009. 洱海生态文明建设路径探析. 社会主义论坛, 12: 37-38.

车越, 张明成, 杨凯. 2006. 基于SD模型的崇明岛水资源承载力评价与预测. 华东师范大学学报(自然科学版), (6): 68-74.

陈爱国. 2017. 公众参与社区自然资源管理的路径选择——以云南大理洱海为个案的研究. 民俗研究, (1): 143-151.

陈冰, 郭怀成, Zou R, 等. 2001. 旅游城市环境规划优化方法与应用研究(Ⅰ)不确定性多目标规划模型. 环境科学学报, 21(2): 238-242.

陈冰, 李丽娟, 郭怀成, 等. 2000. 柴达木盆地水资源承载方案系统分析. 环境科学, (3): 16-21.

陈冬梅, 卞新民. 2005. 高原湖泊旅游资源的生态可持续利用评价研究. 资源调查与环境, 26(4): 305-310.

陈南岳. 2000. 对大河流域应成为我国可持续发展研究的一个主战场的认识初探. 社会科学家, 1: 65-69.

陈佩, 刘静. 2012. 中国人口、社会与环境可持续发展困境和对策分析. 经营管理者, 5: 171-171

陈纬栋. 2011. 洱海流域农业面源污染负荷模型计算研究. 上海: 上海交通大学学位论文.

陈无歧. 2012. 基于 AQUATOX 模型的洱海富营养化控制应用研究. 上海: 华东师范大学学位论文.

程祖灏. 2012. 基于水环境承载力的洱海流域农业发展规划研究. 武汉: 华中师范大学学位论文.

崔寒. 2016. 论纪检监察机关网络监督在洱海流域保护治理中的作用. 昆明: 云南大学学位论文.

崔颖萍. 2016. 社区治理中的公众参与研究. 北京: 中国矿业大学学位论文.

寸彦中. 2011. 基于洱海环境治理问题决策的思考. 中共云南省委党校学报, 2: 172-174.

大理白族自治州人民政府. 2006. 大理白族自治州国民经济和社会发展第十一个五年规划纲要.

大理白族自治州人民政府. 2011. 云南洱海流域水污染综合防治"十二五"规划.

大理白族自治州水利局. 2012. 2012 年大理白族自治州水资源公报.

大理白族自治州统计局. 2013. 大理白族自治州 2013 年国民经济和社会发展统计公告[EB/OL]. [2014-10-15] http: //www. dalidaily. com/zhuanti/120140214/1105011. html.

大理白族自治州政府. 2004. 洱海保护治理规划(2003－2020).

大理日报. 有章可循, 依法治海——大理市洱海保护与治理经验[EB/OL]. [2014-10-25]http: //www. dalidaily. com/redianzhuanti/20081209/103022. html.

大理市环境保护局. 2008. 云南洱海环湖重点村落污水处理系统建设工程可行性研究报告.

大理统计局. 2008—2013. 大理白族自治州大理市统计年鉴. 大理: 大理统计局.

大理学院. 2011. 洱海流域农村旅游污染调查报告. 大理: 大理学院.

大理日报. 2014. 搭建融资平台, 加大投入力度, 坚持科学治理——大理市洱海保护与治理经验之五[EB/OL]. [2014-10-26]http: //www. dalidaily. com/dianzi/site1/dlrb/html/2008-12/06/content_32636. htm.

戴丽, 卢云涛, 吴刚, 等. 2008. 典型高原湖泊流域生态安全评价与可持续发展战略研究. 昆明: 云南科技出版社.

董利民. 2015. 洱海流域水环境承载力计算与社会经济结构优化布局研究. 北京: 科学出版社.

董玲燕, 陈广才, 孙可可, 等. 2015. 高原湖泊城市水生态文明建设评价指标体系探讨——以玉溪市为例. // 2015 全国河湖治理与水生态文明发展论坛.

董亚竹. 2016. 环洱海流域低碳旅游发展对策研究. 旅游纵览, (6): 188-189.

杜丹丽, 肖燕红. 2009. 动态环境下企业组织自适应控制模型研究. 科技管理研究, (8): 293-295.

洱源统计局. 2008—2013. 大理白族自治州洱源县统计年鉴. 大理: 洱源统计局.

方创琳, 鲍超. 2004. 黑河流域水-生态-经济发展耦合模型及应用. 地理学报, 59(5): 781-790.

费骥慧, 邵晓阳. 2012. 高原湖泊鱼类生长特性与形态差异研究. 海洋与湖沼, 43(4): 789-796.

高辉巧, 张俊华. 2008. 城市人工湿地景观建设与生物多样性保护研究——以郑州市郑东新区龙子湖湿地景观规划为例. 中国水土保持, 7: 46-48.

高吉喜. 2002. 可持续发展理论探讨——生态承载力理论、方法与应用. 北京: 中国环境科学出版社.

高山. 2007. 可持续发展观下的企业环境成本管理研究. 价格理论与实践, 8: 45-46.

攻克湖泊治理难题的"太湖样本". 2011-11-19. 新华日报(南京). http: //news. 163. com/ 11 / 1119/05/7J6U8J3Q00014-AED. html.

龚琦, 王雅鹏, 董利民. 2010. 基于云南洱海流域水污染控制的多目标农业产业结构优化研究. 农业现代化研究, 31(4): 475-478.

龚琦. 2011. 基于湖泊流域水污染控制的农业产业结构优化研究——以云南洱海流域为例. 武汉: 华中农业大学学位论文.

龚胜生, 敖容军. 2009. 可持续发展基础. 北京: 科学出版社.

龚正达, 段兴德, 冯锡光, 等. 1999. 大理苍山洱海自然保护区山地蚤类区系与生态的研究. 动物学研究, 20(6): 451-456.

顾雨. 2011. 基于水环境承载力的抚仙湖流域经济发展战略研究. 北京: 北京化工大学学位论文.

关海玲, 梁哲. 2016. 基于 CVM 的山西省森林旅游资源生态补偿意愿研究——以五台山国家森林公园为例. 经济问题, (10): 105-109.

郭红娇. 2016. 洱海流域生态文明发展水平评价研究. 武汉: 华中师范大学学位论文.

郭怀成, Huang GH, 邹锐, 等. 1999. 流域环境系统不确定性多目标规划方法及应用研究——洱海流域环境系统规划. 中国环境科学, 19(1): 33-37.

郭怀成, 徐云麟. 1999. 不完备信息条件下流域环境系统规划方法研究. 环境科学学报, 19(4): 421-426.

郭怀成, 徐云麟, 邹锐, 等. 1999. 不完备信息条件下流域环境系统规划方法研究. 环境科学学报, 19(4): 421-426.

郭怀成, 邹锐, 徐云麟. 1998. 流域环境系统不确定性多目标规划方法及应用——不确定性模糊多目标规划模型. 中国环境科学, 18(6): 510-513.

郭剑丽, 刘宁. 2008. 苍山洱海自然保护区的生态旅游开发构思. 科技信息: 科学教研, (12): 202-202.

郭杰忠. 2008. 生态保护与经济发展互动关系探析. 江西社会科学, 6: 13-16.

郭巧玲, 苏宁, 杨云松. 2016. 基于 CVM 的煤炭矿区流域生态环境改善支付意愿及生态恢复价值评估——以窟野河为例. 人民珠江, 37(3): 85-89.

郭振仁. 2003. 滇池治理的核心任务与策略思考. 云南环境科学, 2: 5-7.

韩俊丽, 段文阁, 李百岁. 2005. 基于SD模型的干旱区城市水资源承载力模拟与预测——以包头市为例. 干旱区资源与环境, (4): 188-191.

韩涛, 彭文启, 李怀恩, 等. 2005. 洱海水体富营养化的演变及其研究进展. 中国水利水电科学研究院学报, 3(1): 71-73.

何华. 2014 年大理州政府工作报告[EB/OL]. [2014-10-25]: http: //yjbys. com/gongzuobaogao/600727. html.

何晓霞. 2002. 浅析法制与法治. 宜宾学院学报, (4): 17.

何学元. 2004. 洱海水资源环境及可持续利用对策. 林业调查规划, 29(2): 74-79.

何有世. 2008. 区域社会经济系统发展动态仿真与政策调控. 合肥: 中国科学技术大学出版社.

贺瑞敏. 2007. 区域水资源承载能力理论及评价方法研究. 南京: 河海大学学位论文.

胡元林, 杨蕊. 2012. 高原湖泊流域经济与生态良性耦合模式研究. 经济问题探索, 5: 177-182.

胡元林, 赵光洲. 2008. 高原湖泊湖区可持续发展判定条件与对策研究. 经济问题探索, 8: 88-91.

胡元林, 赵光洲. 2008. 我国环保投融资体制的创新思路. 统计与决策, 7: 145-146.

胡元林. 2010. 高原湖泊流域可持续发展机理及评价模型研究——以云南抚仙湖流域为例. 昆明: 昆明理工大学学位论文.

胡竹君, 李艳玲, 李嗣新. 2012. 洱海硅藻群落结构的时空分布及其与环境因子间的关系. 湖泊科学, 24(3): 400-408.

环境保护部污染防治司. 2008. 全国重点湖泊水库生态安全调查与评估——滇池生态安全调查与评估专题报告: 263-264. http: //www. chinanews. com/cj/2011/02-12/2839344. shtml.

黄丹. 2012. 洱海沉积物氮形态、释放通量及 DON 的生物有效性研究. 南昌: 南昌大学学位论文.

黄凡. 2012. 基于水环境承载力的洱海流域农业土地利用分区研究. 武汉: 华中师范大学学位论文.

黄雯. 2015. 大理洱海流域低碳经济试验区的低碳交通发展对策研究. 广州: 华南理工大学学位论文.

黄新建, 甘筱青, 戴淑燕. 2007. 鄱阳湖综合开发战略研究. 南昌: 江西人民出版社.

惠泱河, 蒋晓辉, 黄强, 等. 2001. 二元模式下水资源承载力系统动态仿真模型研究. 地理研究, (2): 191-198.

江涛. 2007. 流域生态经济系统可持续发展机理研究. 武汉: 武汉理工大学学位论文.

姜付仁, 刘树坤, 陆吉康. 2002. 流域可持续发展的基本内涵. 中国水利, 4: 20-23.

姜秋香. 2011. 三江平原水土资源承载力评价及其可持续利用动态仿真研究. 哈尔滨: 东北农业大学学位论文.

蒋志文, 吴遇安, 宋学良. 1997. 云南湖泊的水质及沉积物地球化学. 云南地质, 16(2): 115-128.

焦美玲. 2015. 基于农户意愿的农业生态补偿政策研究——以江苏省为例. 南京: 南京农业大学学位论文.

接玉梅, 葛颜祥, 徐光丽. 2011. 黄河下游居民生态补偿认知程度及支付意愿分析——基于对山东省的问卷调查. 农业经济问题, (8): 95-101.

金帅, 盛昭瀚, 刘小峰. 2010. 流域系统复杂性与适应性管理. 中国人口·资源与环境, 20(7): 60-67.

柯高峰, 丁烈云, 董利民, 等. 2010. 洱海流域绿色保障体系之路怎么走? 环境保护, (21): 51-52.

来风兵. 2011. 艾比湖流域社会经济与自然生态协调发展系统动力学仿真研究. 乌鲁木齐: 新疆师范大学学位论文.

李长健, 孙富博, 黄彦臣. 2017. 基于 CVM 的长江流域居民水资源利用受偿意愿调查分析. 中国人口·资源与环境, 27(6): 110-118.

李超显. 2015. 基于 CVM 的流域上下游区域生态补偿标准的实证研究——以湘江流域为例. 湖湘论坛, 28(6): 70-74.

李丹丹. 2015. 基于 CVM 的海滨旅游资源生态补偿意愿研究——以北海银滩为例. 人力资源管理, (3): 201-202.

李东梅. 2010. 水文巡测方法与水量平衡计算洱海水资源量对比分析. 湖泊科学, 22(4): 625-628.

李敬瑶. 2012. 洱海典型优势种藻源性内负荷估算. 哈尔滨: 东北林业大学学位论文.

李靖, 周孝德, 程文. 2011. 太子河流域不同生态分区的水生态承载力年内变化研究. 中国水利水电科学研究院学报, 9(1): 74-80.

李靖, 周孝德. 2009. 叶尔羌河流域水生态承载力研究. 西安理工大学学报, 25(3): 249-255.

李静芝, 朱翔, 李景保, 等. 2013. 基于系统动力学的湖南省水资源供需系统模拟研究. 长江流域资源与环境, 22(1): 47-51.

李磊. 2007. 我国流域生态补偿机制探讨. 软科学, 3: 85-87.

李林红. 2002. 滇池流域可持续发展投入产出系统动力学模型. 系统工程理论与实践, 22(8): 89-94.

李令跃. 2000. 试论水资源合理配置和承载能力概念与可持续发展之间的关系. 水科学进展, (9): 303-317.
李敏纳. 2008. 国内流域经济研究评述. 湖北社会科学, 7: 97-100.
李文朝, 潘继征, 陈开宁, 等. 2005. 滇池东北部沿岸带生态修复技术研究及工程示范. 湖泊科学, 17(4): 317-321.
李晓莲, 杨怀钦. 2013. 发展生态农业控制洱海流域农业面源污染. 农业资源与环境学报, (3): 53-54.
李新, 石建屏, 曹洪. 2011. 基于指标体系和层次分析法的洱海流域水环境承载力动态研究. 环境科学学报, 31(6): 1338-1344.
李璇. 2012. 水环境约束下洱海流域农业结构调整研究. 武汉: 华中师范大学学位论文.
李璇. 2013. 水环境约束下洱海流域产业结构调整多目标优化研究. 生态经济(学术版), (1): 190-194.
李雪松, 孙大雄. 2013. 苍山洱海立法保护经验的借鉴与启示. 大理学院学报, 11: 80-83.
李雪松, 伍新木. 2007. 水资源可持续利用的制度分析与制度创新. 经济评论, 1: 72-77.
李芸, 李宝芬, 张坤, 等. 2017. 云南高原湖泊洱海流域年降水量时空分布特征研究. 中国水利水电科学研究院学报, 15(3): 234-240.
李兆林, 岑华. 2002. 洱海流域环境现状分析. 云南地理环境研究, 14(1): 54-60.
厉红梅 , 李适宇, 罗琳, 等. 2004. 可持续发展多目标综合评价方法的研究. 中国环境科学, 24(3): 367-371.
刘春光, 邱金泉, 王雯, 等. 2004. 富营养化湖泊治理中的生物操纵理论. 农业环境科学学报, 23(1): 198-201.
刘晶, 秦玉洁, 丘焱伦, 等. 2005. 生物操纵理论与技术在富营养化湖泊治理中的应用. 生态科学, 24(2): 188-192.
刘娟. 2006. 澄江县阳宗镇生态环境治理对策研究. 云南环境科学, 25(1): 18-20.
刘磊. 1997. 区域系统环境规划方法及应用研究——以洱海流域为例. 北京: 北京大学学位论文.
刘丽梅, 吕君. 2007. 生态安全的内涵及其研究意义. 内蒙古师范大学学报(哲学社会科学版), (3): 36-42.
刘培哲. 2001. 可持续发展理论与中国 21 世纪议程. 北京: 气象出版社.
刘涛, 杨昆, 王桂林, 等. 2014. 基于蚁群算法的 MAS/LUCC 模型模拟洱海流域土地利用变化. 数字技术与应用, (2): 128-130.
刘宪春, 刘宝元, 张强莉. 2003. 流域水资源可持续开发利用中激励机制的应用, 中国人口·资源与环境, (6): 40-44.
刘晓峰. 2007. 汾河上游流域生态安全法律保护研究. 太原: 山西财经大学学位论文.
刘燕华. 2000. 柴达木盆地水资源合理利用与生态环境保护. 北京: 科学出版社.
刘永, 郭怀诚. 2008. 湖泊-流域生态系统管理研究. 北京: 科学出版社.
刘永, 阳平坚, 盛虎, 等. 2012. 滇池流域水污染防治规划与富营养化控制战略研究. 环境科学学报, 32(8): 1962-1972.
柳广舒, 王松江. 2009. 导向项目规划案例研究——基于 ZOPP 的在校本科生学习动力改善项目规划应用研究. 昆明: 云南科技出版社.
龙肖毅. 2014. 高原湖泊流域民居客栈国内游客生态意识调查研究——以洱海流域为例. 旅游纵览, (7): 64-66.
龙肖毅. 2015. 高原湖泊洱海流域绿色客栈评价指标体系研究. 普洱学院学报, (5): 16-21.
龙邹霞, 余兴光. 2007. 湖泊生态系统弹性系数理论及其应用. 生态学杂志, 26(7): 1119-1124.
娄云. 2005. 富营养化浅水湖泊治理方法初探. 吉林水利, 9(277): 34-37.
吕晓剑. 2005. 城市湖泊群地区土地资源优化配置研究——以武汉汉阳地区为例. 北京: 北京大学学位论文.
罗佳翠, 傅骅. 2003 . 洱海流域及周边地区水资源的可持续利用. 中国农村水利水电, (10): 73-75.
罗杰. 珀曼. 2002. 自然资源与环境经济学. 北京: 中国经济出版社.
马建军, 何荣钧. 2009. 水环境的现状及其可持续发展. 黑龙江科技信息, 17: 3.
毛志锋. 2004. 人类文明与可持续发展——三种文明论. 北京: 新华出版社: 105.
孟庆民. 1999. 论水资源格局与可持续发展. 中国人口·资源与环境, (4): 26-30.
倪喜云. 2012. 低碳循环农业在洱海流域的应用初探. 云南农业科技, (s1): 9-11.

倪喜云. 2012. 洱海流域种植业地表径流水监测试验研究. 云南农业科技, (s1): 169-171.
潘海英, 马福恒. 2005. 水资源可持续利用的目标与对策分析. 生态经济, (10): 29-34.
潘红玺, 王云飞, 董云生. 1999. 洱海富营养化影响因素分析. 湖泊科学, 11(2): 184-188.
裴同英, 张宏伟, 张雪花, 等. 2010. 基于系统动力学和灵敏度模型的生态校园物流分析. 四川环境, 29(4): 64-67.
彭晓春, 刘强, 周丽旋, 等. 2010. 基于利益相关方意愿调查的东江流域生态补偿机制探讨. 生态环境学报, 19(7): 1605-1610.
彭有轩, 熊汉锋, 瞿信柏. 2009. 创新湖泊治理机制促进两型社会建设. 环境科学与技术, (32): 155-160.
乔畅鸿. 2012. 洱海流域低碳经济发展研究. 大理: 大理学院学位论文.
秦伯强, 高光, 胡维平, 等. 2005. 浅水湖泊生态系统恢复的理论与实践思考. 湖泊科学, 17(1): 9-16.
邱祖凯, 黄天寅, 胡小贞, 等. 2016. 入湖河流水环境健康评价体系构建及其应用. 中国农村水利水电, (6): 108-111.
仇保兴. 2017. 城市规划学新理性主义思想初探——复杂自适应系统(CAS)视角. 城市发展研究, 1: 1-8.
曲格平. 2002. 关注生态安全之一: 生态环境问题已经成为国家安全的热门话题. 环境保护, (5): 3-5.
屈广义, 郭怀成, 孙延枫, 等. 2002. 北京密云水库地区可持续发展模式研究. 中国人口·资源与环境, 12 (2): 81-86.
任保平. 2008. 西部地区生态环境重建模式研究. 北京: 人民出版社.
荣金芳. 2015. 基于 CVM 和拍卖理论的环境物品生态补偿机制设计. 大连: 大连理工大学学位论文.
荣绍辉. 2009. 基于 SD 仿真模型的区域水资源承载力研究——以应城市为案例. 武汉: 华中科技大学学位论文.
杉山雅人, 佐佐木淳也, 吉田宽郎, 等. 2002. 从悬浮质和沉降质的观点描述中国云南湖泊的化学动态变化. 云南地理环境研究, 14(2): 20-33.
邵宁平, 刘小鹏, 渠晓毅. 2008. 银川湖泊湿地生态系统服务价值评估. 生态学杂志, 9: 1625-1630.
邵任之. 2010. 城市湖泊流域治理创新问题研究——以武汉市为例. 绿色科技, (9): 105-107.
沈兵. 1996. 旅游开发对苍洱自然保护区的影响及对策研究. 环境科学导刊, (2): 24-28.
沈兵. 1997. 大理苍山洱海自然保护区旅游与环境可持续发展规划的研究. 生态与农村环境学报, 13(1): 5-8.
沈满洪. 2003. 滇池流域环境变迁及环境修复的社会机制. 中国人口·资源与环境, (6):76-80.
施翠仙, 郭先华, 祖艳群, 等. 2014. 基于 CVM 意愿调查的洱海流域上游农业生态补偿研究. 农业环境科学学报, 33(4): 730-736.
石建屏, 李新. 2012. 滇池流域水环境承载力及其动态变化特征研究. 环境科学学报, 32(7): 1777-1784.
石玮玮. 2012. 云南省大理白族自治州耕地集约利用潜力研究. 武汉: 华中师范大学学位论文.
石妍. 2012. 大理苍山洱海国家级自然保护区专项规划(2011—2020). 昆明: 西南林业大学学位论文.
宋长青, 杨桂山, 冷疏影. 2002. 湖泊及流域科学研究进展与展望. 湖泊科学, 4: 289-300.
宋雪莲. 2011. 大理洱海流域发展低碳农业的深层障碍与治理对策. 商场现代化, (9): 84-85.
粟晓玲, 张大鹏. 2010. 基于 CVM 的流域农业节水的生态价值研究——以石羊河流域为例.// 中国水论坛.
粟晓玲, 张大鹏. 2011. 基于 CVM 的流域农业节水的生态价值研究. 节水灌溉, (7): 13-16.
孙西坡. 2012. 基于循环经济的工业模式构建——以洱海流域为例. 武汉: 华中师范大学学位论文.
孙颖, 朱丽霞, 丁秋贤, 等. 2016. 多目标决策模型下洱海流域产业结构优化. 农业现代化研究, 37(2): 247-254.
孙颖. 2016. 水环境约束下洱海流域产业结构优化研究. 武汉: 华中师范大学学位论文.
孙媛媛. 2008. 基于系统动力学的辽宁沿海经济带水资源承载力研究. 沈阳: 东北大学学位论文.
孙宗凤. 2005. 系统动力学在水资源管理中的应用, 水利水电技术, 36(6): 14-17.
唐筱玲. 2013. 探索民族地区经济可持续发展的大理实践. 云南社会主义学院学报, (2): 414-417.
田春梅, 马驰, 朱丹. 2013. 洱海水体富营养化进程及其防治建议. 新农村: 黑龙江, (10): 205-206.
汪莉达. 2013. 城市社区管理中的公众参与研究——以昆明市西山区 F 社区为例. 昆明: 云南大学学位论文.

王国祥, 成小英, 濮培民. 2002. 湖泊藻型富营养化控制——技术、理论及应用. 湖泊科学, 14(3): 273-282.
王海宁. 2012. 基于系统动力学的地下水资源承载力仿真研究. 计算机仿真, (10): 240-244.
王鸿涌. 2011. 水利综合技术措施在湖泊治理中的应用. 江苏水利, 12: 13-15.
王慧敏, 仇蕾. 2007. 资源-环境-经济复合系统诊断预警方法与应用. 北京: 科学出版社.
王慧敏, 刘新仁, 徐立中. 2001. 流域可持续发展的系统动力学预警方法研究. 系统工程, 19(3): 61-68.
王建华, 江东, 顾定法, 等. 1999. 基于 SD 模型的干旱区城市水资源承载力预测研究. 地理学与国土研究, (2): 18-22.
王建芹, 龙肖毅. 2015. 高原湖泊流域客栈游客生态文明教育体系建设研究——以洱海流域为例. 教育教学论坛, (20): 87-89.
王剑芳. 2005. 云南高原湖泊湖区资源保护与利用及经济可持续发展研究. 昆明: 昆明理工大学学位论文.
王金南, 吴悦颖, 李云生. 2009. 湖泊治理的中国创新: 休养生息——中国重点湖泊水污染防治基本思路. 环境保护, (21): 15-19.
王开运. 2007. 生态承载力复合模型系统与应用. 北京: 科学出版社.
王丽婧, 郭怀成, 王吉华, 等. 2005. 基于 IMOP 的流域环境-经济系统规划. 地理学报, 60(2): 219-228.
王墨一, 师未未, 马越. 2016. 超浅论生态环境保护与可持续发展(全文版). 社会科学, 1: 272-272.
王娜娜, 罗良国, 王芊, 等. 2016. 洱海流域上游农户环保支付意愿及影响因素研究. 农业展望, 12(6): 85-92.
王娜娜. 2016. 洱海流域农户环保及奶牛集中养殖意愿研究. 北京: 中国农业科学院学位论文.
王钦, 阿柱. 2007. 湖泊治理: 寻求标本兼治的水生态治理办法. 环境, (8): 31-33.
王书华. 2008. 区域生态经济——理论、方法与实践. 北京: 中国发展出版社.
王松江. 2001. 创造未来——项目规划与决策管理. 昆明: 云南科技出版社.
王燕枫, 钱春龙. 2008. 城市生态系统承载机制初步研究. 环境科学与技术, 31(3): 114-116.
王晔, 张慧芳. 2005. 可持续发展的代际资源管理. 经济问题, 6: 21-24.
王云飞, 胡文英, 张秀珠. 1989. 云南湖泊的碳酸盐沉积. 海洋与湖泊, 20(2): 122-130.
王云飞, 潘红玺, 吴庆龙, 等. 1999. 人类活动对洱海的影响及对策分析. 湖泊科学, 11(2): 123-128.
王云飞, 朱育新, 尹宇, 等. 2001. 地表水酸化的研究进展及其湖泊酸化的环境信息研究. 地球科学进展, 16(3): 421-426.
王志宪, 程道平. 2004. 流域管理学研究重点的思考. 山东师范大学学报(自然科学版), 6: 59.
王宗鱼. 2012. 试论环境保护是实现经济可持续发展的关键. 社科纵横(新理论版), 3: 87-89.
吴九红, 曾开华. 2003. 城市水资源承载力的系统动力学研究. 水利经济, (3): 36-39.
夏必琴, 陆林, 孙晓玲. 2008. 我国湖泊旅游: 开发、问题与展望. 安徽师范大学学报(自然科学版), (4): 393.
肖瑶. 2016. 关于城市社区治理中公众参与问题的研究——以北京市海淀区三个社区为例. 北京: 中国科学院大学学位论文.
谢立鹤, 董云仙. 2003. 论洱海流域可持续发展. 环境科学导刊, 22(s1): 27-29.
谢永琴, 刘志辉, 魏英. 1998. 和田河流域资源开发利用与可持续发展. 新疆大学学报(自然科学版), 15(4): 82-88.
徐大伟, 荣金芳, 李亚伟, 等. 2015. 生态补偿标准测算与居民偿付意愿差异性分析——以怒江流域上游地区为例. 系统工程, (5): 81-88.
徐海涛. 2011. 高原湖泊湖区可持续发展评价体系及模式研究. 昆明: 昆明理工大学学位论文.
徐辉, 张大伟. 2007. 中国实施流域生态系统管理面临的机遇与挑战. 中国人口·资源与环境, (5): 148-152.
徐旌. 2002. "富营养化湖泊治理及湖泊管理昆明国际研讨会"综述. 云南地理环境研究, 14(2): 94-98.
徐中民, 张志强, 程国栋. 2000. 可持续发展定量研究的几种新方法评介. 中国人口 · 资源与环境, 10(2): 60-64.
许联芳, 杨勋林, 王克林, 等. 2006. 生态承载力研究进程. 生态环境, 15(5): 1111-1116.

薛冰. 2012. 基于系统动力学和系统优化的水资源承载力分析——以环渤海地区城市群为例. 沈阳: 东北大学学位论文.

颜昌宙, 金相灿, 赵景柱, 等. 2005. 云南洱海的生态保护及可持续利用对策. 环境科学, 26(5): 38-42.

杨大楷, 李丹丹. 2012. 寻找滇池污染之痛的症结. 环境保护, (5): 47-48.

杨光明. 2012. 基于ZOPP的云南博物馆旅游的服务功能改进研究——以昆明市为例. 昆明: 昆明理工大学学位论文.

杨吉鹏. 2017. 大理市发展生态农业保护洱海的思考. //云南省科协学术年会.

杨珂玲. 2014. 流域环境经济系统规划与污染的最优动态控制. 武汉: 华中科技大学出版社.

杨树华. 1999. 高原湖泊流域生态系统评价指标体系研究. 云南大学学报(自然科学版), 21(2): 149-152.

杨运星. 2011. 洱海流域低碳经济发展探析. 兰州学刊, (8): 224-225.

殷迪. 2012. 洱海流域经济发展与湖泊水环境关系分析. 武汉: 华中师范大学学位论文.

喻小军, 江涛, 王先甲. 2007. 基于流域水资源承载力的动力学模型. 武汉大学学报(工学版), (4): 45-48.

云南省建设项目环境审核受理中心. 2009. 云南省战略环评的探索与实践——大理市城市发展战略环评研究.

云南省统计局. 2014. 2002—2013云南省统计年鉴. 云南: 云南省统计局.

曾程, 梁成华, 佟晓姝. 2013. 基于SD模型的沈阳市白塔堡河流域水环境承载力研究. 沈阳农业大学学报, 44(2): 195-201.

曾维军. 2014. 基于农户意愿的减施化肥生态补偿研究. 昆明: 昆明理工大学学位论文.

曾珍香, 傅惠敏. 1999. 发展系统的持续性研究. 河北工业大学学报, 6: 6-10.

张莉, 王圣瑞, 赵海超, 等. 2015. 洱海沉积物酶活性的时空分布特征及其对富营养化指示意义.// 中国环境科学学会学术年会.

张丽. 2004. 基于生态的流域水资源承载能力研究. 南京: 河海大学学位论文.

张梦婕, 官冬杰, 苏维词. 2015. 基于系统动力学的重庆三峡库区生态安全情景模拟及指标阈值确定, 生态学报, 35(14): 1-15.

张敏, 蔡庆华, 唐涛, 等. 2011. 洱海流域湖泊大型底栖动物群落结构及空间分布. 生态学杂志, 30(8): 1696-1702.

张奇, 张文政. 2017. 小城镇社区治理中的公众参与问题研究——以X社区为例. 中国集体经济, (1): 12-13.

张思思. 2011. 基于灰色理论的洱海流域水污染控制研究. 武汉: 华中师范大学学位论文.

张态. 2011. 洱海氮磷时空分布特征及其外源负荷研究. 大理: 大理学院学位论文.

张伟, 张丽丽. 2016. 云南洱海沉积物中硫酸盐还原菌的时空分布特征. 地球与环境, 44(2): 177-184.

张小蒂. 2009. 市场化进程中农村经济与生态环境的互动机理及对策研究. 杭州: 浙江大学出版社.

张馨方. 2014. 洱海流域土地利用与生态系统服务价值变化研究. 昆明: 云南财经大学学位论文.

张旋, 全良. 2017. 基于CVM调查的主体功能区生态补偿意愿研究. 中国林业经济, (4): 20-23.

张召文. 2012. 云南九大高原湖泊治理的复杂性、艰巨性和长期性. 环境科学导刊, 31(1): 19-20.

张镇, 刘桂民. 2007. 当前我国湖泊富营养化治理的进展及思考. 工业安全与环保, 33(10): 50-52.

赵斌, 杨益民, 杨光兰. 2017. 洱海流域绿色水稻种植建设及研究. 农村实用技术, (4): 13-15.

赵斐斐, 陈东景, 徐敏, 等. 2011. 基于CVM的潮滩湿地生态补偿意愿研究——以连云港海滨新区为例. 海洋环境科学, 30(6): 872-876.

赵光洲, 贺彬. 2007. 高原湖泊流域可持续发展研究. 上海: 立信会计出版社.

赵光洲, 胡元林. 2007. 云南高原湖泊湖区可持续发展战略研究. 生态经济, 10: 379-381.

赵光洲, 徐海涛. 2011. 云南高原湖泊湖区可持续发展模式研究. 未来与发展, 7: 93-96.

赵黎明, 肖丽丽. 2014. 基于系统动力学的港口对区域经济发展的影响研究. 重庆理工大学学报(自然科学版), 28(7): 117-121.

赵立新, 罗娅妮. 2017. 将剑川县纳入洱海流域生态保护规划区可行性探析. 云南科技管理, (2): 41-43.

赵润, 高尚宾, 杨鹏, 等. 2011. 云南省洱海流域农业生态补偿机制研究. 农业资源与环境学报, 28(4): 42-46.

赵闪. 2014. 基于IPAT模型的洱海流域水污染的影响因素分析. 武汉: 华中师范大学学位论文.

赵祥华, 田军. 2005. 人工浮岛技术在云南湖泊治理中的意义及技术研究. 云南环境科学, 24(增刊1): 130-132.

中国科学院可持续发展研究组. 2002. 中国可持续发展战略报告. 北京: 科学出版社.

中国科学院可持续发展战略研究组. 2007 中国可持续发展战略报告——水: 治理与创新. 北京: 科学出版社.

中国科学院可持续发展战略研究组. 2009. 中国可持续发展战略报告——探索中国特色的低碳道路. 北京: 科学出版社.

钟茂初. 2008. "可持续发展"的意涵、误区与生态文明之关系. 学术月刊, 7(40), 5-14.

周阿蓉, 黎元生. 2015. 基于 CVM 的闽江流域生态服务补偿标准探析. 云南农业大学学报(社会科学版), V9(3): 28-33.

周常春, 杨光明. 2012. 基于 ZOPP 的云南乡村图书馆服务功能改革研究. 重庆城市管理职业学院学报, 12(1): 27-32.

朱世铭. 1999. 洱海流域环境治理规划. 北京: 北京大学学位论文.

邹锐, 朱翔, 贺彬, 等. 2011. 基于非线性响应函数和蒙特卡洛模拟的滇池流域污染负荷削减情景分析. 环境科学学报, (10): 2312-2318.

Bockstael N, Costanza R, Strand I, et al. 1995. Ecological economic modeling and valuation of ecosystems. Ecological Economics, 14 (2), 143-159.

Booker JF. 1995. Hydrologic and economic impacts of drought under alternative policy responses. Water Resources Bulletin, 31 (5): 889-906.

Cai X, Rosegrant MW. 2004. Irrigation technology choices under hydrologic uncertainty: a case study from Maipo River Basin, Chile. Water Resource Research, 40(4): 1-10.

Frank AW, Manuel PV. 2008. Efficiency, equity, and sustainability in a water quantity–quality optimization model in the Rio Grande basin. Ecological Economics, 66(1): 23-27.

Guijti MA. 2001. IUCN Resources Kit for Sustainability Assessment. Gland Switzerland: International Union for Conservation of Natural Resourees.

Guo HC, Liu L, Huang G H, et al. 2001. A system dynamics approach for regional environmental planning and management : A study for the Lake Erhai Basin. Journal of Environmental Management , 61 : 93-111.

Huang L, Gao X, Xie W, et al. 2011. Impacts of the loading rate on the performance of a multi-stage filtration system removing pollutants in agricultural runoff. Transactions of the Chinese Society of Agricultural Engineering, 27(5): 46-51.

IMD(International Institute for Management and Development). 2002. The World Competitiveness Yearbook 2002. Lausanne: IMD.

Jian XX, Xue MX. 2013. Thinking about coupling effect between economy-society-environment and ecological carrying capacity in Dongting Lake Region. Advanced Materials Research, 616-618: 1609-1614.

Prescott-Allen R. 2001. The Wellbing of Nations: A Country-by-Country Index of Quality of Life and the Environment. Washington DC: Island Press.

Rosegrant MW, Ringler C, McKinney DC, et al. 2000. Integrated economic–hydrologic water modeling at the basin scale: the Maipo River Basin. Agricultural Economics, 24 (1): 33-46.

Serageldin I. 1994. Making Development Sustainable: from Concepts to Action. Washington DC: World Bank Publications.

Sharma H. 1998. Proactive corporate environmental strategy and the development of competitively valuable organizational capabilities. Strategic Management Journal, (19): 729-753.

UNSD. List of environmental and related socioeconomic indicators（DB/OL）. NewYork: UNSD, 2002. Available, from: http//unstats. un. org/unsd/environment/in dicators. htm.

Wackernagel M, Rees W. 1996. Our Ecological Footprint: Reducing Human Impact on the Earth. Gabriola Island, BC: New Society Publishers.

World Commission on Environment and Development. 1987. Our Common Future. Oxford: Oxford University Press.

Zhao JZ, Jia HY. 2008. Strategies for the sustainable development of Lugu Lake region. International Journal of Sustainable Development & World Ecology, 15(1): 71-79.